即用即查
（第2版）
实战精粹

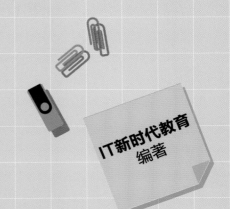

IT新时代教育
编著

# Excel高效办公
# 应用与技巧大全

U0217645

中国水利水电出版社
www.waterpub.com.cn
·北京·

# 内容提要

Excel 是微软公司开发的 Office 办公自动化软件家族中的一员，主要用于处理电子表格，它具有强大的数据统计与分析功能，被广泛应用于日常工作中，尤其对市场销售、财务会计、人力资源、行政文秘等相关岗位来说，更是必不可少的得力助手。本书系统、全面地讲解了 Excel 在日常办公中的应用技巧。在内容安排上，《Excel 高效办公应用与技巧大全（第 2 版）》最大的特点就是指导读者在"会用"的基础上，重点掌握如何"用好"Excel 来进行高效办公。

《Excel 高效办公应用与技巧大全（第 2 版）》共分为 17 章，内容包括 Excel 的基础操作技巧，表格数据的录入技巧，数据验证设置技巧，数据的编辑与查看技巧，表格格式设置技巧，公式的应用技巧，函数的基本应用技巧，数学函数和统计函数的应用技巧，查找与引用函数的应用技巧，财务函数和逻辑函数的应用技巧，文本、日期和时间函数的应用技巧，数据的排序、筛选与汇总的应用技巧，数据的分析与预测技巧，使用图表分析数据的技巧，数据透视表与数据透视图的应用技巧，宏与 VBA 的应用技巧，以及 Excel 页面设置与打印输出技巧。

《Excel 高效办公应用与技巧大全（第 2 版）》内容系统全面，案例丰富，可操作性强。全书结合微软 Excel 常用版本（如 Excel 2010、2013、2016、2019），以技巧罗列的形式进行编写，非常适合读者阅读与查询使用，是不可多得的职场办公必备案头工具书。

《Excel 高效办公应用与技巧大全（第 2 版）》全书配套视频讲解，非常适合读者自学使用。尤其适合对 Excel 软件应用技巧缺乏经验的读者学习使用，也可以作为大、中专职业院校计算机相关专业的教学参考用书。

**图书在版编目(CIP)数据**

Excel高效办公应用与技巧大全：即用即查 实战精粹/
IT新时代教育编著. —2版. —北京：中国水利水电出版社，
2021.2（2023.12重印）
ISBN 978-7-5170-8912-4

Ⅰ.①E··· Ⅱ.①I··· Ⅲ.①表处理软件 Ⅳ.
①TP317.3

中国版本图书馆CIP数据核字(2020)第185171号

| 丛 书 名 | 即用即查 实战精粹 |
|---|---|
| 书 名 | Excel 高效办公应用与技巧大全（第 2 版）<br>Excel GAOXIAO BANGONG YINGYONG YU JIQIAO DAQUAN |
| 作 者 | IT 新时代教育 编著 |
| 出版发行 | 中国水利水电出版社<br>（北京市海淀区玉渊潭南路 1 号 D 座 100038）<br>网址：www.waterpub.com.cn<br>E-mail：zhiboshangshu@163.com<br>电话：（010）62572966-2205/2266/2201（营销中心） |
| 经 售 | 北京科水图书销售有限公司<br>电话：（010）68545874、63202643<br>全国各地新华书店和相关出版物销售网点 |
| 排 版 | 北京智博尚书文化传媒有限公司 |
| 印 刷 | 三河市龙大印装有限公司 |
| 规 格 | 185mm×260mm 16 开本 18.75 印张 587 千字 1 插页 |
| 版 次 | 2021 年 2 月第 2 版 2023 年 12 月第 2 次印刷 |
| 印 数 | 5001—7000 册 |
| 定 价 | 69.80 元 |

凡购买我社图书，如有缺页、倒页、脱页的，本社营销中心负责调换

# PREFACE

## 前　言

### ➡️ 你知道吗？

工作任务堆积如山，既要用 Word 写文档，又要用 Excel 分析数据，还要制作明天的 PPT。天天加班，感觉总做不完！别人工作却很高效、很专业，我怎么不行？

使用 Office 处理工作时，总是遇到这样那样的问题，百度搜索多遍，依然找不到想要的答案，怎么办？

想成为职场中的"白骨精"，想获得领导与同事的认可，想要把工作及时高效、保质保量地做好，不懂一些 Office 办公技巧怎么行？

工作方法有讲究，提高效率有捷径。懂一些办公技巧，可以让你节省不少时间；懂一些办公技巧，可以消除你工作中的烦恼；懂一些办公技巧，让你少走许多弯路！

### ➡️ 本书重点

通过本书的学习，你将获得"菜鸟"变"高手"的机会。以前，你只会简单地运用 Office 软件；现在，你可以：

- 5 分钟搞定专业 Word 文档排版。图文混排、添加目录页码、插入流程图、设计封面、打印文档等，通通不是问题。

- 10 分钟制作出专业报表。熟练使用公式函数、图表、透视表等进行数据分析，要多高效就有多高效。

- 2 小时设计出专业 PPT。灵活使用图片、文字、表格、图表、动画，用 PPT 说服领导和客户。

### ➡️ 本书特色

你花一本书的钱，买的不仅仅是一本书，而是一套超值的综合学习套餐。包括：同步学习素材 + 同步视频教程 + 办公模板 +《电脑入门必备技能手册》电子书 +Office 快速入门视频教程 +《Office 办公应用快捷键速查表》电子书。多维度学习套餐，真正超值实用！

❶ 同步学习素材。提供了书中所有案例的素材文件，方便读者跟着书中讲解同步练习操作。

❷ 同步视频教程。配有与书同步高质量、超清晰的多媒体视频教程，时长达 12 小时。扫描书中二维码，即可手机同步学习。

❸ 赠送 1000 个 Office 商务办公模板文件。包括 Word 模板、Excel 模板、PPT 模板，拿来即用，不用再去花时间与精力搜集整理。

❹ 赠送《电脑入门必备技能手册》电子书。即使你不懂电脑，也可以通过本手册学习，掌握计算机入门技能，从而更好地学习 Office 办公应用技能。

## ➡ 温馨提示

以上内容可以通过以下步骤来获取学习资源。

| | |
|---|---|
| | 第1步：打开手机微信，点击【发现】→ 点击【扫一扫】→ 对准此二维码扫描 → 成功后进入【详细资料】页面，点击【关注】。 |
| | 第2步：进入公众号主页面，点击左下角的【键盘】图标 ⌨ → 在右侧输入"EA20154"→ 点击【发送】按钮，即可获取对应学习资料的"下载网址"及"下载密码"。 |
| | 第3步：在计算机中打开浏览器 → 在【地址栏】中输入上一步获取的"下载网址"，并打开网站 → 提示输入密码，输入上一步获取的"下载密码"→ 单击【提取】按钮。 |
| | 第4步：进入下载页面，单击书名后面的【下载】按钮 ⬇，即可将学习资源包下载到计算机中。若提示是【高速下载】还是【普通下载】，请选择【普通下载】。 |
| | 第5步：下载完后，资料若是压缩包的，请通过解压软件（如 WinRAR、7-zip 等）进行解压即可使用。 |

## ➡ 本书适合对象

- 有一点 Excel 的基础知识，但无法高效应用 Excel 的职场人士。
- 想快速拥有一门高效办公的核心技能，找到好工作的毕业生。
- 需要提高办公技能的行政、文秘人员。
- 需要精通 Excel 的人力资源、销售和财会等人员。

　　本书由 IT 新时代教育策划并组织编写。全书由一线办公专家和多位 MVP（微软全球最有价值专家）教师合作编写，他们具有丰富的 Office 软件应用技巧和办公实战经验，在此对他们表示衷心的感谢！同时，由于计算机技术发展非常迅速，书中疏漏之处在所难免，敬请广大读者指正。

　　**读者学习交流 QQ 群：566454698**

# CONTENTS 目录

## 第1章
## Excel 的基础操作技巧

### 1.1 优化 Excel 的工作环境 ·················2
001：将常用命令按钮添加到快速访问工具栏中  2
002：在工具栏中添加新的选项卡 ············2
003：快速显示或隐藏功能区 ·················3
004：设置 Excel 最近使用的文档个数 ·········4
005：将常用工作簿固定在最近使用列表中  4

### 1.2 工作簿的基本操作 ·················5
006：使用模板快速创建工作簿 ···············5
007：另存为工作簿 ·······················6
008：将工作簿保存到 OneDrive，实现与
他人共享 ·····························6
009：将 Excel 工作簿保存为模板文件 ·········7
010：将低版本文件转换为高版本文件 ·········8
011：设置自动保存时间和自动恢复文件位置 ··· 9
012：将工作簿保存为 PDF 格式的文件 ········9
013：如何将工作簿标记为最终状态 ··········10
014：在受保护的视图中打开工作簿 ··········10
015：为工作簿设置打开密码 ················11
016：为工作簿设置修改密码 ················12
017：保护工作簿结构不被修改 ···············13

### 1.3 工作表的管理 ·····················13
018：快速切换工作表 ····················13
019：一次性插入多张工作表 ················14
020：重命名工作表 ·······················14
021：设置工作表标签颜色 ··················15
022：调整工作表的排列顺序 ················15

023：复制工作表 ·························16
024：将工作表移动到其他工作簿中  16
025：删除工作表 ·························17
026：隐藏与显示工作表 ···················17
027：全屏显示工作表内容 ··················18
028：保护工作表不被他人修改 ··············19
029：凭密码编辑工作表的不同区域 ··········19

### 1.4 行、列和单元格的编辑操作 ·······20
030：快速插入多行或多列 ··················21
031：精确设置行高与列宽 ··················21
032：设置最适合的行高与列宽 ··············22
033：隐藏与显示行或列 ···················22
034：快速删除所有空行 ···················23
035：巧用双击定位到工作表的最后一行  24
036：使用名称框定位活动单元格 ············24
037：快速选中所有数据类型相同的单元格 ···  25
038：将计算结果为 0 的数据隐藏 ···········25
039：为单元格添加批注 ···················26

## 第2章
## 表格数据的录入技巧

### 2.1 快速输入特殊数据 ·················28
040：正确输入身份证号码 ··················28
041：输入以 0 开头的数字编号 ·············28
042：巧妙输入位数较多的员工编号 ··········29
043：快速输入部分重复的内容 ··············30
044：快速输入大写汉字数字 ················30
045：对手机号码进行分段显示 ··············31
046：利用记忆功能快速输入数据 ············31

047：快速输入系统日期和系统时间 ………… 32

048：在多个单元格中快速输入相同数据 …… 32

049：在多张工作表中同时输入相同数据 …… 33

2.2　快速填充数据 …………………………… 33

050：使用填充功能快速输入相同数据 ……… 33

051：使用填充功能快速输入序列数据 ……… 34

052：自定义填充序列 …………………………… 35

053：自动填充日期值 …………………………… 35

054：使用快速填充功能批量提取数据 ……… 36

055：使用快速填充功能批量合并数据 ……… 37

056：使用快速填充功能批量添加数据 ……… 38

2.3　导入外部数据 …………………………… 38

057：从 Access 文档导入数据到工作表中 …… 38

058：从网页导入数据到工作表中 …………… 39

059：从文本文件导入数据到工作表中 ……… 40

## 第3章
## 数据验证设置技巧

3.1　数据验证设置 …………………………… 42

060：选择单元格时显示数据输入提示 ……… 42

061：制作单元格选择序列 …………………… 42

062：设置允许数据输入的范围 ……………… 43

063：设置单元格文本的输入长度 …………… 44

064：设置单元格可输入的日期范围 ………… 44

065：设置数据输入错误后的警告信息 ……… 45

066：圈释表格中无效的数据 ………………… 46

067：快速清除数据验证 ……………………… 46

3.2　利用公式拓宽验证条件 ………………… 47

068：限定单元格输入小数不超过 2 位 ……… 47

069：避免输入重复数据 ……………………… 48

070：制作二级下拉菜单 ……………………… 48

## 第4章
## 数据的编辑与查看技巧

4.1　查找与替换数据 ………………………… 52

071：快速修改多处相同的数据错误 ………… 52

072：查找和替换公式 ………………………… 52

073：在查找时区分大小写 …………………… 53

074：使用通配符查找数据 …………………… 54

075：查找和替换指定的单元格格式 ………… 54

4.2　复制与粘贴数据 ………………………… 55

076：将公式计算结果粘贴为数值 …………… 56

077：只粘贴格式不粘贴内容 ………………… 56

078：让粘贴数据随源数据自动更新 ………… 57

079：将单元格区域复制为图片 ……………… 57

080：将数据复制为关联图片 ………………… 58

081：在粘贴数据时对数据进行目标运算 …… 58

082：将表格行或列数据进行转置 …………… 59

083：使用格式刷快速复制单元格格式 ……… 59

4.3　数据的其他编辑技巧 …………………… 60

084：快速删除表格区域中的重复数据 ……… 60

085：使用分列功能分列显示数据 …………… 61

086：选中所有数据类型相同的单元格 ……… 62

087：设置工作表之间的超链接 ……………… 62

088：创建指向文件的超链接 ………………… 63

089：删除单元格中的超链接 ………………… 64

4.4　查看表格数据 …………………………… 64

090：调整表格数据显示比例 ………………… 64

091：并排查看两张工作表中的数据 ………… 65

092：通过拆分窗格来查看表格数据 ………… 66

093：通过冻结功能让标题行和列在滚动时

　　　始终显示 …………………………………… 66

## 第5章
## 表格格式设置技巧

5.1　设置单元格格式 ………………………… 68

094：合并后使单元格中的文本居中对齐 …… 68

095：跨越合并单元格 ………………………… 68

096：对单元格中的数据进行强制换行 ……… 69

097：控制单元格的文字方向 ………………… 70

5.2　设置数字格式 …………………………… 70

098：设置小数位数 …………………………… 70

099：快速增加 / 减少小数位数 ……………… 71

100：快速将数据转换为百分比形式 ………… 72

101：快速为数据添加文本单位 ……………… 73

102：对不同范围的数值设置不同颜色 ……… 73

103：快速修改日期格式 ……………………… 74

104：使输入的负数自动以红色显示 ………… 75

105：快速为数字添加千位分隔符 …………… 75

5.3　美化工作表 ························· 76

106：手动绘制表格边框 ············· 76

107：制作斜线表头 ·················· 77

108：快速为表格添加默认边框 ······· 77

109：自定义表格边框 ················ 78

110：设置个性化单元格背景 ········· 79

111：套用表格样式整体美化表格 ····· 79

112：自定义表格样式 ················ 80

113：快速套用单元格样式 ··········· 82

114：自定义单元格样式 ·············· 82

115：将单元格样式应用到其他工作簿 · 83

116：将图片设置为工作表背景 ······· 84

5.4　利用图片和图形增强表格效果 ······· 84

117：插入需要的图片 ················ 85

118：裁剪图片以突出主体 ··········· 86

119：设置图片背景为透明色 ········· 86

120：设置图片的艺术效果 ··········· 87

121：在单元格中固定图片大小及位置 · 88

122：插入艺术字突出标题 ··········· 88

123：插入文本框添加文字 ··········· 89

124：插入 SmartArt 图形 ············· 89

125：编辑 SmartArt 图形 ············· 90

126：快速美化 SmartArt 图形 ········· 91

—— 第6章 ——
## 公式的应用技巧

6.1　公式的引用 ······················ 94

127：输入公式进行计算 ·············· 94

128：复制公式实现批量计算 ········· 94

129：单元格相对引用 ················ 95

130：单元格绝对引用 ················ 95

131：单元格混合引用 ················ 96

132：引用同一工作簿中其他工作表的单元格 · 97

133：引用其他工作簿中的单元格 ····· 97

6.2　公式中引用名称 ·················· 98

134：为单元格定义名称 ·············· 98

135：快速指定以行或列标题定义名称 ······· 99

136：将自定义名称应用于公式中 ····· 99

137：使用名称管理器管理名称 ······· 100

6.3　使用数组公式计算数据 ············· 101

138：在多个单元格中使用数组公式进行计算 101

139：在单个单元格中使用数组公式进行计算 102

140：对数组中 N 个最大值进行求和 ····· 103

6.4　公式审核与错误处理 ··············· 103

141：追踪引用单元格与追踪从属单元格 ······ 103

142：使用公式求值功能查看公式分步
计算结果 ······················ 104

143：使用错误检查功能检查公式 ····· 105

144：使用监视窗口来监视公式及其结果 ······ 105

145：设置公式错误检查选项 ········· 106

146：#### 错误的处理办法 ·········· 106

147：#NULL! 错误的处理办法 ········· 107

148：#NAME? 错误的处理办法 ········ 107

149：#NUM! 错误的处理办法 ········· 107

150：#VALUE! 错误的处理办法 ········ 108

151：#DIV/0! 错误的处理办法 ········· 108

152：#REF! 错误的处理办法 ·········· 108

153：#N/A 错误的处理办法 ··········· 108

154：通过【帮助】窗口获取错误解决方法 ··· 109

—— 第7章 ——
## 函数的基本应用技巧

7.1　函数的调用 ······················ 112

155：在单元格中直接输入函数 ······· 112

156：通过提示功能快速输入函数 ····· 112

157：通过【函数库】输入函数 ······· 113

158：使用【自动求和】按钮输入函数 ······· 114

159：通过【插入函数】对话框调用函数 114

160：使用嵌套函数计算数据 ········· 115

7.2　常用函数的应用 ·················· 116

161：使用 SUM 函数进行求和运算 ········· 116

162：使用 AVERAGE 函数计算平均值 ······· 117

163：使用 MAX 函数计算最大值 ······· 117

164：使用 MIN 函数计算最小值 ······· 118

165：使用 RANK 函数计算排名 ······· 118

166：使用 COUNTA 函数统计非空单元格 ···· 119

167：使用 IF 函数执行条件检测 ······· 119

168：使用 VLOOKUP 函数在区域或数组的
列中查找数据 ·················· 121

## 第8章

## 数学函数和统计函数的应用技巧

8.1　数学函数的应用 ·············· 124

169：使用 SUMIF 函数按条件求和·········124

170：使用 SUMIFS 函数进行多条件求和······124

171：使用 SUMPRODUCT 函数计算对应的
数组元素的乘积之和·············125

172：使用 ROUND 函数对数据进行四舍五入 126

173：使用 MOD 函数计算除法的余数·······126

174：使用 RANDBETWEEN 函数返回两个指定
数之间的一个随机数 ·············127

175：使用 PRODUCT 函数计算乘积 ·········127

8.2　统计函数的应用 ·············· 128

176：使用 AVERAGEIF 函数计算指定条件的
平均值·····························128

177：使用 AVERAGEIFS 函数计算多条件
平均值·····························128

178：使用 COUNT 函数计算参数中包含
数字的个数·······················129

179：使用 COUNTIF 函数进行条件统计·······130

180：使用 COUNTBLANK 函数统计空白
单元格·····························130

181：使用 COUNTIFS 函数进行多条件统计··131

182：使用 FREQUENCY 函数分段统计员工
培训成绩···························131

183：使用 LARGE 函数返回第 $k$ 个最大值····132

184：使用 SMALL 函数返回第 $k$ 个最小值····132

## 第9章

## 查找与引用函数的应用技巧

9.1　查找函数的应用 ·············· 134

185：使用 HLOOKUP 函数在区域或数组的行中
查找数据···························134

186：使用 LOOKUP 函数以向量形式在单行
单列中查找·······················134

187：使用 LOOKUP 函数以数组形式在单行
单列中查找·······················135

188：使用 VLOOKUP 函数制作工资条 ·······135

189：使用 INDEX 函数以数组形式返回指定
位置中的内容·····················136

190：使用 INDEX 函数以引用形式返回指定
位置中的内容·····················137

191：使用 CHOOSE 函数基于索引号返回
参数列表中的数值·················138

9.2　引用函数的应用 ·············· 138

192：使用 MATCH 函数在引用或数组中
查找值·····························139

193：使用 COLUMN 函数获取列号·········139

194：使用 ROW 函数获取行号············140

195：使用 OFFSET 函数根据给定的偏移量
返回新的引用区域·················140

196：使用 TRANSPOSE 函数转置数据
区域的行列位置···················141

197：使用 INDIRECT 函数返回由文本值
指定的引用·······················142

## 第10章

## 财务函数和逻辑函数的应用技巧

10.1　财务函数的应用 ············· 144

198：使用 FV 函数计算投资的未来值·········144

199：使用 PV 函数计算投资的现值·········144

200：使用 NPV 函数计算投资净现值········145

201：使用 NPER 函数计算投资的期数········145

202：使用 IRR 函数计算一系列现金流的内部
收益率·····························146

203：使用 CUMIPMT 函数计算两个付款期
之间累计支付的利息 ·············146

204：使用 CUMPRINC 函数计算两个付款期
之间累计支付的本金 ·············147

205：使用 PMT 函数计算月还款额·········147

206：使用 PPMT 函数计算贷款在给定期间
内偿还的本金·····················148

207：使用 IPMT 函数计算贷款在给定期间
内支付的利息·····················148

208：使用 RATE 函数计算年金的各期利率···149

209：使用 COUPDAYS 函数计算成交日
所在的付息期的天数 ·············149

210：使用 ACCRINT 函数计算定期支付利息的
有价证券的应计利息 ·············150

211：使用 DB 函数计算给定时间内的折旧值·150

212：使用 SLN 函数计算线性折旧值·········151

213：使用 SYD 函数按年限计算资产折旧值··152

214：使用 VDB 函数计算任何时间段的
折旧值·······························153

215：使用 DDB 函数按双倍余额递减法计算
折旧值·······························153

10.2 逻辑函数的应用··············· 154

216：使用 IFS 函数多条件判断函数·········154

217：使用 SWITCH 函数进行匹配·········155

218：使用 AND 函数判断指定的多个条件
是否同时成立·······················155

219：使用 OR 函数判断多个条件中是否
至少有一个条件成立 ···············156

220：使用 NOT 函数对逻辑值求反·········157

221：使用 IFERROR 函数对错误结果
进行处理···························157

## 第 11 章
## 文本、日期和时间函数的应用技巧

11.1 文本函数的应用 ················· 160

222：使用 CONCATENATE 函数将多个
字符串合并到一处···················160

223：使用 MID 函数从文本指定位置起提取
指定个数的字符·····················160

224：使用 RIGHT 函数从文本右侧提取
指定个数的字符·····················161

225：使用 LEFT 函数从文本左侧提取
指定个数的字符·····················161

226：使用 EXACT 函数比较两个字符串
是否相同···························162

227：使用 FIND 函数查找指定字符在字符串
中的位置···························162

228：使用 SEARCH 函数模糊查找不确定的
内容·······························163

229：使用 SUBSTITUTE 函数轻松替换文本··163

230：使用 REPLACE 函数替换指定位置的
文本·······························164

231：使用 TEXT 函数转换日期和时间格式 ···165

11.2 日期与时间函数的应用 ············· 165

232：使用 YEAR 函数返回年份················165

233：使用 MONTH 函数返回月份···········166

234：使用 DAY 函数返回某天数值···········166

235：使用 DATEDIF 函数计算两个日期之差···167

236：使用 WEEKDAY 函数返回一周中的
第几天的数值·······················167

237：使用 EDATE 函数返回指定日期 ·········168

238：使用 HOUR 函数返回小时数·········168

239：使用 MINUTE 函数返回分钟数 ·········169

240：使用 SECOND 函数返回秒数···········169

241：使用 NETWORKDAYS 函数返回两个
日期间的全部工作日数 ···············170

242：使用 WORKDAY 函数返回若干工作日
之前或之后的日期···················170

243：使用 TODAY 函数显示当前日期·········171

244：使用 NOW 函数显示当前日期和时间····171

## 第 12 章
## 数据的排序、筛选与汇总的
## 应用技巧

12.1 数据排序····················· 174

245：按一个关键字快速排序表格数据·········174

246：使用多个关键字排序表格数据···········174

247：让表格中的文本按字母顺序排序·········175

248：按笔划进行排序 ·····················175

249：按行进行排序·······················176

250：按单元格背景颜色进行排序 ···········177

251：通过自定义序列排序数据···············178

252：利用排序法制作工资条 ···············178

12.2 数据筛选····················· 179

253：单条件筛选·························179

254：按数字筛选·························180

255：按文本筛选·························181

256：按日期进行筛选 ·····················181

257：快速按目标单元格的值或特征
进行筛选···························182

258：在自动筛选时让日期不按年、月、
日分组···························183

259：在文本筛选中使用通配符进行
模糊筛选···························183

260：使用搜索功能进行筛选 ·················· 184

261：按单元格颜色进行筛选 ·················· 185

262：使用多个条件进行高级筛选 ·········· 185

263：将筛选结果复制到其他工作表中 ········ 186

264：高级筛选不重复的记录 ·············· 187

12.3 数据汇总与合并计算 ·············· 188

265：创建分类汇总 ···················· 188

266：将汇总项显示在数据上方 ············ 189

267：对表格数据进行嵌套分类汇总 ········ 189

268：对表格数据进行多字段分类汇总 ······ 191

269：复制分类汇总结果 ················ 192

270：分页存放汇总结果 ················ 193

271：删除分类汇总 ···················· 193

272：自动建立组分级显示 ·············· 194

273：隐藏/显示明细数据 ·············· 195

274：将表格中的数据转换为列表 ·········· 195

275：对列表中的数据进行汇总 ············ 196

276：更改汇总行的计算函数 ·············· 197

277：对单张工作表进行合并计算 ·········· 197

278：对多张工作表进行合并计算 ·········· 198

## 第13章
## 数据的分析与预测技巧

13.1 使用条件格式分析数据 ············· 202

279：突出显示符合特定条件的单元格 ········ 202

280：突出显示高于或低于平均值的数据 ······ 202

281：突出显示排名前几位的数据 ·········· 203

282：突出显示重复数据 ················ 204

283：用不同颜色显示不同范围的值 ·········· 204

284：使用数据条表示不同级别的工资 ········ 205

285：让数据条不显示单元格数值 ·········· 205

286：用图标集把考核成绩等级形象地
表示出来 ························ 206

287：调整条件格式的优先级 ·············· 207

288：只在不合格的单元格上显示图标集 ······ 207

289：利用条件格式突出显示双休日 ········ 209

290：用不同颜色区分奇数行和偶数行 ········ 209

291：标记特定年龄段的人员 ·············· 210

13.2 数据预测分析 ·················· 211

292：进行单变量求解 ·················· 211

293：使用方案管理器 ·················· 212

294：使用单变量模拟运算表分析数据 ········ 213

295：使用双变量模拟运算表分析数据 ········ 214

296：使用模拟运算表制作九九乘法表 ········ 215

297：使用方案管理器分析贷款方式 ·········· 216

## 第14章
## 使用图表分析数据的技巧

14.1 图表的创建与编辑 ··············· 220

298：根据数据创建图表 ················ 220

299：使用推荐图表功能快速创建图表 ········ 220

300：更改已创建图表的类型 ·············· 221

301：在一个图表中使用多个图表类型 ········ 222

302：在图表中增加数据系列 ·············· 222

303：更改图表的数据源 ················ 223

304：分离饼形图扇区 ·················· 224

305：设置饼图的标签值类型 ·············· 224

306：设置纵坐标的刻度值 ·············· 225

307：将图表移到其他工作表中 ············ 226

308：切换图表的行列显示方式 ············ 226

309：使用图标填充图表数据系列 ·········· 227

310：设置图表背景 ···················· 228

311：制作动态图表 ···················· 229

312：将图表保存为模板 ················ 231

14.2 添加辅助线分析数据 ············· 232

313：在图表中添加趋势线 ·············· 232

314：更改趋势线类型 ·················· 233

315：给图表添加误差线 ················ 233

316：更改误差线类型 ·················· 234

317：为图表添加折线 ·················· 234

318：在图表中添加涨/跌柱线 ············ 235

319：在图表中筛选数据 ················ 235

14.3 迷你图的创建与编辑技巧 ·········· 236

320：创建迷你图 ···················· 236

321：一次性创建多个迷你图 ·············· 237

322：更改迷你图的数据源 ·············· 238

323：更改迷你图类型 ·················· 238

324：突出显示迷你图中的重要数据节点 ······ 239

325：对迷你图设置标记颜色 ·············· 239

## ——第15章——
## 数据透视表与数据透视图的应用技巧

**15.1 数据透视表的应用** 242

326：快速创建数据透视表 242
327：创建带内容、格式的数据透视表 243
328：重命名数据透视表 243
329：更改数据透视表的数据源 244
330：添加或删除数据透视表字段 244
331：查看数据透视表中的明细数据 245
332：更改数据透视表字段位置 245
333：在数据透视表中筛选数据 246
334：更改数据透视表的汇总方式 246
335：利用多个数据源创建数据透视表 247
336：更新数据透视表中的数据 249
337：在数据透视表中显示各数据占总和的
百分比 250
338：将二维表格转换为数据列表 251
339：插入切片器筛选数据 252
340：插入日程表按段分析数据 253

**15.2 数据透视图的应用** 254

341：创建数据透视图 254
342：利用现有数据透视表创建数据透视图 255
343：更改数据透视图的图表类型 256
344：将数据标签显示出来 256
345：在数据透视图中筛选数据 257
346：在数据透视图中隐藏字段按钮 257
347：将数据透视图转换为静态图表 258

## ——第16章——
## 宏与 VBA 的应用技巧

**16.1 宏的应用技巧** 260

348 录制宏 260
349 插入控件按钮并指定宏 262
350 为宏指定图片 263
351 为宏指定快捷键 264

352 保存录制宏的工作簿 265
353 设置宏的安全性 265
354 将宏模块复制到另一个工作簿 266
355 删除工作簿中不需要的宏 267

**16.2 VBA 的应用技巧** 267

356 在 Excel 中添加视频控件 267
357 在 Excel 中制作条形码 268
358 插入用户窗体 270
359 为窗体更改背景 271
360 使用 VBA 创建数据透视表 272
361 对数据透视表进行字段布局 273
362 合并单元格时保留所有数据 274
363 通过设置 Visible 属性隐藏工作表 275

## ——第17章——
## Excel 页面设置与打印输出技巧

**17.1 工作表页面设置** 278

364：设置打印区域 278
365：设置纸张方向 278
366：设置打印页边距 279
367：插入分页符对表格进行分页 279
368：添加页眉和页脚 280
369：为奇偶页设置不同的页眉、页脚 281

**17.2 正确打印工作表** 282

370：打印行号和列标 282
371：打印表格网格线 283
372：打印表格背景图 283
373：用缩放打印功能将表格打印到
一张纸上 284
374：一次性打印多张工作表 285
375：重复打印标题行 285
376：只打印工作表中的部分数据 285
377：居中打印表格数据 286
378：打印指定的页数范围 286
379：只打印工作表中的图表 287
380：打印表格中的批注 287

# 第1章
# Excel 的基础操作技巧

Excel 是 Microsoft Office 软件套装中的一个重要组件，也是目前办公领域普及范围比较广的数据分析、处理软件。本章将介绍 Excel 的一些基础操作技巧，为后面的学习奠定基础。

下面先来看看以下一些日常办公中的常见问题，你是否会处理或已掌握。

【√】制作工作表时经常使用的功能按钮在不同的选项卡中，你知道怎样把常用按钮添加到新建选项卡中，从而避免频繁切换选项卡吗？

【√】工作簿中的数据非常重要，不想除了自己以外的其他人查看，应该怎么进行保护呢？

【√】表格中所有列的宽度分布不均匀，看起来不美观，如何在不改变单元格列宽的情况下，让表格的所有列保持相同的宽度？

【√】一个工作簿中工作表太多，以默认的工作表名称显示，根本不知道每个工作表中记录的数据内容，如何通过工作表名称就能知道表格中存放的是什么数据？

【√】某个工作簿是需要经常打开的，但每次打开时都要查找半天，能不能将常用的工作簿添加到 Excel 最近使用的列表中呢？

【√】在 Excel 中，能不能将低版本的表格转换为高版本呢？

希望通过本章内容的学习，能帮助你解决以上问题，并学会 Excel 工作簿、工作表和单元格的一些常用的操作技巧。

# 1.1 优化 Excel 的工作环境

使用 Excel 进行工作前，可以根据自己的使用习惯和工作需求，对它的工作界面进行设置，如在快速访问工具栏中添加常用工具按钮、隐藏功能区等。

---

## 001：将常用命令按钮添加到快速访问工具栏中

| 适用版本 | 实用指数 |
| --- | --- |
| 2010、2013、2016、2019 | ★★★★☆ |

### 使用说明

使用 Excel 进行工作时，为了提高工作效率，可以将常用的一些命令按钮添加到快速访问工具栏中。

### 解决方法

例如，要在快速访问工具栏中添加【另存为】按钮，具体操作方法如下。

**步骤01** ❶启动 Excel，单击快速访问工具栏右侧的下拉按钮；❷在弹出的下拉菜单中选择【其他命令】选项，如下图所示。

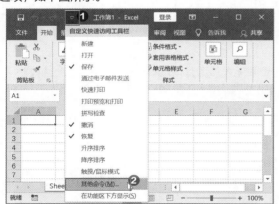

### 温馨提示

在快速访问工具栏的下拉菜单中选择未打"√"的命令，可快速将选择的命令添加到快速访问工具栏中。

**步骤02** ❶打开【Excel 选项】对话框，默认选择【快速访问工具栏】选项；❷在【从下列位置选择命令】列表中选择类型，如【常用命令】；❸在其下面的命令中选择要添加的命令，如【另存为】；❹单击【添

加】按钮，即可将选择的命令添加到右侧的列表中；❺单击【确定】按钮，如下图所示。

**步骤03** 操作完成后，即可看到【另存为】按钮已经添加到快速访问工具栏，如下图所示。

### 知识拓展

在Excel工作界面各功能组中的按钮上右击，在弹出的快捷菜单中选择【添加到快速访问工具栏】命令，也可将该按钮添加到快速访问工具栏。

---

## 002：在工具栏中添加新的选项卡

| 适用版本 | 实用指数 |
| --- | --- |
| 2010、2013、2016、2019 | ★★★☆☆ |

### 使用说明

在使用 Excel 时，可以将常用命令添加至一个新的选项卡中，在操作时免去了频繁切换选项卡的操作，以提高工作效率。

### 解决方法

例如，要在工具栏中添加一个名为【常用命令】

的选项卡，具体操作方法如下。

**步骤01** 单击【文件】菜单，在弹出的窗口中选择【选项】命令，如下图所示。

**步骤02** ❶打开【Excel选项】对话框，在左侧选择【自定义功能区】选项卡；❷在对话框右侧单击【新建选项卡】按钮，如下图所示。

**步骤03** ❶选中【新建选项卡（自定义）】复选框；❷单击【重命名】按钮；❸在弹出的【重命名】对话框中的【显示名称】文本框中输入新选项卡名称；❹单击【确定】按钮，如下图所示。

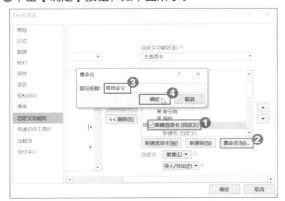

**步骤04** ❶返回【Excel选项】对话框，选择【新建组（自定义）】选项；❷单击【重命名】按钮；❸在打开的【重命名】对话框中设置组的符号和名称；

**步骤04** ❹单击【确定】按钮，如下图所示。

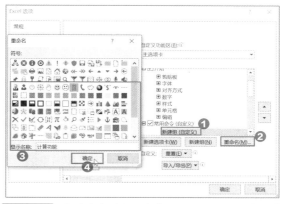

**步骤05** ❶选中新建组，在【从下列位置选择命令】栏中选择需要添加的命令；❷单击【添加】按钮将其添加到新建组中；❸添加完成后单击【确定】按钮，如下图所示。

**步骤06** 操作完成后，返回工作表中即可看到新建选项卡，如下图所示。

---

003：快速显示或隐藏功能区

| 适用版本 | 实用指数 | |
| --- | --- | --- |
| 2010、2013、2016、2019 | ★★★★☆ |  |

**使用说明**

在录入或者查看文件内容时，如果想在有限的界面中显示更多的文件内容，可以将功能区进行隐藏。

在需要应用功能区的相关命令或选项时，再将其显示。对功能区隐藏的操作并不会完全隐藏功能区，实际上是将功能区最小化后只显示选项卡的部分。

**解决方法**

如果要显示或隐藏功能区，具体操作方法如下。

**步骤01** ❶在工作界面标题栏右侧单击【功能区显示选项】按钮▣；❷在弹出的快捷菜单中选择相应命令，如选择【显示选项卡】命令，如下图所示。

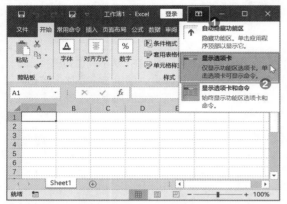

**温馨提示**

在快捷菜单中选择【自动隐藏功能区】命令，将只显示表格区域，不显示标题栏、选项卡；选择【显示选项卡和命令】命令，将显示隐藏的选项卡、功能区。

**步骤02** Excel工作界面中将只显示选项卡，不显示组中的命令，如下图所示。

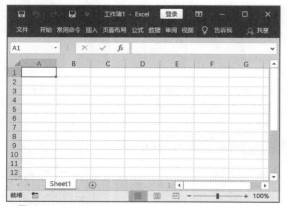

**知识拓展**

在功能区空白位置处右击鼠标，在弹出的快捷菜单中选择【折叠功能区】命令，也可以隐藏功能区。

---

004：设置 Excel 最近使用的文档个数

| | 适用版本 | 实用指数 |
|---|---|---|
| | 2010、2013、2016、2019 | ★★★☆☆ |

**使用说明**

在 Excel 2019 中，默认情况下，【最近使用的文档】列表中显示了最近使用过的 50 个工作簿，根据实际操作需求，用户可以自行更改显示工作簿的数目。

**解决方法**

例如，要将最近使用的文档数目设置为 15 个，具体操作方法如下。

❶打开【Excel 选项】对话框，在左侧选择【高级】选项卡；❷在【显示】选项组中，将【显示此数目的"最近使用的工作簿"】微调框的数值设置为【15】；❸单击【确定】按钮即可，如下图所示。

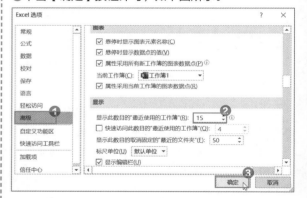

**温馨提示**

如果在【显示此数目的"最近使用的工作簿"】微调框中输入【0】，则不会在【文件】菜单中显示最近使用的工作簿名称，这样可以提高 Excel 文件的隐蔽性和安全性。

---

005：将常用工作簿固定在最近使用列表中

| | 适用版本 | 实用指数 |
|---|---|---|
| | 2010、2013、2016、2019 | ★★★☆☆ |

启动 Excel 2019 程序后，在打开的窗口左侧有一个【最近使用的文档】页面，其中显示了最近打开过的工作簿，单击某个工作簿选项可快速打开该工作簿。另外，在 Excel 窗口中单击【文件】菜单，在打开的窗口中选择【打开】命令，在右侧窗格中会显示【最近】工作簿列表，通过该列表也可以快速访问最近打开过的工作簿。

当打开多个工作簿后，通过【最近使用的文档】或【最近使用的工作簿】列表来打开最近使用的工作簿时，有可能列表中已经没有想要打开的工作簿了。因此，可以把需要频繁操作的工作簿固定在列表中，以方便使用。

**解决方法**

如果要把工作表固定到【最近使用的工作簿】列表中，具体操作方法如下。

❶单击【文件】菜单，在打开的窗口中选择【打开】命令；❷选择【最近】，将鼠标指向要固定的工作簿时，其右侧会出现图标 ⚲，单击该按钮即可将其固定到【最近使用的工作簿】列表中，如下图所示。

**知识拓展**

将某个工作簿固定到最近使用的工作簿列表中后，图标 ⚲ 会变成 ⚲，此时单击该图标 ⚲，可取消工作簿的固定。

## 1.2 工作簿的基本操作

工作簿就是通常说的 Excel 文件，主要用于保存表格的内容。下面就介绍工作簿的操作技巧。

**006：使用模板快速创建工作簿**

| 适用版本 | 实用指数 |
|---|---|
| 2010、2013、2016、2019 | ★★★★★ |

**使用说明**

Excel 自带许多模板，使用这些模板，可以快速创建各种类型的工作簿。

**解决方法**

如果要使用模板创建工作簿，具体操作方法如下。

**步骤01** ❶启动 Excel 2019，在打开的窗口左侧窗格中选择【新建】命令；❷在右侧【新建】下方的列表框中选择需要的模板选项，也可以搜索联机模板，即在文本框中输入关键字，如输入【预算】；❸单击【搜索】按钮🔍，如下图所示。

**步骤02** 在搜索结果中选择需要的模板，如下图所示。

**温馨提示**

Excel 2019 启动后的界面与其他版本略有不同，但根据模板新建工作簿的操作都基本相同。

**步骤03** 在打开的对话框中可以查看模板的缩略图，如果确定使用，直接单击【创建】按钮，如下图所示。

**步骤04** 如果选择的是未下载过的模板，系统会自行下载模板，完成下载后，Excel 会基于所选模板自动创建一个新工作簿。此时，可以发现该工作簿的基本内容、格式和统计方式基本上都编辑好了，用户只需在相应的位置输入相关内容即可，如下图所示。

### 知识拓展

如果已启动 Excel 程序，要根据模板新建工作簿，则可单击【文件】菜单，在打开的窗口选择【新建】命令，然后输入关键字搜索需要的模板即可。

---

007：另存为工作簿

| 适用版本 | 实用指数 |
| --- | --- |
| 2010、2013、2016、2019 | ★★★★★ |

### 使用说明

在 Excel 中，保存工作簿有直接保存和另存为两种方法。直接保存是指以原名称在原位置保存；另存为是指第一次保存工作簿，或者以其他名称保存到计算机中的其他位置。

### 解决方法

直接保存非常简单，直接单击快速访问工具栏中的【保存】按钮🖫，而另存为则需要设置保存名称和保存位置。

例如，将"工资表"工作簿以"销售部工资表"为名进行保存，具体操作方法如下。

**步骤01** ❶打开素材文件（位置：素材文件\第1章\工资表.xlsx），按【F12】键打开【另存为】对话框，在地址栏中设置保存位置；❷在【文件名】文本框中输入保存的文件名称；❸单击【保存】按钮，如下图所示。

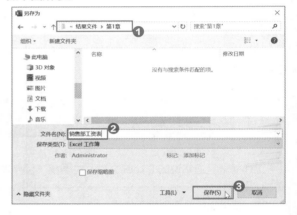

**步骤02** 保存后，工作簿的名称将由原来的【工资表】变成【销售部工资表】，如下图所示。

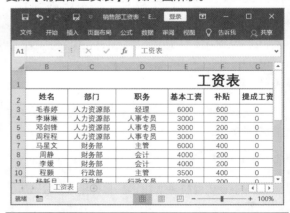

---

008：将工作簿保存到 OneDrive，实现与他人共享

| 适用版本 | 实用指数 |
| --- | --- |
| 2013、2016、2019 | ★★★★★ |

令；❷在中间窗格中选择【OneDrive- 个人】选项；❸在右侧窗格中选择【共享】选项，如下图所示。

从 Excel 2013 版 本 开 始，Excel 就 提 供 了 OneDrive，将工作簿保存到 OneDrive 后，可以从其他联机设备进行访问，还可共享并与他人协作。

要想将工作簿保存到 OneDrive，首先需要登录 Microsoft 账户，再执行保存操作，具体操作方法如下。

**步骤01** 打开素材文件（位置：素材文件\第 1 章\工资表 .xlsx），在标题栏中单击【登录】按钮，输入 Microsoft 账户和密码登录，登录成功后，【登录】按钮将显示账号名称，单击【文件】菜单，如下图所示。

**步骤02** ❶在弹出的窗口左侧窗格中选择【另存为】命令；❷在中间窗格中选择【OneDrive- 个人】选项；❸在右侧窗格中选择【共享】选项，如下图所示。

**步骤05** 展开共享文件夹，可以看到保存到 OneDrive 的工作簿，单击相应的工作簿，即可打开相应的工作簿，如下图所示。

**步骤03** ❶打开【另存为】对话框，设置保存文件名；❷单击【保存】按钮，如下图所示。

**步骤04** 将工作簿保存到共享位置后，在其他设备的 Excel 中登录 Microsoft 账户。❶单击【文件】菜单，在弹出的窗口左侧窗格中选择选择【打开】命

009：将 Excel 工作簿保存为模板文件

| 适用版本 | 实用指数 |
| --- | --- |
| 2010、2013、2016、2019 | ★★★★☆ |

**使用说明**

在办公过程中，经常会编辑工资表、财务报表等工作簿，若每次都新建空白工作簿，再依次输入相关内容，势必会影响工作效率，此时可以新建一个模板来提高效率。

**解决方法**

例如，要创建一个"工资表模板 .xltx"，具体操作方法如下。

**步骤01** ❶新建一个空白工作簿，输入相关内容，并设置好格式及计算方式；❷单击【文件】菜单，如下图所示。

**步骤02** ❶在弹出的窗口左侧窗格中选择【另存为】命令；❷在中间窗格中单击【浏览】按钮，如下图所示。

**步骤03** ❶打开【另存为】对话框，在【保存类型】下拉列表中选择【Excel 模板】选项，此时保存路径将自动设置为模板的存放路径（默认为 C:\Users\zz\ 文档 \ 自定义 Office 模板）；❷在【文件名】文本框中输入文件名；❸单击【保存】按钮即可，如下图所示。

**步骤04** 创建好"工资表模板 .xltx"后就可以根据该模板创建新工作簿了。方法是：❶在 Excel 窗口中

单击【文件】菜单，在弹出的窗口中选择【新建】命令；❷在其右侧窗格的模板缩略图预览中会出现【Office】和【个人】选项，选择【个人】选项，就可以看到新建的模板了；❸单击该模板即可基于该模板创建新工作簿，如下图所示。

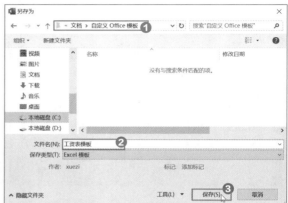

💡 **知识拓展**

用户可以自己设定模板的存储位置，方法是：在【文件】菜单弹出窗口中选择【选项】命令，在打开的【Excel 选项】对话框中选择【保存】选项卡，在【默认个人模板位置】文本框中输入需要设置的路径即可。

---

**010：将低版本文件转换为高版本文件**

| | 适用版本 | 实用指数 |
| --- | --- | --- |
| | 2010、2013、2016、2019 | ★★★☆☆ |

**使用说明**

当使用 Excel 2007 及以上版本打开由 Excel 2003 或更低版本创建的文件时，便会在 Excel 窗口

的标题栏中显示【兼容模式】字样，同时 Excel 高版本中的所有新增功能都将被禁用。如果希望使用 Excel 高版本提供的功能，就需要将低版本文件转换为高版本文件。

**解决方法**

将兼容模式文件快速转换为高版本文件的具体操作方法如下。

**步骤01** 打开素材文件（位置：素材文件\第1章\销售清单.xls），单击【文件】菜单，在弹出的窗口左侧窗格中默认选择【信息】命令，在中间窗格中单击【转换】按钮，如下图所示。

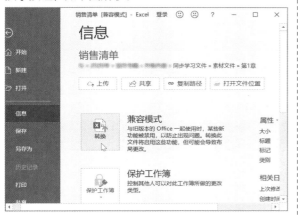

**步骤02** 打开提示对话框，提示是否转换当前文件格式，单击【确定】按钮，如下图所示。

**步骤03** 打开提示框，提示已成功转换为当前的文件格式。若要使用当前文件格式的新功能和增强功能，需关闭并重新打开目标文件，单击【是】按钮即可，如下图所示。

| 011：设置自动保存时间和自动恢复文件位置 |  |
| --- | --- |

| 适用版本 | 实用指数 |  |
| --- | --- | --- |
| 2010、2013、2016、2019 | ★★★★★ |  |

**使用说明**

在 Excel 2019 中，默认自动保存时间的间隔为 10 分钟，如果觉得自动保存间隔时间太长或太短，可以根据实际情况进行设置，另外，还可以根据需要对自动恢复文件的保存位置进行更改，以方便查找。

**解决方法**

设置自动保存时间和自动恢复文件的保存位置，具体操作方法如下。

❶打开【Excel 选项】对话框，在左侧选择【保存】选项卡；❷在右侧的【保存工作簿】栏中选中【保存自动恢复信息时间间隔】复选框，在其后的数值框中设置自动保存间隔时间；❸在【自动恢复文件位置】文本框中设置自动恢复文件的位置；❹设置完成后单击【确定】按钮，如下图所示。

| 012：将工作簿保存为 PDF 格式的文件 |  |
| --- | --- |

| 适用版本 | 实用指数 |
| --- | --- |
| 2010、2013、2016、2019 | ★★★☆☆ |

**使用说明**

完成工作簿的编辑后，还可将其转换成 PDF 格式的文档。保存 PDF 文档后，不仅方便查看，还能防止其他用户随意修改内容。

**解决方法**

如果要将工作簿保存为 PDF 格式的文件，具体操作方法如下。

打开素材文件（位置：素材文件\第1章\销售清单.xlsx），❶按【F12】键，弹出【另存为】对话框，设置保存路径及文件名后，在【保存类型】下拉列表中选择【PDF】选项；❷单击【保存】按钮即可，如下图所示。

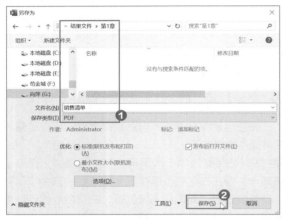

---

### 013：如何将工作簿标记为最终状态

| 适用版本 | 实用指数 |
|---|---|
| 2010、2013、2016、2019 | ★★★★☆ |

**使用说明**

将工作簿编辑好后，如果需要给其他用户查看，又不希望被他人修改，可以将其标记为最终状态。

**解决方法**

如果要将工作簿标记为最终状态，具体操作方法如下。

**步骤01** ❶单击【文件】菜单，在弹出的窗口左侧窗格中默认选择【信息】命令，直接在其右侧窗格中单击【保护工作簿】按钮；❷在弹出的下拉菜单中选择【标记为最终】命令，如下图所示。

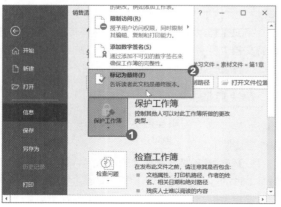

**步骤02** 弹出提示框提示当前工作簿将被标记为最终版本并保存，单击【确定】按钮，如下图所示。

**步骤03** 弹出提示框，单击【确定】按钮即可，如下图所示。

**步骤04** 返回工作簿中即可看到文件已经被标记为最终版本。如果要编辑工作簿，可以单击上方的【仍然编辑】按钮，如下图所示。

---

### 014：在受保护的视图中打开工作簿

| 适用版本 | 实用指数 |
|---|---|
| 2010、2013、2016、2019 | ★★★☆☆ |

**使用说明**

为了保护计算机的安全，对于存在安全隐患的工作簿，可以在受保护的视图中打开。在受保护的视图模式下打开工作簿后，用户可以检查工作簿中的内容，但是工作簿大多数编辑功能都将被禁用，以降低可能发生的任何危险。

解决方法

如果要在受保护的视图模式下打开工作簿，具体操作方法如下。

**步骤01** ❶在 Excel 中打开【打开】对话框，选中需要打开的工作簿文件；❷单击【打开】下拉按钮▼；❸在弹出的下拉菜单中选择【在受保护的视图中打开】命令，如下图所示。

**步骤02** 所选工作簿即可在受保护的视图模式下打开，此时功能区下方将显示警告信息，提示文件已在受保护的视图中打开，如下图所示。

015：为工作簿设置打开密码

| 适用版本 | 实用指数 | |
|---|---|---|
| 2010、2013、2016、2019 | ★★★★★ |  |

使用说明

对于非常重要的工作簿，为了防止其他用户查看，可以设置打开工作簿时的密码，达到保护工作簿的目的。

---

解决方法

如果要为工作簿设置打开密码，具体操作方法如下。

**步骤01** 打开素材文件（位置：素材文件\第 1 章\工资表 .xlsx），❶单击【文件】菜单，在弹出的窗口左侧窗格中默认选择【信息】命令，在右侧窗格中单击【保护工作簿】按钮；❷在弹出的下拉菜单中选择【用密码进行加密】命令，如下图所示。

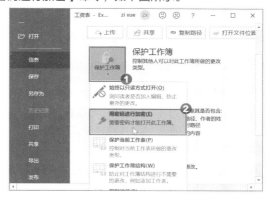

**步骤02** ❶弹出【加密文档】对话框，在【密码】文本框中输入密码，本例为【123】；❷单击【确定】按钮，如下图所示。

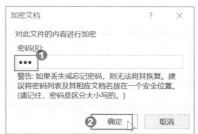

**步骤03** ❶弹出【确认密码】对话框，在【重新输入密码】文本框中再次输入刚才设置的密码【123】；❷单击【确定】按钮，如下图所示。

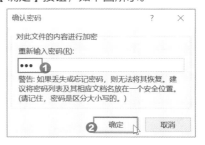

**步骤04** ❶返回工作簿，进行保存操作即可。对工作簿设置打开密码后，再次打开该工作簿时会弹出【密码】对话框，在【密码】文本框中输入密码；❷单击【确定】按钮即可打开工作簿，如下图所示。

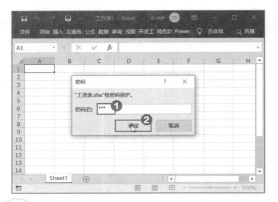

 **知识拓展**

如果要取消工作簿的密码保护，需要先打开该工作簿，然后打开【加密文档】对话框，将【密码】文本框中的密码删除，最后单击【确定】按钮即可。

---

016：为工作簿设置修改密码

| 适用版本 | 实用指数 |
| --- | --- |
| 2010、2013、2016、2019 | ★★★★☆ |

**使用说明**

对于比较重要的工作簿，在允许其他用户查阅的情况下，为了防止数据被编辑修改，可以设置修改密码。

**解决方法**

如果要为工作簿设置修改密码，具体操作方法如下。

**步骤01** 打开素材文件（位置：素材文件\第1章\工资表.xlsx），❶按【F12】键，弹出【另存为】对话框，单击【工具】按钮；❷在弹出的下拉菜单中选择【常规选项】命令，如下图所示。

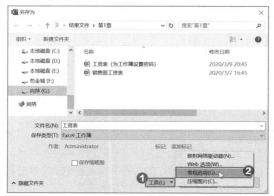

**步骤02** ❶弹出【常规选项】对话框，在【修改权限密码】文本框中输入密码，本例为【123】；❷单击【确定】按钮，如下图所示。

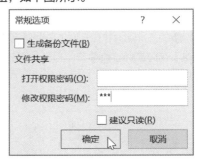

**温馨提示**

在【打开权限密码】文本框中输入密码，可以为工作簿设置打开密码。

**步骤03** ❶弹出【确认密码】对话框，再次输入密码【123】；❷单击【确定】按钮，如下图所示。

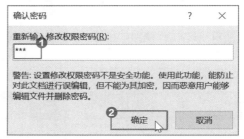

**步骤04** 返回【另存为】对话框，单击【保存】按钮保存文档。打开设置了修改密码的工作簿时，会弹出【密码】对话框提示输入密码。这时只有输入正确的密码才能打开工作簿并进行编辑，否则只能通过单击【只读】按钮以只读方式打开，如下图所示。

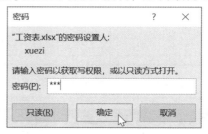

 **知识拓展**

如果要取消工作簿的修改密码，需要先打开该工作簿，然后打开【常规选项】对话框，将【修改权限密码】文本框中的密码删除，单击【确定】按钮即可。

---

017：保护工作簿结构不被修改

| 适用版本 | 实用指数 |
|---|---|
| 2010、2013、2016、2019 | ★★☆☆☆ |

**使用说明**

在 Excel 中，可以通过保护工作簿的功能保护工作簿的结构，以防止其他用户随意增加或删除工作表、复制或移动工作表、将隐藏的工作表显示出来等操作。

**解决方法**

如果要保护工作簿结构不被修改，具体操作方法如下。

**步骤01** 打开素材文件（位置：素材文件\第 1 章\工资表 .xlsx），在【审阅】选项卡中单击【保护】组中的【保护工作簿】按钮，如下图所示。

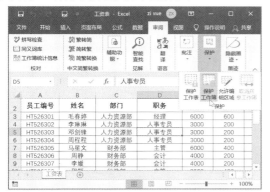

**步骤02** ❶弹出【保护结构和窗口】对话框，选中【结构】复选框；❷在【密码（可选）】文本框中输入密码，

本例为【123】；❸单击【确定】按钮，如下图所示。

**步骤03** ❶弹出【确认密码】对话框，再次输入密码【123】；❷单击【确定】按钮即可，如下图所示。

**步骤04** 返回工作簿保存文档即可。保护工作簿结构后，当用户在工作表标签处右击时，弹出的快捷菜单中大部分命令变为灰色，如下图所示。

---

## 1.3 工作表的管理

每一个工作簿可以由一个或多个工作表组成。默认情况下，每个新的工作簿中只包含了一张工作表，以"Sheet1"命名，此后新建的工作表将以"Sheet2""Sheet3"……命名。如果把工作簿比作一本书，那么每一张工作表就类似于书中的每一页。下面介绍工作表的操作技巧。

018：快速切换工作表

| 适用版本 | 实用指数 |
|---|---|
| 2010、2013、2016、2019 | ★★★☆☆ |

**使用说明**

当工作簿中有两张以上的工作表时，就涉及工作表的切换操作，在工作表标签栏中单击某张工作表标签，就可以切换到对应的工作表。当工作表数量太多时，这种方法就会显得非常烦琐，这时可以通过右击快速切换工作表。

通过右击快速切换工作表的具体操作方法如下。

**步骤01** 右击工作表标签栏左侧的滚动按钮 ◂ ▸，如下图所示。

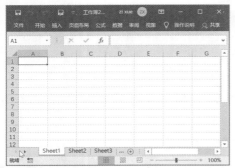

**步骤02** ❶弹出【激活】对话框，在列表框中选择需要切换到的工作表；❷单击【确定】按钮即可，如下图所示。

019：一次性插入多张工作表

| 适用版本 | 实用指数 | |
| --- | --- | --- |
| 2010、2013、<br>2016、2019 | ★★★★☆ |  |

在编辑工作簿时，经常会插入新的工作表来处理各种数据。通常情况下，单击工作表标签右侧的【新工作表】按钮⊕，即可在当前工作表标签的右侧快速插入一个新标签（即插入一张新工作表）。除此之外，还可以一次性插入多张工作表，以提高工作效率。

一次性插入多张工作表的具体操作方法如下。

**步骤01** ❶按【Ctrl】键选中连续的多张工作表，右击任意选中的工作表标签；❷在弹出的快捷菜单中选择【插入】命令，如下图所示。

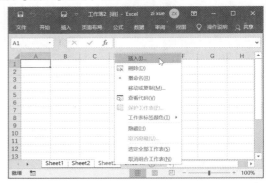

**步骤02** ❶弹出【插入】对话框，选择【工作表】选项；❷单击【确定】按钮，如下图所示。

**步骤03** 返回工作簿，即可看到工作簿中插入了3张新工作表，如下图所示。

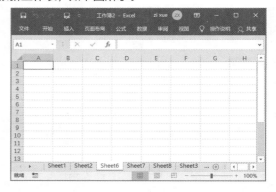

020：重命名工作表

| | 适用版本 | 实用指数 |
| --- | --- | --- |
|  | 2010、2013、<br>2016、2019 | ★★★★★ |

使用说明

在 Excel 中，工作表的默认名称为【Sheet1】【Sheet2】等，根据需要，可对工作表进行重命名操作，以便区分和查询工作表数据。

**解决方法**

更改工作表名称的具体操作方法如下。

**步骤01** ❶右击需要重命名的工作表的标签；❷在弹出的快捷菜单中选择【重命名】命令，如下图所示。

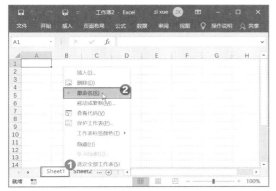

**步骤02** 此时工作表标签呈可编辑状态，直接输入工作表的新名称，然后按【Enter】键确认即可，如下图所示。

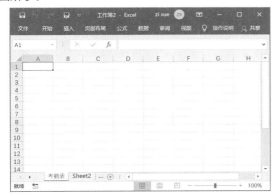

**知识拓展**

双击工作表标签，可快速对其进行重命名操作。

021：设置工作表标签颜色

| 适用版本 | 实用指数 |
| --- | --- |
| 2010、2013、2016、2019 | ★★★★☆ |

**使用说明**

当工作簿中包含的工作表太多时，除了可以用名称进行区分，还可以对工作表标签设置不同的颜色以示区别。

**解决方法**

为工作表标签设置不同颜色的具体操作方法如下。
❶右击要更改颜色的工作表标签，在弹出的快捷菜单中选择【工作表标签颜色】命令；❷在弹出的扩展菜单中选择需要的颜色即可，如下图所示。

022：调整工作表的排列顺序

| 适用版本 | 实用指数 |
| --- | --- |
| 2010、2013、2016、2019 | ★★★★☆ |

**使用说明**

在工作簿中创建了多张工作表之后，为了让工作表的排列更加合理，可以调整工作表的排列顺序。

**解决方法**

调整工作表排列顺序的具体操作方法如下。

在要移动的工作表标签上按住鼠标左键不放，将工作表拖动到合适的位置，然后释放鼠标左键即可，如下图所示。

023：复制工作表

| 适用版本 | 实用指数 |
|---|---|
| 2010、2013、2016、2019 | ★★★★★ |

### 使用说明

当要制作的工作表中有许多数据与已有的工作表中的数据相同时，可通过复制工作表来提高工作效率。

### 解决方法

如果要复制工作表，具体操作方法如下。

**步骤01** 打开素材文件（位置：素材文件\第1章\工资表.xlsx），❶右击要复制的工作表对应的标签；❷在弹出的快捷菜单中选择【移动或复制】命令，如下图所示。

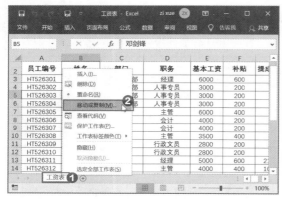

**步骤02** ❶弹出【移动或复制工作表】对话框，在【下列选定工作表之前】列表框中选择工作表的目标位置，如【（移至最后）】；❷选中【建立副本】复选框；❸单击【确定】按钮即可，如下图所示。

**步骤03** 即可在工作表后面添加一个名为"工资表（2）"的工作表，效果如下图所示。

024：将工作表移动到其他工作簿中

| 适用版本 | 实用指数 |
|---|---|
| 2010、2013、2016、2019 | ★★★★★ |

### 使用说明

除了复制工作表之外，还可以将工作表移动到其他工作簿中。

### 解决方法

将工作表移动到新工作簿的具体操作方法如下。

**步骤01** 打开素材文件（位置：素材文件\第1章\工资表.xlsx和2月工资表.xlsx），❶右击要移动的工作表对应的标签；❷在弹出的快捷菜单中选择【移动或复制】命令，如下图所示。

**步骤02** ❶弹出【移动或复制工作表】对话框，在【工作簿】下拉列表框中选择要移动到的工作簿，如选择【工资表.xlsx】选项；❷在【下列选定工作表之前】列表框中选择【（移至最后）】选项；❸单击【确定】按钮，如下图所示。

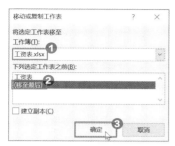

**步骤03** 即可将【2月工资表】移动到【工资表】工作簿中，效果如下图所示。

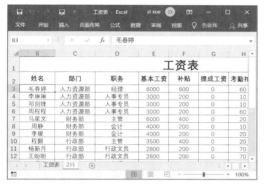

026：隐藏与显示工作表

| 适用版本 | 实用指数 |
| --- | --- |
| 2010、2013、2016、2019 | ★★★★★ |

**使用说明**

对于有重要数据的工作表，如果不希望被其他用户查看，可以将其隐藏起来。

**解决方法**

隐藏与显示工作表的具体操作方法如下。

**步骤01** 打开素材文件（位置：素材文件\第1章\出差登记表.xlsx），❶选中需要隐藏的工作表，右击其标签；❷在弹出的快捷菜单中选择【隐藏】命令即可，如下图所示。

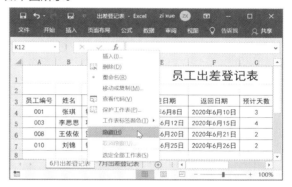

025：删除工作表

| 适用版本 | 实用指数 |
| --- | --- |
| 2010、2013、2016、2019 | ★★★★★ |

**使用说明**

如果工作簿中创建了多余的工作表，可以删除工作表。

**解决方法**

如果要删除工作表，具体操作方法如下。
❶在要删除的工作表标签上右击；❷在弹出的快捷菜单中选择【删除】命令即可，如下图所示。

**步骤02** ❶隐藏了工作表之后，若要将其显示出来，可右击任意一个工作表标签；❷在弹出的快捷菜单中选择【取消隐藏】命令，如下图所示。

**步骤03** ❶在弹出的【取消隐藏】对话框中选择需要显示的工作表；❷单击【确定】按钮即可，如下图所示。

温馨提示

当工作簿中只有一张工作表时，不能执行隐藏工作表的操作，此时可以新建一张空白工作表，然后再隐藏工作表。

027：全屏显示工作表内容

| 适用版本 | 实用指数 |
|---|---|
| 2010、2013、2016、2019 | ★★★☆☆ |

**使用说明**

当工作表内容过多时，可以切换到全屏视图，以方便查看表格内容。

**解决方法**

全屏显示工作表内容的具体操作方法如下。

**步骤01** 打开素材文件（位置：素材文件\第1章\销售清单.xlsx），❶打开【Excel选项】对话框，切换到【快速访问工具栏】选项卡；❷在【从下列位置选择命令】下拉列表中选择【不在功能区中的命令】选项；❸在列表框中选择【切换全屏视图】选项；❹通过单击【添加】按钮将其添加到右侧的列表框中；❺单击【确定】按钮，如下图所示。

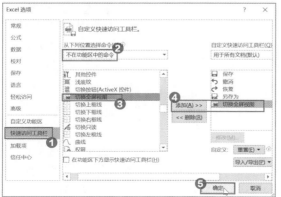

**步骤02** 返回工作表，在快速访问工具栏单击【切换全屏视图】按钮，如下图所示。

**步骤03** 通过上述操作后，工作表即可以全屏方式进行显示，从而可以显示更多的工作表内容，如下图所示。

**步骤04** 当需要退出全屏视图模式时，按【Esc】键便可，或者右击任意单元格，在弹出的快捷菜单中选择【关闭全屏显示】命令即可，如下图所示。

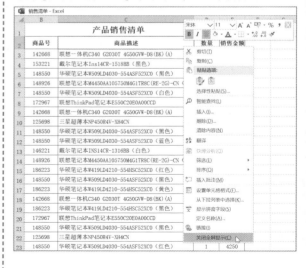

028：保护工作表不被他人修改

| 适用版本 | 实用指数 |
|---|---|
| 2010、2013、2016、2019 | ★★★★☆ |

### 使用说明

为了防止他人随意修改工作表中的重要数据，可以为工作表设置保护，从而限定其他用户的操作。

### 解决方法

如果要为工作表设置保护，具体操作方法如下。

**步骤01** 打开素材文件（位置：素材文件\第 1 章\员工信息管理表 .xlsx），❶在要设置保护的工作表中，切换到【审阅】选项卡；❷单击【保护】组中的【保护工作表】按钮，如下图所示。

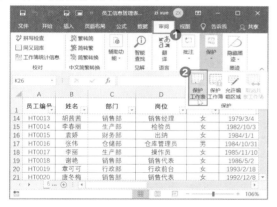

**步骤02** ❶弹出【保护工作表】对话框，在【允许此工作表的所有用户进行】列表框中设置允许其他用户进行的操作；❷在【取消工作表保护时使用的密码】文本框中输入保护密码，如【123】；❸单击【确定】按钮，如下图所示。

**步骤03** ❶弹出【确认密码】对话框，再次输入密码【123】；❷单击【确定】按钮即可，如下图所示。

### 知识拓展

若要撤销对工作表设置的密码保护，可切换到【审阅】选项卡，单击【保护】组中的【撤销工作表保护】按钮，在弹出的【撤销工作表保护】对话框中输入设置的密码，单击【确定】按钮即可。

029：凭密码编辑工作表的不同区域

| 适用版本 | 实用指数 |
|---|---|
| 2010、2013、2016、2019 | ★★★★☆ |

### 使用说明

保护工作表的功能默认作用于整张工作表。如果用户希望工作表中有一部分区域可以被他人编辑，可以为工作表中的该区域设置密码。当需要编辑时，输入密码即可进行编辑。

### 解决方法

如果要为部分单元格区域设置密码，具体操作方法如下。

**步骤01** 打开素材文件（位置：素材文件\第 1 章\员工信息管理表 .xlsx），❶选择需要凭密码编辑的单元格区域 A2:J15；❷切换到【审阅】选项卡；❸单击【保护】组中的【允许编辑区域】按钮，如下图所示。

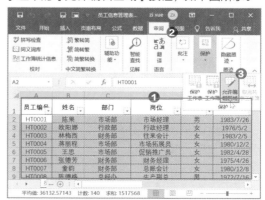

**步骤02** 弹出【允许用户编辑区域】对话框，单击【新建】按钮，如下图所示。

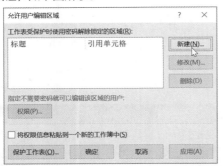

**步骤03** ❶弹出【新区域】对话框，在【区域密码】文本框中输入保护密码，如【123】；❷单击【确定】按钮，如下图所示。

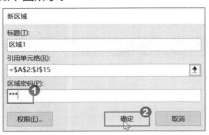

**步骤04** ❶弹出【确认密码】对话框，再次输入密码【123】；❷单击【确定】按钮，如下图所示。

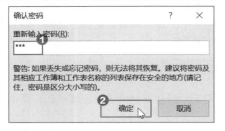

**步骤05** 返回【允许用户编辑区域】对话框，单击【保护工作表】按钮，如下图所示。

**步骤06** 弹出【保护工作表】对话框，单击【确定】按钮即可，如下图所示。

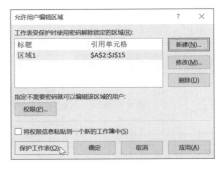

**步骤07** ❶在 A2:J15 单元格区域修改单元格中的数据；❷弹出【取消锁定区域】对话框，输入密码；❸单击【确定】按钮，如下图所示。

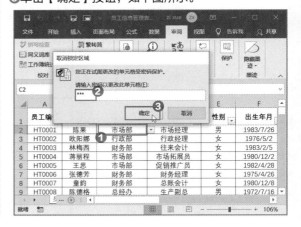

## 1.4 行、列和单元格的编辑操作

行、列和单元格的编辑操作是工作表中进行数据编辑的常用操作。包括插入行／列、设置行高和列宽、删除行／列、定位单元格等内容。

## 030：快速插入多行或多列

| 适用版本 | 实用指数 |
|---|---|
| 2010、2013、2016、2019 | ★★★★★ |

### 使用说明

完成工作表的编辑后，若要在其中添加数据，就需要添加行或列，通常用户都会逐行或逐列地插入。如果需要添加多行或多列时，逐一添加行或列会比较慢，影响工作效率，这时就有必要掌握添加多行或多列的方法。

### 解决方法

例如，要在工作表中插入4行，具体操作方法如下。❶在工作表中选中4行，然后右击；❷在弹出的快捷菜单中选择【插入】命令，操作完成后，即可在选中的操作区域上方插入数量相同的行，如下图所示。

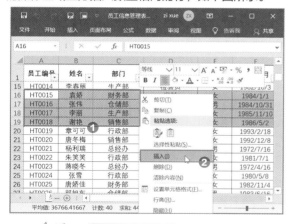

### 温馨提示

如果要插入多列，则选中多列，再执行插入操作。

## 031：精确设置行高与列宽

| 适用版本 | 实用指数 |
|---|---|
| 2010、2013、2016、2019 | ★★★★★ |

### 使用说明

默认情况下，行高与列宽都是固定的。当单元格中的内容较多时，可能无法将其全部显示出来，这时就需要设置单元格的行高或列宽了。

通常情况下，用户喜欢通过拖动鼠标的方式调整行高与列宽，若要精确调整行高与列宽，就需要通过对话框进行设置。

### 解决方法

如果要在工作表中精确设置行高与列宽，具体操作方法如下。

**步骤01** 打开素材文件（位置：素材文件\第1章\员工信息管理表.xlsx），❶选中需要设置行高的行，右击；❷在弹出的快捷菜单中选择【行高】命令，如下图所示。

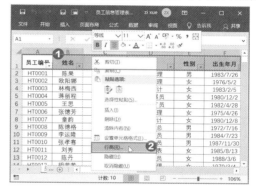

**步骤02** ❶弹出【行高】对话框，在【行高】文本框中输入需要的行高值；❷单击【确定】按钮即可，如下图所示。

**步骤03** ❶返回工作表，选中需要设置列宽的列，右击；❷在弹出的快捷菜单中选择【列宽】命令，如下图所示。

**步骤04** ❶弹出【列宽】对话框，在【列宽】文本框中输入需要的列宽值；❷单击【确定】按钮即可，如下图所示。

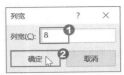

💡 **知识拓展**

选择行或列后，在【开始】选项卡的【单元格】组中单击【格式】按钮，在弹出的下拉菜单中选择【行高】或【列宽】选项，也可以弹出【行高】或【列宽】对话框。

---

032：设置最适合的行高与列宽

| 适用版本 | 实用指数 |
| --- | --- |
| 2010、2013、2016、2019 | ★★★★★ |

🌀 **使用说明**

当单元格中的内容较多时，可能无法将其全部显示出来。此时，可以使用更简单的自动调整功能调整到最适合的行高或列宽，使单元格大小与单元格中内容相适应。

🌀 **解决方法**

如果要设置自动调整行高和列宽，具体操作方法如下。

**步骤01** ❶选择要调整行高的行；❷在【开始】选项卡的【单元格】组中单击【格式】按钮；❸在弹出的下拉列表中选择【自动调整行高】选项即可，如下图所示。

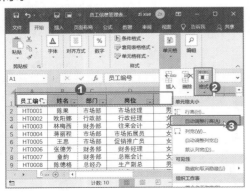

---

**步骤02** ❶选择要调整列宽的列；❷在【开始】选项卡的【单元格】组中单击【格式】按钮；❸在弹出的下拉列表中选择【自动调整列宽】选项即可，如下图所示。

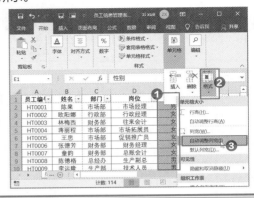

---

033：隐藏与显示行或列

| 适用版本 | 实用指数 |
| --- | --- |
| 2010、2013、2016、2019 | ★★★★☆ |

🌀 **使用说明**

在编辑工作表时，将重要数据或暂时不用的行或列隐藏起来，既可以减少屏幕上行或列的数量，也可以防止工作表中重要数据因错误操作而丢失，起到保护数据的作用。

🌀 **解决方法**

要在工作表中隐藏列，具体操作方法如下。

**步骤01** ❶选择要隐藏的列；❷在【开始】选项卡的【单元格】组中单击【格式】按钮；❸在弹出的下拉列表中选择【隐藏和取消隐藏】选项；❹在弹出的扩展菜单中选择【隐藏列】命令即可，如下图所示。

**知识拓展**

如果要对行进行隐藏操作，则选中需要隐藏的行，单击【开始】选项卡【单元格】组中【格式】按钮，在弹出的下拉列表中选择【隐藏和取消隐藏】选项，在弹出的扩展菜单中选择【隐藏行】命令即可。此外，也可以通过以下两种方式执行行或列的隐藏操作。

（1）选中要隐藏的行或列，右击，在弹出的快捷菜单中选择【隐藏】命令。

（2）选中某行后，按【Ctrl+9】组合键可快速将其隐藏；选中某列后，按【Ctrl+0】组合键可快速将其隐藏。

**步骤02** ❶所选列将被隐藏起来，如果要显示被隐藏的列，则可选中隐藏列所在位置的相邻两列；❷在【开始】选项卡的【单元格】组中单击【格式】按钮；❸在弹出的下拉列表中选择【隐藏和取消隐藏】选项；❹在弹出的扩展菜单中选择【取消隐藏列】选项即可，如下图所示。

**知识拓展**

将鼠标指针指向隐藏了行的行号中线上，当鼠标指针呈 ÷ 形状时，向下拖动鼠标，即可显示隐藏的行；将鼠标指针指向隐藏了列的列标中线上，当鼠标指针呈 ┿ 形状时，向右拖动鼠标，即可显示隐藏的列。

034：快速删除所有空行

| 适用版本 | 实用指数 |
|---|---|
| 2010、2013、2016、2019 | ★★★★☆ |

**使用说明**

在编辑工作表中，有时需要将一些没有用的空行删除。若表格中的空行太多，逐个删除非常烦琐，此时可通过定位功能，快速删除工作表中的所有空行。

**解决方法**

如果要删除工作表中的所有空行，具体操作方法如下。

**步骤01** 打开素材文件（位置：素材文件\第1章\销售清单1.xlsx），❶在数据区域中选择任意单元格；❷在【开始】选项卡的【编辑】组中单击【查找和选择】按钮；❸在弹出的下拉列表中选择【定位条件】选项，如下图所示。

**步骤02** ❶弹出【定位条件】对话框，选中【空值】单选按钮；❷单击【确定】按钮，如下图所示。

**步骤03** 返回工作表，可看到所有空白行呈选中状态，在【单元格】组中单击【删除】按钮即可，如下图所示。

| 035：巧用双击定位到工作表的最后一行 | 036：使用名称框定位活动单元格 |
|---|---|

| 适用版本 | 实用指数 | | 适用版本 | 实用指数 |
|---|---|---|---|---|
| 2010、2013、2016、2019 | ★★★☆☆ | | 2010、2013、2016、2019 | ★★★★☆ |

**使用说明**

在处理一些大型表格时，汇总数据通常在表格的最后一行。当要查看汇总数据时，若通过拖动滚动条的方式会非常缓慢，此时可以通过双击的方式进行快速定位。

**解决方法**

如果要快速定位到最后一行，具体操作方法如下。

**步骤01** 选择任意单元格，将鼠标指针指向该单元格下边框，待鼠标指针呈  形状时，双击，如下图所示。

**步骤02** 操作完成后即可快速跳转至最后一行，如下图所示。

**使用说明**

在工作表中选择要操作的单元格或单元格区域时，不仅可以通过鼠标选择，还可以通过名称框进行选择。

**解决方法**

如果要通过名称框选择单元格区域，具体操作方法如下。

**步骤01** 在名称框中输入要选择的单元格区域范围，本例中输入【B4:E8】，如下图所示。

**步骤02** 按【Enter】键，即可选中 B4:E8 单元格区域，如下图所示。

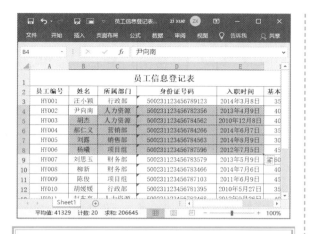

## 037：快速选中所有数据类型相同的单元格

| 适用版本 | 实用指数 |
|---|---|
| 2010、2013、2016、2019 | ★★★☆☆ |

### 使用说明

在编辑工作表的过程中，若要对数据类型相同的多个单元格进行操作，就需要先选中这些单元格。除了通过常规的操作方法逐个选中外，还可以通过定位功能快速选择。

### 解决方法

例如，要在工作表中选择所有包含公式的单元格，具体操作方法如下。

**步骤01** 打开素材文件（位置：素材文件\第1章\工资表.xlsx），❶在【开始】选项卡中单击【编辑】组中的【查找和选择】按钮；❷在弹出的下拉列表中选择【定位条件】选项，如下图所示。

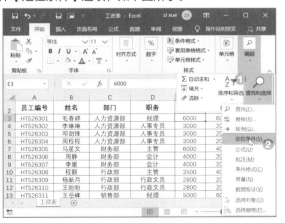

**步骤02** ❶弹出【定位条件】对话框，设置要选择的数据类型，本例中选中【公式】单选按钮；❷单击【确定】按钮，如下图所示。

**步骤03** 操作完成后，工作表中含有公式的单元格即可被选中，如下图所示。

## 038：将计算结果为0的数据隐藏

| 适用版本 | 实用指数 |
|---|---|
| 2010、2013、2016、2019 | ★★★★☆ |

### 使用说明

默认情况下，在工作表中输入0或公式的计算结果为0时，单元格中都会显示为0。为了醒目和美观，可以将0隐藏。

### 解决方法

如果要将0隐藏，具体操作方法如下。

**步骤01** 打开素材文件（位置：素材文件\第1章\工资表.xlsx），❶打开【Excel选项】对话框，切换到【高级】选项卡；❷在【此工作表的显示选项】栏中取消选中【在具有零值的单元格中显示零】复选框；
❸单击【确定】按钮，如下图所示。

**步骤02** 返回工作表，即可看到计算结果为【0】的数据已经被隐藏，如下图所示。

039：为单元格添加批注

| 适用版本 | 实用指数 |
|---|---|
| 2010、2013、2016、2019 | ★★★☆☆ |

使用说明

单元格批注是为单元格内容添加的注释、提示等，为单元格添加批注可以起到提示用户的作用。

**解决方法**

如果要为单元格添加批注，具体操作方法如下。

**步骤01** 打开素材文件（位置：素材文件\第1章\出差登记表.xlsx），❶选中要添加批注的单元格；❷单击【审阅】选项卡【批注】组中的【新建批注】按钮，如下图所示。

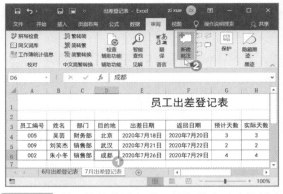

**步骤02** 单元格的批注框处于编辑状态，直接输入批注内容即可，如下图所示。

**步骤03** 添加了批注的单元格右上角显示出红色标识符。将鼠标移动到有红色标识符的单元格时，将显示批注内容，如下图所示。

# 第 2 章
# 表格数据的录入技巧

在日常工作中，Excel 是处理数据的好帮手。在处理数据之前，需要先将数据录入工作表中。在录入数据时，一些特殊数据需要设置才能正确显示；而一些有规律的数据，可以通过填充来快速录入。本章介绍数据录入的技巧，让你在录入数据时更加得心应手。

下面先来看看以下一些数据录入的常见问题，你是否会处理或已掌握。

【√】在单元格中录入长数据时，超过 11 位的数据会以科学计数法显示，如果要录入的是身份证号码或手机号码，应该怎样录入？

【√】在录入编号时，编号前有一长串固定的英文字母，你知道怎样快速录入吗？

【√】在录入有规律的数据时，你知道怎样使用填充功能快速录入吗？

【√】在其他软件中录入了数据，现在需要将这些数据录入 Excel 工作表中，是重新录入还是直接导入呢？

希望通过本章内容的学习，能帮助你解决以上问题，并学会 Excel 更多的录入技巧。

## 2.1 快速输入特殊数据

在 Excel 工作簿中输入数据时，对于一些非常规数据，输入的方法可能有些不同。例如，输入身份证号码、以 0 开头的编号等。下面介绍输入特殊数据的方法。

| 040：正确输入身份证号码 |
|---|

| 适用版本 | 实用指数 | |
|---|---|---|
| 2010、2013、2016、2019 | ★★★★★ |  |

### 使用说明

在单元格中输入超过 11 位的数字时，Excel 会自动使用科学计数法来显示该数字，例如，在单元格中输入了数字 123456789101，该数字将显示为"1.23457E+11"。如果要在单元格中输入 15 位或 18 位的身份证号码，需要先将这些单元格的数字格式设置为文本。

### 解决方法

如果要在工作表中输入身份证号码，具体操作方法如下。

**步骤01** 打开素材文件（位置：素材文件\第 2 章\员工信息登记表 .xlsx），❶选中要输入身份证号码的单元格区域；❷在【开始】选项卡的【数字】组【数字格式】下拉列表中选择【文本】选项，如下图所示。

**步骤02** 操作完成后即可在单元格中输入身份证号码了，输入后的效果如下图所示。

### 知识拓展

在单元格中先输入一个英文状态下的单引号"'"，然后在单引号后面输入数字，也可以将数字格式设置为文本。

| 041：输入以 0 开头的数字编号 |
|---|

| 适用版本 | 实用指数 | |
|---|---|---|
| 2010、2013、2016、2019 | ★★★★★ | |

### 使用说明

默认情况下，在单元格中输入以 0 开头的数字时，Excel 会将其识别为纯数字，从而直接省略 0。如果要在单元格中输入以 0 开头的数字，既可以通过设置文本格式的方式实现，也可以通过自定义数据格式的方式实现。

### 解决方法

例如，要输入"0001"之类的数字编号，具体操作方法如下。

**步骤01** 打开素材文件（位置：素材文件\第 2 章\员工信息登记表 1.xlsx），❶选中要输入"0"开头数字的单元格区域，打开【设置单元格格式】对话框，在【数字】选项卡的【分类】列表框中选择【自定义】选项；❷在右侧【类型】文本框中输入【0000】（"0001"是 4 位数，因此要输入 4 个"0"）；❸单击【确定】按钮，如下图所示。

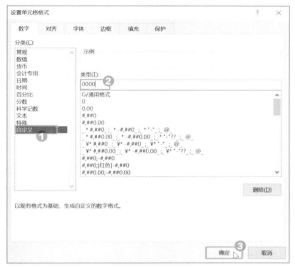

通过设置文本格式的方式也可以输入以 0 开头的编号。

**步骤02** 返回工作表，直接输入"1、2、…"，将自动在前面添加"0"，如下图所示。

042：巧妙输入位数较多的员工编号

| 适用版本 | 实用指数 | |
| --- | --- | --- |
| 2010、2013、2016、2019 | ★★★★☆ |  |

**使用说明**

用户在编辑工作表的时候，经常会输入位数较多的员工编号、学号、证书编号，如"LYG2014001、LYG2014002、…"。此时发现编号的部分字符是相同的，若重复录入会非常烦琐，且易出错，可以通过自定义数据格式快速输入。

**解决方法**

例如，要输入员工编号"LYG2018001"，具体操作方法如下。

**步骤01** 打开素材文件（位置：素材文件\第 2 章\员工信息登记表 1.xlsx），❶选中要输入员工编号的单元格区域，打开【设置单元格格式】对话框，在【数字】选项卡的【分类】列表框中选择【自定义】选项；❷在右侧【类型】文本框中输入【"LYG2018"000】（【"LYG2018"】是重复固定不变的内容）；❸单击【确定】按钮，如下图所示。

**步骤02** 返回工作表，在单元格区域中输入编号后的序号，如"1、2、…"，然后按【Enter】键确认，即可显示完整的编号，如下图所示。

## 043：快速输入部分重复的内容

| 适用版本 | 实用指数 |
|---|---|
| 2010、2013、2016、2019 | ★★★☆☆ |

**使用说明**

当要在工作表中输入大量含部分重复内容的数据时，通过自定义数据格式的方法输入，可大大提高输入速度。

**解决方法**

例如，要输入"研发一部、研发二部、……"之类的数据，具体操作方法如下。

**步骤01** 打开素材文件（位置：素材文件\第2章\员工信息登记表2.xlsx），❶选中要输入数据的单元格区域，打开【设置单元格格式】对话框，在【数字】选项卡的【分类】列表框中选择【自定义】选项；❷在右侧【类型】文本框中输入【研发@部】；❸单击【确定】按钮，如下图所示。

**步骤02** 返回工作表，只需在单元格中直接输入"一、二、……"，即可自动输入部分重复的内容，如下图所示。

## 044：快速输入大写汉字数字

| 适用版本 | 实用指数 |
|---|---|
| 2010、2013、2016、2019 | ★★★☆☆ |

**使用说明**

在编辑工作表时，有时还会输入大写的汉字数字。对于少量的大写汉字数字，按照常规的方法直接输入即可；对于大量的大写汉字数字，为了提高输入速度，可以先进行格式设置再输入，或者输入后再设置格式进行转换。

**解决方法**

例如，要将已经录入的数字转换为大写汉字数字，具体操作方法如下。

**步骤01** 打开素材文件（位置：素材文件\第2章\备用金借支回执单.xlsx），❶选择要转换成大写汉字数字的单元格区域C3:C6，打开【设置单元格格式】对话框，在【数字】选项卡的【分类】列表框中选择【特殊】选项；❷在右侧【类型】列表框中选择【中文大写数字】选项；❸单击【确定】按钮，如下图所示。

**步骤02** 返回工作表，即可看到所选单元格中的数字已经变为大写汉字数字，如下图所示。

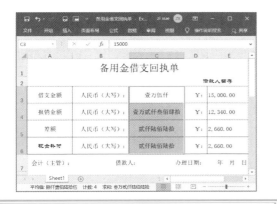

## 045：对手机号码进行分段显示

| 适用版本 | 实用指数 |
|---|---|
| 2010、2013、2016、2019 | ★★★★★ |

### 使用说明

手机号码一般都由 11 位数字组成。为了增强手机号码的易读性，可以将其设置为分段显示。

### 解决方法

例如，要将手机号码按照 3、4、4 的位数进行分段显示，具体操作方法如下。

**步骤01** 打开素材文件（位置：素材文件\第2章\员工信息表 .xlsx），❶选中需要设置分段显示的单元格区域，打开【设置单元格格式】对话框，在【数字】选项卡的【分类】列表框中选择【自定义】选项；❷在右侧【类型】文本框中输入【000-0000-0000】；❸单击【确定】按钮，如下图所示。

**步骤02** 返回工作表，即可看到手机号码自动分段显示，如下图所示。

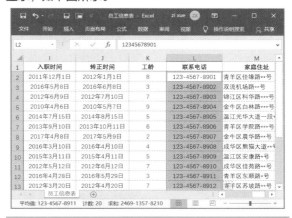

## 046：利用记忆功能快速输入数据

| 适用版本 | 实用指数 |
|---|---|
| 2010、2013、2016、2019 | ★★★★★ |

### 使用说明

在单元格中输入数据时，灵活运用 Excel 的记忆功能，可快速输入与当前列其他单元格相同的数据，从而提高输入效率。

### 解决方法

如果要利用记忆功能输入数据，具体操作方法如下。

**步骤01** 打开素材文件（位置：素材文件\第2章\销售清单 .xlsx），选中要输入与当前列其他单元格相同数据的单元格，按【Alt+ ↓】组合键，在弹出的下拉列表中将显示当前列的所有数据，此时可选择需要录入的数据，如下图所示。

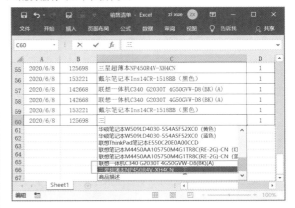

**步骤02** 当前单元格中将自动输入所选数据，如下图所示。

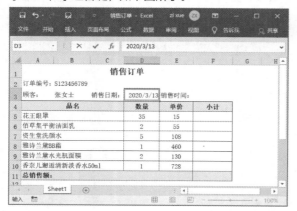

**步骤02** 选中要输入系统时间的单元格，按【Ctrl+Shift+；】组合键即可，如下图所示。

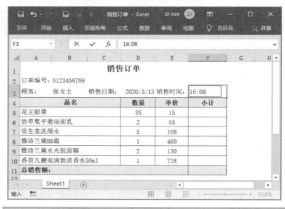

---

## 047：快速输入系统日期和系统时间

| 适用版本 | 实用指数 |
| --- | --- |
| 2010、2013、2016、2019 | ★★★★☆ |

**使用说明**

在编辑销售订单类的工作表时，通常需要输入当时的系统日期和系统时间，除了常规的手动输入外，还可以通过快捷键快速输入。

**解决方法**

如果要使用快捷键快速输入系统日期和系统时间，具体操作方法如下。

**步骤01** 打开素材文件（位置：素材文件\第2章\销售订单.xlsx），选中要输入系统日期的单元格，按【Ctrl+；】组合键，如下图所示。

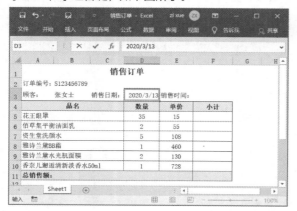

---

## 048：在多个单元格中快速输入相同数据

| 适用版本 | 实用指数 |
| --- | --- |
| 2010、2013、2016、2019 | ★★★★☆ |

**使用说明**

在输入数据时，有时需要在一些单元格中输入相同的数据，如果逐个输入，非常费时。为了提高输入速度，用户可按以下方法在多个单元格中快速输入相同的数据。

**解决方法**

例如，要在多个单元格中输入"1"，具体操作方法如下。

选择要输入"1"的单元格区域，输入【1】，然后按【Ctrl+Enter】组合键确认，即可在选中的多个单元格中输入相同的内容，如下图所示。

| 049：在多张工作表中同时输入相同数据 | | |
|---|---|---|

| 适用版本 | 实用指数 | |
|---|---|---|
| 2010、2013、2016、2019 | ★★★☆☆ |  |

**使用说明**

在输入数据时，不仅可以在多个单元格中输入相同的数据，还可以在多张工作表中输入相同的数据。

**解决方法**

例如，要在"6 月""7 月"和"8 月"这三张工作表中同时输入相同的数据，具体操作方法如下。

**步骤01** 新建一个空白工作簿，再新建两张工作表，将工作簿中的工作表分别命名为"6 月""7 月""8 月"，如下图所示。

**步骤02** ❶按住【Ctrl】键，依次单击工作表对应的标签，从而选中需要同时输入相同数据的多张工作表，本例中选中【6 月】【7 月】【8 月】三张工作表；❷直接在当前工作表中（如【6 月】）输入需要的数据，如下图所示。

**步骤03** 完成内容的输入后，右击任意工作表标签；在弹出的快捷菜单中选择【取消组合工作表】命令，如下图所示。

**步骤04** 取消多张工作表的选中状态，切换到【7 月】或【8 月】工作表，即可看到在相同的位置输入了相同的内容，如下图所示。

## 2.2 快速填充数据

在工作簿中输入数据时，可以通过填充的方法快速输入有规律的数据，并且还能通过 Excel 的快速填充功能批量提取、添加和合并数据。下面介绍快速填充数据的技巧。

| 050：使用填充功能快速输入相同数据 | | |
|---|---|---|

| 适用版本 | 实用指数 | |
|---|---|---|
| 2010、2013、2016、2019 | ★★★★★ |  |

**使用说明**

在输入工作表数据时，可以使用 Excel 的填充功能在表格中快速向上、向下、向左或向右填充相同的数据。

**解决方法**

例如，填充相同数据的具体操作方法如下。

**步骤01** 打开素材文件（位置：素材文件\第2章\员工工龄表.xlsx），在D10单元格中输入"销售代表"，选中该单元格，将鼠标指针指向右下角，指针呈 **+** 时，按住鼠标左键不放向下拖动至D21单元格，如下图所示。

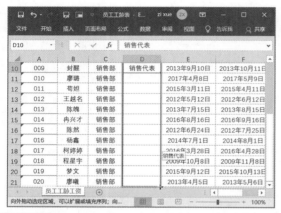

**步骤02** 释放鼠标，即可为D11:D21单元格区域填充与D10单元格完全相同的内容，如下图所示。

051：使用填充功能快速输入序列数据

| 适用版本 | 实用指数 |
| --- | --- |
| 2010、2013、2016、2019 | ★★★★★ |

**使用说明**

利用填充功能填充数据时，还可以填充等差序列或等比序列数字。

**解决方法**

例如，利用填充功能输入等比序列数字，具体操作方法如下。

**步骤01** ❶在单元格中输入等比序列的起始数据，如【1】，选中该单元格；❷在【开始】选项卡的【编辑】组中单击【填充】下拉按钮；❸在弹出的下拉列表中选择【序列】命令，如下图所示。

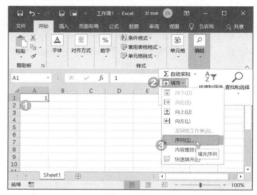

**步骤02** ❶弹出【序列】对话框，在【序列产生在】栏中选择填充方向，如【列】表示向下填充；❷在【类型】栏中选择填充的数据类型，本例中选中【等比序列】单选按钮；❸在【步长值】文本框中输入步长值；❹在【终止值】文本框中输入结束值；❺单击【确定】按钮，如下图所示。

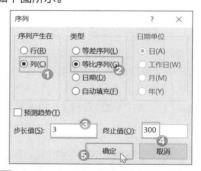

**步骤03** 操作完成后即可看到填充效果，如下图所示。

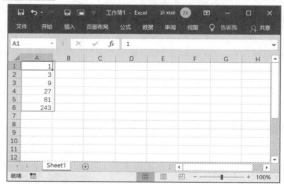

## 知识拓展

通过拖动鼠标的方式也可以填充序列数据，操作方法为：在单元格中依次输入序列的两个数字，并选中这两个单元格，将鼠标指针指向第二个单元格的右下角，指针呈╋时按住鼠标右键不放并向下拖动，当拖动到目标单元格后释放鼠标右键，在自动弹出的快捷菜单中单击【等差序列】或【等比序列】命令，即可填充相应的序列数据。

当指针呈╋时，按住鼠标左键向下拖动，可直接填充等差序列。

---

### 052：自定义填充序列

| 适用版本 | 实用指数 | |
|---|---|---|
| 2010、2013、2016、2019 | ★★★★★ | |

#### 使用说明

在编辑工作表数据时，经常需要填充序列数据。Excel 提供了一些内置序列，用户可直接使用。对于经常使用而内置序列中没有的数据序列，则需要自定义数据序列，以后便可填充自定义的序列，从而加快数据的输入速度。

#### 解决方法

例如，要自定义【行政部、人力资源部、财务部、销售部】序列，具体操作方法如下。

**步骤01** 打开【Excel 选项】对话框，单击【高级】选项卡【常规】栏中的【编辑自定义列表】按钮，如下图所示。

**步骤02** ❶弹出【自定义序列】对话框，在【输入序列】

文本框中输入自定义序列的内容；❷单击【添加】按钮，将输入的数据序列添加到左侧【自定义序列】列表框中；❸依次单击【确定】按钮退出，如下图所示。

**步骤03** 经过上述操作后，在单元格中输入自定义序列的第一个内容，再利用填充功能拖动鼠标，即可自动填充自定义的序列，如下图所示。

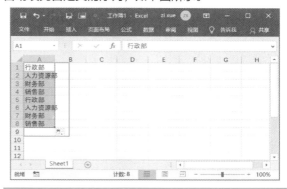

---

### 053：自动填充日期值

| 适用版本 | 实用指数 | |
|---|---|---|
| 2010、2013、2016、2019 | ★★☆☆☆ | |

#### 使用说明

在编辑记账表格、销售统计等类型的工作表时，经常要输入连贯的日期值，除了使用手动输入外，还可以通过填充功能快速输入，以提高工作效率。

#### 解决方法

如果要自动填充日期值，具体操作方法如下。

**步骤01** 打开素材文件（位置：素材文件\第2章\海尔冰箱销售统计 .xlsx），❶在单元格中输入起始日期，并向下填充至 A14 单元格；❷单击【自动填充选项】

按钮 ；❸在弹出的快捷菜单中选择填充选项，如选择【以月填充】选项，如下图所示。

**步骤02** 即可按月填充序列，如下图所示。

---

### 054：使用快速填充功能批量提取数据

| 适用版本 | 实用指数 |
|---|---|
| 2013、2016、2019 | ★★★★★ |

**使用说明**

Excel 自 2013 版本开始，提供了快速填充功能。快速填充功能可以根据当前输入的一组或多组数据，参考前一列或后一列中的数据智能识别数据的规律，然后按照规律进行数据填充，通过该功能可以快速从字符串中提取需要的字符。

**解决方法**

例如，要从员工身份证号码中提取出生年月，具体操作方法如下。

**步骤01** 打开素材文件（位置：素材文件\第2章

---

\员工信息表 1.xlsx）❶在 E2 单元格中输入 D2 单元格中的出生年月，向下填充至 E16 单元格；❷单击【自动填充选项】按钮 ；❸在弹出的快捷菜单中选择【快速填充】选项，如下图所示。

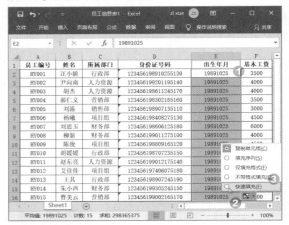

**步骤02** 即可根据 E2 单元格的填充规律快速填充数据，如下图所示。

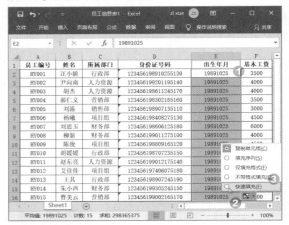

**温馨提示**

如果快速填充的数据是错误的，或者执行快速填充后，弹出提示对话框，提示"我们查看了所选内容旁边的所有数据，没有看到用于填充值的模式"，表示不能根据输入的数据识别填充规律，可以多给出几个示例，这样就能更准确地识别其规律。

**步骤03** 利用快速填充功能提取出来的是纯字符，要想将数字转换成便于阅读的日期数据，则可以通过分列功能来实现。❶选择 E2:E16 单元格区域；❷单击【数据】选项卡【数据工具】组中的【分列】按钮，如下图所示。

**步骤04** 打开【文本分列向导－第1步，共3步】

对话框，单击【下一步】按钮，如下图所示。

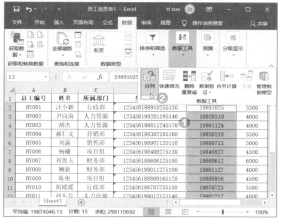

**步骤05**　在打开的对话框中继续单击【下一步】按钮，❶打开【文本分列向导－第3步，共3步】对话框，在【列数据格式】栏中选中【日期】单选按钮；❷其他设置保持默认设置，单击【完成】按钮，如下图所示。

**步骤06**　即可将选择的单元格区域中的数据分列成日期格式，如下图所示。

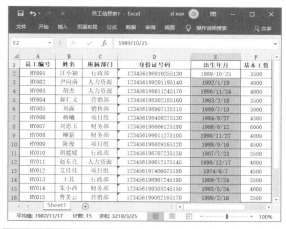

**055：使用快速填充功能批量合并数据**

| 适用版本 | 实用指数 |
| --- | --- |
| 2013、2016、2019 | ★★★★★ |

**使用说明**

　　如果需要将多个相邻单元格中的数据组成一组字符串，也可以通过快速填充功能来实现。

**解决方法**

　　例如，通过快速填充功能将省、市、区列的数据合并到一列中，具体操作方法如下。

**步骤01**　打开素材文件（位置：素材文件\第2章\员工档案表.xlsx），在J2单元格中输入G2:I2单元格区域中的数据【湖南省长沙市天心区】，选择J2:J9单元格区域，如下图所示。

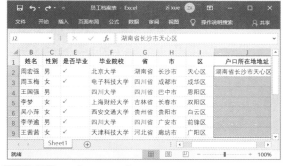

**步骤02**　按【Ctrl+E】组合键，即可自动识别填充规律快速填充户口所在地地址，如下图所示。

---

**056：使用快速填充功能批量添加数据**

| 适用版本 | 实用指数 |
| --- | --- |
| 2010、2013、2016、2019 | ★★★★★ |

**使用说明**

当需要向字符串添加某个字符时，如为员工编号添加公司代码、为电话号码添加分隔符"–"、为日期添加斜杠"/"等，手动添加效率会很低，而且容易出错，但利用快速填充功能，则可自动根据输入的数据特点，识别用户的填充意图，快速填充需要的数据。

**解决方法**

使用快速填充功能批量添加数据的具体操作方法如下。

 **步骤01** 打开素材文件（位置：素材文件\第2章\员工档案表1.xlsx），在H2单元格中输入要填充的数据【1234-5678-910】，如下图所示。

 **步骤02** 按【Ctrl+E】组合键，系统即可自动识别填充规律快速填充数据，如下图所示。

---

## 2.3 导入外部数据

在 Excel 中，还可以通过导入的方法输入其他程序中的数据。下面介绍导入数据的技巧。

**057：从 Access 文档导入数据到工作表中**

| 适用版本 | 实用指数 |
| --- | --- |
| 2010、2013、2016、2019 | ★★★★★ |

**使用说明**

如果已经在 Access 文档中制作了数据工作表，可以将其直接导入 Excel 工作表中。

**解决方法**

要从 Access 文档导入数据到工作表中，具体操作方法如下。

 **步骤01** ❶新建一个空白工作簿，单击【数据】选项卡【获取和转换数据】组中的【获取数据】按钮；❷在弹出的下拉菜单中选择【自数据库】命令；❸在弹出的子菜单中选择【从 Microsoft Access 数据库】命令，如下图所示。

**步骤02** ❶打开【导入数据】对话框，选择数据源（位置：素材文件\第2章\联系人管理.accdb）；❷单击【导入】按钮，如下图所示。

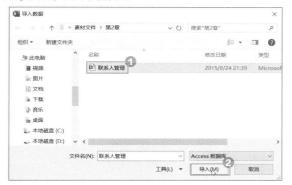

**步骤03** ❶打开【导航器】对话框，在左侧选择要导入数据所在的表；❷开始加载表中的数据，加载完成后，将显示在对话框右侧，单击【加载】按钮，如下图所示。

**步骤04** 返回工作表即可看到Access中的数据已经导入工作表中，如下图所示。

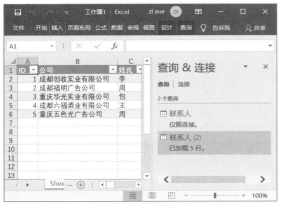

**知识拓展**

在【导航器】对话框中单击【转换数据】按钮，将打开【Power Query编辑器】，在其中可以对数据进行管理和编辑。

---

058：从网页导入数据到工作表中

| 适用版本 | 实用指数 |
| --- | --- |
| 2010、2013、2016、2019 | ★★★☆☆ |

**使用说明**

在工作表中导入外部数据时，不仅可以导入计算机文本文件中的内容，还可以导入网页中的数据，以便能及时、准确地获取需要的数据。需要注意的是，在导入网页中的数据时，需要保证计算机连接上网络。

在国家统计局（http://www.stats.gov.cn/）等网站上，可以轻松获取网站发布的数据，如固定资产投资和房地产、价格指数、旅游业、金融业等。

**解决方法**

要从网页导入数据到工作表中，具体操作方法如下。

**步骤01** 新建一个空白工作簿，单击【数据】选项卡【获取和转换数据】组中的【自网站】按钮，如下图所示。

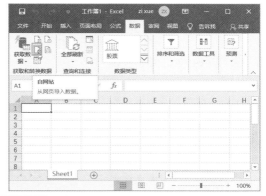

**步骤02** ❶打开【从Web】对话框，选中【基本】单选按钮；❷在【URL】文本框中输入要获取表格数据网站的网址；❸单击【确定】按钮，如下图所示。

**步骤03** ❶开始建立连接，完成后打开【导航器】对话框，在左侧显示网站中的表格，选择需要导入的表格；❷单击【加载】按钮，如下图所示。

**步骤04** 即可将网站中选择的表格数据导入到Excel表格中，如下图所示。

### 温馨提示

在导入的网站数据所在区域中，选中任意单元格，右击，在弹出的快捷菜单中选择【刷新】命令，可实现数据的更新操作。

---

059：从文本文件导入数据到工作表中

| 适用版本 | 实用指数 |
| --- | --- |
| 2010、2013、2016、2019 | ★★★★★ |

#### 使用说明

在工作表中输入数据时，还可以从文本文件中导入数据，从而提高输入速度。

#### 解决方法

如果要把文件中的数据导入 Excel 工作表中，具体操作方法如下。

**步骤01** 启动 Excel 程序，单击【数据】选项卡【获取和转换数据】组中的【从文本/CSV】按钮，如下图所示。

**步骤02** ❶打开【导入数据】对话框，选中要导入的文本文件（位置：素材文件\第2章\新进员工考核表 .txt）；❷单击【导入】按钮，如下图所示。

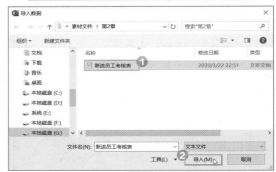

**步骤03** 在打开的对话框中将显示文本文件中的数据，单击【加载】按钮，如下图所示。

**步骤04** 返回工作表，可以看到系统将文本文件中的数据导入了新工作表中，如下图所示。

# 第 3 章
# 数据验证设置技巧

在 Excel 中输入数据时，还可对数据验证进行设置，以限制单元格或单元格区域中输入的数据内容，提高数据输入的准确性。本章将介绍数据验证设置技巧。

下面先来看看以下一些数据验证设置的常见问题，你是否会处理或已掌握。

【√】怎么设置可以在输入重复数据时进行提示？

【√】如果在输入日期时，只想在表格中输入某个时间段内的日期，应该怎么进行限制呢？

【√】有没有什么方法，可以在输入错误数据时进行提示呢？

【√】二级下拉菜单怎么制作？

【√】制作需要他人填写的表格时，为了防止填写错误，能否限制表格的输入内容？

【√】在制作需要他人填写的表格时，怎样在单元格中设置录入前的提示信息？

希望通过本章内容的学习，能帮助你解决以上问题，并学会 Excel 更多的数据验证设置技巧。

## 3.1 数据验证设置

数据验证功能用来验证用户输入单元格中的数据是否有效，以及限制输入数据的类型或范围等，从而减少输入错误，提高工作效率。本节将讲解数据验证设置的相关操作技巧，如只允许在单元格中输入数字、为数据输入设置下拉列表等。

| 060：选择单元格时显示数据输入提示 | |
|---|---|
| **适用版本** | **实用指数** |
| 2013、2016、2019 | ★★★★★ |

 **使用说明**

编辑工作表数据时，可以为单元格设置输入提示信息，以便提醒用户应该在单元格中输入的内容。

**解决方法**

如果要设置输入数据前的提示信息，具体操作方法如下。

**步骤01** 打开素材文件（位置：素材文件\第3章\身份证号码采集表.xlsx），❶选择要设置数据验证的B3:B15单元格区域；❷单击【数据】选项卡【数据工具】组中的【数据验证】按钮，如下图所示。

**步骤02** ❶打开【数据验证】对话框，选择【输入信息】选项卡；❷在【标题】文本框中输入提示标题；❸在【输入信息】列表框中输入提示信息；❹单击【确定】按钮，如下图所示。

**步骤03** 返回工作表，在B3:B15单元格区域中选中任意单元格，都会出现提示信息，如下图所示。

| 061：制作单元格选择序列 | |
|---|---|

| **适用版本** | **实用指数** |
|---|---|
| 2013、2016、2019 | ★★★★☆ |

 **使用说明**

通过设置下拉列表，可以在输入数据时选择设置好的单元格内容，提高工作效率。

**解决方法**

如果要在工作表中制作单元格选择序列，具体操作方法如下。

**步骤01** 打开素材文件（位置：素材文件\第3章\员工信息登记表.xlsx），❶选择要设置内容限制的单元格区域；❷单击【数据】选项卡【数据工具】组中的【数据验证】按钮，如下图所示。

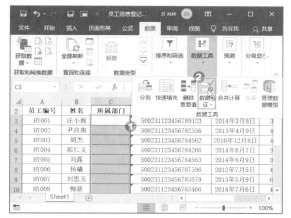

**步骤02** ❶打开【数据验证】对话框，在【设置】选项卡【允许】下拉列表中选择【序列】选项；❷在【来源】文本框中输入以英文逗号为间隔的序列内容；❸单击【确定】按钮，如下图所示。

**温馨提示**

在设置下拉列表时，在【数据验证】对话框的【设置】选项卡中，一定要确保【提供下拉箭头】复选框为选中状态（默认是选中状态）；否则选择设置了数据有效性下拉列表的单元格后，不会出现下拉箭头，从而无法弹出下拉列表供用户选择。

**步骤03** 返回工作表，单击设置了下拉列表的单元格，其右侧会出现一个下拉箭头，单击该箭头，将弹出一个下拉列表，选择某个选项，即可快速在该单元格中输入所选内容，如下图所示。

**步骤04** 使用相同的方法选择输入其他员工的所属部门，效果如下图所示。

---

**062：设置允许数据输入的范围**

| 适用版本 | 实用指数 |
|---|---|
| 2013、2016、2019 | ★★★★☆ |

**使用说明**

输入表格数据时，为了保证输入的正确率，可以通过数据验证设置数值的输入范围。

**解决方法**

如果要设置单元格数值输入范围，具体操作方法如下。

**步骤01** 打开素材文件（位置：素材文件\第3章\商品定价表.xlsx），❶选中要设置数值输入范围的B3:B8单元格区域，打开【数据验证】对话框，在【允许】下拉列表中选择【整数】选项；❷在【数据】下拉列表中选择【介于】选项；❸分别设置文本长度的最大值和最小值，如【最小值】为【320】，【最大值】为【650】；❹单击【确定】按钮，如下图所示。

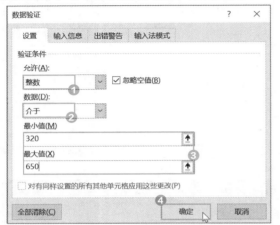

步骤02 返回工作表中，在B3:B8单元格区域中输入320~650之外的数据时，会出现错误提示的警告，如下图所示。

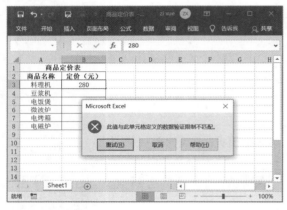

---

063：设置单元格文本的输入长度

| 适用版本 | 实用指数 |
| --- | --- |
| 2013、2016、2019 | ★★★★☆ |

**使用说明**

编辑工作表数据时，为了加强输入数据的准确性，可以限制单元格的文本输入长度，当输入的内容超过或低于设置的长度时，系统就会出现错误提示的警告。

---

**解决方法**

如果要设置单元格文本的输入长度，具体操作方法如下。

步骤01 打开素材文件（位置：素材文件\第3章\身份证号码采集表.xlsx），❶选中要设置文本长度的B3:B15单元格区域，打开【数据验证】对话框，在【允许】下拉列表中选择【文本长度】选项；❷在【数据】下拉列表中选择【等于】选项；❸在【长度】数值框中输入【18】；❹单击【确定】按钮，如下图所示。

步骤02 返回工作表中，在B3:B15单元格区域中输入内容时，若文本长度大于或小于18，则会出现错误提示的警告，如下图所示。

---

064：设置单元格可输入的日期范围

| 适用版本 | 实用指数 |
| --- | --- |
| 2013、2016、2019 | ★★★★☆ |

**使用说明**

当需要在表格中输入某个时间段内的日期，也可通过数据验证来限制输入。

例如，表格中的收银日期只能输入 2020 年 6 月 1 日—2020 年 6 月 10 日的日期，具体操作方法如下。

**步骤01** 打开素材文件（位置：素材文件\第 3 章\销售清单 .xlsx），❶选择 A2:A59 单元格区域，打开【数据验证】对话框，在【允许】下拉列表中选择【日期】选项；❷在【数据】下拉列表中选择【介于】选项；❸设置开始日期和结束日期；❹单击【确定】按钮，如下图所示。

**步骤02** 返回工作表中，在 A2:A59 单元格区域输入的日期不符合要求时，便会出现错误提示的警告，如下图所示。

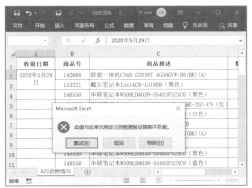

065：设置数据输入错误后的警告信息

| 适用版本 | 实用指数 |
| --- | --- |
| 2013、2016、2019 | ★★★★★ |

使用说明

在单元格中设置了数据有效性后，当输入错误的

数据时，系统会自动弹出提示警告信息。除了系统默认的警告信息之外，还可以自定义警告信息。

例如，为身份证号码设置错误警告提示，具体操作方法如下。

**步骤01** 打开素材文件（位置：素材文件\第 3 章\身份证号码采集表 .xlsx），选中要设置数据验证的单元格区域，打开【数据验证】对话框，在【设置】选项卡中设置允许输入的内容信息，如下图所示。

**步骤02** ❶在【出错警告】选项卡的【样式】下拉列表中设置警告样式，如【停止】；❷在【标题】文本框中输入提示标题；❸在【错误信息】文本框中输入提示信息；❹完成设置后单击【确定】按钮，如下图所示。

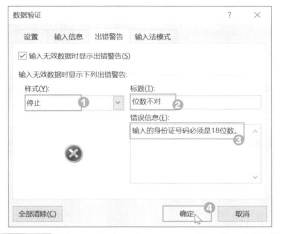

**步骤03** 返回工作表，在 B3:B15 单元格区域中输入不符合条件的数据时，会出现自定义样式的警告信息，如下图所示。

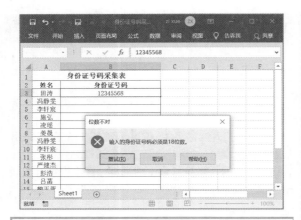

**066：圈释表格中无效的数据**

| 适用版本 | 实用指数 |
| --- | --- |
| 2013、2016、2019 | ★★★★☆ |

**使用说明**

在编辑工作表的时候，还可通过 Excel 的圈释无效数据功能，快速找出错误或不符合条件的数据。

**解决方法**

如果要在工作表中圈释无效数据，具体操作方法如下。

**步骤01** 打开素材文件（位置：素材文件\第3章\员工信息登记表 1.xlsx），❶选中要进行操作的数据区域，打开【数据验证】对话框，在【允许】下拉列表中选择【日期】选项；❷在【数据】下拉列表中选择数据条件，如【介于】；❸分别在【开始日期】和【结束日期】参数框中输入日期值；❹单击【确定】按钮，如下图所示。

**步骤02** ❶返回工作表，保持当前单元格区域的选中状态，在【数据工具】组中单击【数据验证】下拉按钮 ；❷在弹出的下拉列表中选择【圈释无效数据】选项，如下图所示。

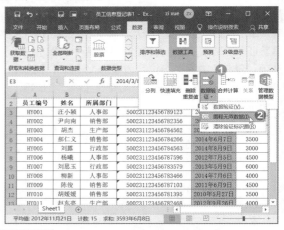

**步骤03** 操作完成后即可将无效数据标示出来，如下图所示。

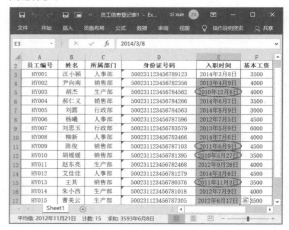

**067：快速清除数据验证**

| 适用版本 | 实用指数 |
| --- | --- |
| 2013、2016、2019 | ★★★★☆ |

**使用说明**

编辑工作表时，在不同的单元格区域设置了不同的数据有效性。现在希望将所有的数据有效性清除掉，如果逐一清除会非常烦琐，此时可按下面的方法一次性清除。

解决方法

例如，一次性清除表格中的所有数据验证，具体操作方法如下。

**步骤01** ❶在工作表中选中整个数据区域；❷单击【数据工具】组中的【数据验证】按钮，如下图所示。

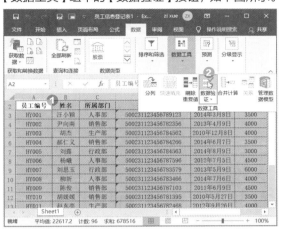

**步骤02** 弹出提示对话框，提示"选定区域含有多种类型的数据验证"，询问"是否清除当前设置并继续"，单击【确定】按钮，如下图所示。

**步骤03** 弹出【数据验证】对话框，此时默认在【设置】选项卡的【允许】下拉列表中选择【任何值】，直接单击【确定】按钮，即可清除所选单元格区域的

温馨提示

在工作表中选择已经设置数据验证的单元格或单元格区域，打开【数据验证】对话框，单击【全部清除】按钮，也可清除所选单元格或单元格区域中的数据验证。

## 3.2 利用公式拓宽验证条件

当数据验证中的允许条件不能满足需要时，还可在数据验证中使用公式，拓宽数据验证的条件。数据验证中使用公式的技巧介绍如下。

### 068：限定单元格输入小数不超过 2 位

| 适用版本 | 实用指数 |
| --- | --- |
| 2013、2016、2019 | ★★★★☆ |

使用说明

在单元格中输入含有小数的数字时，还可以通过设置数据有效性，以限制输入的小数位数不超过 2 位。

解决方法

如果要设置小数位数不能超过 2 位，具体操作方法如下。

**步骤01** 打开素材文件（位置：素材文件\第3章\商品定价表.xlsx），❶选择 B3:B8 单元格区域，打开【数据验证】对话框，在【允许】下拉列表中选择【自定义】选项；❷在【公式】文本框中输入公式【=TRUNC(B3,2)=B3】；单击【确定】按钮，如下图所示。

**步骤02** 返回工作表中，在 B3:B8 单元格区域中输入的数字超过 2 位小数位数时，便会出现错误提示的警告，如下图所示。

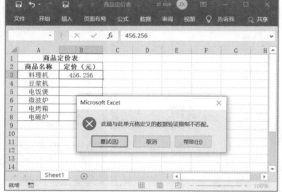

在【允许】下拉列表中选择【自定义】选项; ❷在【公式】文本框中输入【=COUNTIF($A$3:$A$17,A3)<=1】; ❸单击【确定】按钮，操作完成后，输入重复数据时，就会出现错误提示的警告，如下图所示。

**步骤02** 返回工作表中，当在 A3:A17 中输入重复数据时，就会出现错误提示的警告，如下图所示。

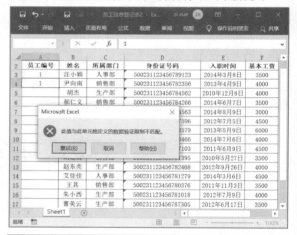

## 069：避免输入重复数据

| 适用版本 | 实用指数 | |
| --- | --- | --- |
| 2013、2016、2019 | ★★★★☆ | |

### 使用说明

在 Excel 中录入数据时，有时会要求某个区域的单元格数据具有唯一性，如身份证号码、发票号码之类的数据。在输入过程中，有可能会因为输入错误而导致数据相同，此时可以通过【数据验证】功能防止重复输入。

### 解决方法

如果要在工作表中设置防止重复输入的功能，具体操作方法如下。

**步骤01** 打开素材文件（位置：素材文件\第3章\员工信息登记表 2.xlsx），❶选中要设置防止重复输入的 A3:A17 单元格区域，打开【数据验证】对话框，

## 070：制作二级下拉菜单

| | 适用版本 | 实用指数 |
| --- | --- | --- |
| | 2013、2016、2019 | ★★★★☆ |

### 使用说明

二级下拉菜单就是根据前面数据内容的变化而发生变化的下拉菜单，如在前面的单元格中输入不同的部门，那么后面的单元格下拉菜单中就会显示该部门对应的岗位。

例如，在工作表中制作二级下拉菜单，具体操作方法如下。

**步骤01** ①打开素材文件（位置：素材文件\第3章\员工信息登记表3.xlsx），①在"序列"工作表中选择A1:A4单元格区域；②单击【公式】选项卡【定义的名称】组中的【定义名称】按钮，如下图所示。

**步骤02** ①打开【新建名称】对话框，在【名称】文本框中输入【部门】；②单击【确定】按钮，如下图所示。

**步骤03** ①按住【Ctrl】键选择包含数据的单元格区域；②单击【定义的名称】组中的【根据所选内容创建】按钮，如下图所示。

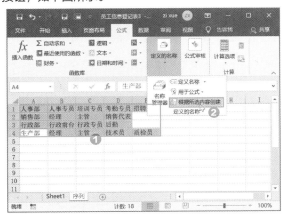

**步骤04** ①打开【根据所选内容创建】对话框，选中【最左列】复选框；②单击【确定】按钮，如下图所示。

**步骤05** ①即可新建各部门的名称，在【Sheet1】工作表中选择 C3:C17 单元格区域，打开【数据验证】对话框，为【部门】列单元格区域设置序列，在【来源】参数框中直接输入定义的名称【=部门】；②单击【确定】按钮，如下图所示。

**步骤06** ①选择 D3:D17 单元格区域，再次打开【数据验证】对话框，为【岗位】列单元格区域设置序列，在【来源】参数框中直接输入【=INDIRECT(C3)】；②单击【确定】按钮，如下图所示。

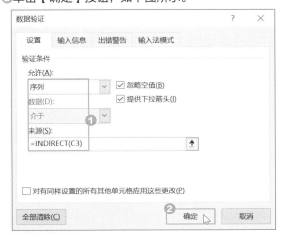

**温馨提示**

　　INDIRECT 函数为引用函数，其详细用法将在第 9 章中进行讲解。

**步骤07** 打开提示对话框，单击【是】按钮，如下图所示。

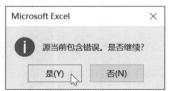

**温馨提示**

　　在设置【岗位】列的序列时，由于公式中引用的 C3 单元格没有输入部门数据，所以，设置完序列后，单击【确定】按钮后，才会打开提示对话框。

**步骤08** 返回工作表中，在【所属部门】列单元格中输入所属部门后，在对应的【岗位】列单元格中会显示相应部门所对应的岗位，如下图所示。

**步骤09** 当选择不同的部门后，对应的【岗位】列单元格中会出现这个部门的岗位名称，如下图所示。

# 第4章
# 数据的编辑与查看技巧

在 Excel 中录入数据之后，会遇到修改、复制、粘贴、查看等问题，有时候还需要将工作表、文件等链接到工作簿中。本章将介绍数据的快速编辑和查看技巧，学会了这些技巧，可以让用户在工作中更快地编辑和有效地查看数据，提高工作效率。

下面先来看看以下一些数据编辑与查看中的常见问题，你是否会处理或已掌握。

【√】辛苦录入的数据有多处同样的错误，你知道如何快速更改错误吗？

【√】为单元格设置了单元格格式，如何通过格式来选中这些单元格？

【√】在复制、粘贴数据后，希望粘贴的数据在源数据更改后也能同时更改，你知道怎样设置吗？

【√】在录入大量数据时，不小心录入了重复的数据，你知道如何快速删除吗？

【√】在制作数据较多的表格时，需要设计一个汇总表格，你知道怎样将各工作表链接到汇总表格中吗？

【√】每次粘贴邮箱数据时，总是会自动创建超链接，怎样才能阻止 Excel 自动创建超链接？

希望通过本章内容的学习，能帮助你解决以上问题，并学会 Excel 数据的快速编辑与查看技巧。

## 4.1 查找与替换数据

在工作表中录入了数据之后，如果要查找或修改某些数据，在庞大的数据库中挨个寻找可能比较困难。此时，可以使用查找与替换数据功能来帮忙。本节将介绍查找与替换数据的技巧。

### 071：快速修改多处相同的数据错误

| 适用版本 | 实用指数 |
|---|---|
| 2010、2013、2016、2019 | ★★★★★ |

**使用说明**

如果在工作表中有多个地方输入了同一个错误的内容，按常规方法逐一修改会非常烦琐。此时，可以利用查找和替换功能，一次性修改所有错误相同的内容。

**解决方法**

如果要快速修改多处相同的错误，具体操作方法如下。

**步骤01** 打开素材文件（位置：素材文件\第4章\招聘岗位.xlsx），❶在数据区域中选中任意单元格；❷在【开始】选项卡的【编辑】组中单击【查找和选择】按钮；❸在弹出的下拉列表中选择【替换】选项，如下图所示。

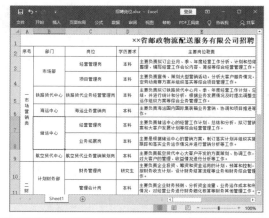

**步骤02** ❶在【替换】选项卡的【查找内容】文本框中输入要查找的数据，本例输入【仓储】；❷在【替换为】文本框中输入替换的内容，本例输入【储运】；❸单击【查找全部】按钮，查找出相关数据，并显示在列表框中；❹再单击【全部替换】按钮，如下图所示。

**步骤03** 系统即可开始进行替换，完成替换后，会

弹出提示对话框，单击【确定】按钮，如下图所示。

**步骤04** 返回【查找和替换】对话框，单击【关闭】按钮关闭该对话框，返回工作表，即可查看修改后的效果，如下图所示。

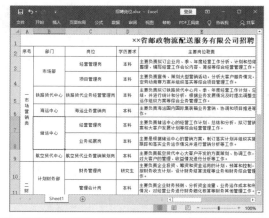

### 072：查找和替换公式

| 适用版本 | 实用指数 |
|---|---|
| 2010、2013、2016、2019 | ★★★★☆ |

在包含公式的工作表中，如果公式应用错误，也可以通过查找和替换功能，快速更改错误的公式。

**解决方法**

例如，利用替换功能将公式中的 SUM 函数替换成 PRODUCT 函数，具体操作方法如下。

**步骤01** 打开素材文件（位置：素材文件\第 4 章\6月 9 日销售清单 .xlsx），表格中的小计应该是"单价 * 数量"，使用 PRODUCT 函数，但公式中却使用了 SUM 函数，导致结果错误，此时就需要对公式中的函数进行修改，表格如下图所示。

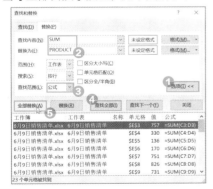

**步骤02** ❶按【Ctrl+H】组合键，打开【查找和替换】对话框，单击【选项】按钮；❷分别输入要查找的函数及要替换的函数；❸在【查找范围】下拉列表中选择【公式】选项；❹单击【查找全部】按钮进行查找；❺再单击【全部替换】按钮，如下图所示。

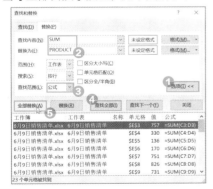

**步骤03** 开始进行替换，完成替换后，会弹出提示对话框，单击【确定】按钮，如下图所示。

**步骤04** 返回【查找和替换】对话框，单击【关闭】按钮关闭该对话框，返回工作表，即可查看修改后的效果，如下图所示。

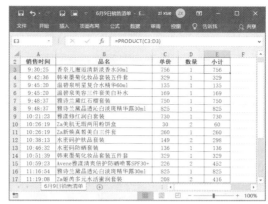

---

**073：在查找时区分大小写**

| 适用版本 | 实用指数 | |
| --- | --- | --- |
| 2010、2013、2016、2019 | ★★★★☆ |  |

**使用说明**

对工作表中的英文内容进行查找和替换时，如果英文内容中既有大写字母，又有小写字母，若不进行区分，则会对大小写字母一起进行查找和替换。如果希望按照大小写查找与查找内容一致的内容，则需要区分大小写。

**解决方法**

如果要在查找时区分大小写，具体操作方法如下。

打开素材文件（位置：素材文件\第 4 章\销售清单 .xlsx），❶按【Ctrl+F】组合键，打开【查找和替换】对话框，在【查找】选项卡中单击【选项】按钮；❷输入要查找的字母，本例输入【A】；❸选中【区分大小写】复选框；❹单击【查找全部】按钮即可，如下图所示。

> 💡 **知识拓展**
>
> 在对数据进行查找和替换时，可以在【查找和替换】对话框中的【范围】下拉列表框中设置查找范围，即设置是在工作表中查找，还是在工作簿中查找；在【搜索】下拉列表框中设置搜索方式，即设置是按行搜索，还是按列搜索。

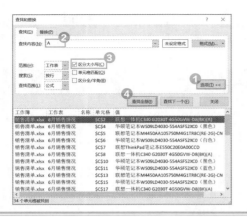

## 074：使用通配符查找数据

| 适用版本 | 实用指数 |
|---|---|
| 2010、2013、2016、2019 | ★★★★★ |

在工作表中查找内容时，有时不能确定所要查找的内容，此时可使用通配符进行模糊查找。

通配符主要有"？"与"＊"两个，并且要在英文输入状态下输入。其中"？"代表一个字符，"＊"代表多个字符。

### 解决方法

例如，要使用通配符【＊】进行模糊查找，具体操作方法如下。

打开素材文件（位置：素材文件\第4章\销售清单.xlsx），①按【Ctrl+F】组合键，打开【查找和替换】对话框，单击【选项】按钮；②输入要查的关键字，如【＊联想】；③单击【查找全部】按钮，即可查找出当前工作表中所有含【联想】内容的单元格，如下图所示。

## 075：查找和替换指定的单元格格式

| 适用版本 | 实用指数 |
|---|---|
| 2010、2013、2016、2019 | ★★★★★ |

### 使用说明

在编辑工作表数据时，除了可以查找和替换内容外，还可以对查找到的单元格设置指定格式，如字体格式、单元格填充颜色等。

### 解决方法

例如，要对查找到的单元格设置字体和填充颜色，具体操作方法如下。

**步骤01** 打开素材文件（位置：素材文件\第4章\旅游业发展情况1.xlsx），①按【Ctrl+F】组合键，打开【查找和替换】对话框，单击【查找内容】右侧的【格式】下拉按钮；②在弹出的下拉列表中选择【从单元格选择格式】选项，如下图所示。

**步骤02** ①此时切换到工作表中，鼠标指针变成笔形状，选择需要查找单元格格式所在的单元格，本例选择A3单元格，单元格中的格式将显示在【查找内容】右侧的【预览】框中；②单击【替换为】右侧的【格式】按钮，如下图所示。

**步骤03** ❶打开【替换格式】对话框，选择【字体】选项卡；❷在【字形】列表框中选择【加粗】选项，如下图所示。

**步骤04** ❶选择【填充】选项卡；❷在【背景色】栏中选择需要填充的颜色；❸单击【确定】按钮，如下图所示。

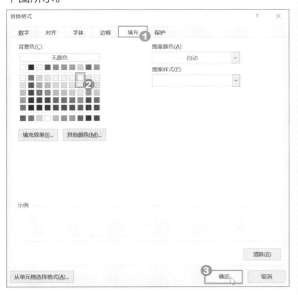

**知识拓展**

如果查找的格式和替换的格式设置不正确，则可单击【格式】下拉按钮，在弹出的下拉列表中选择【清除查找格式】或【清除替换格式】选项即可。

**步骤05** 返回【查找和替换】对话框，可以看到填充色的预览效果，单击【全部替换】按钮进行替换，如下图所示。

**步骤06** 替换完成后会弹出提示框，提示已完成替换，单击【确定】按钮即可，如下图所示。

**步骤07** 返回工作表，即可看到替换后的效果，如下图所示。

---

**4.2** **复制与粘贴数据**

在录入数据时，有时需要将已经录入的数据复制和粘贴。本节将介绍复制与粘贴数据的技巧。

## 076：将公式计算结果粘贴为数值

| 适用版本 | 实用指数 |
|---|---|
| 2010、2013、2016、2019 | ★★★★☆ |

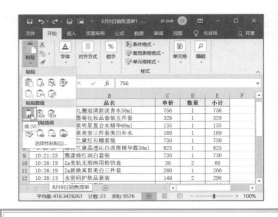

### 使用说明

在制作表格时，有时需要将公式计算结果复制到其他工作表中作为表格数据，在复制时，如果只想要公式计算结果，不想将公式一起粘贴，则可将公式计算结果粘贴为数值。

### 解决方法

例如，将公式计算结果粘贴为不带公式的数值，具体操作方法如下。

**步骤01** 打开素材文件（位置：素材文件\第4章\6月9日销售清单1.xlsx），❶选择带公式的E3:E25单元格区域，按【Ctrl+C】组合键进行复制，再选择要粘贴的区域，本例将在原位置粘贴，所以再次选择E3:E25单元格区域；❷单击【开始】选项卡【剪贴板】组中的【粘贴】下拉按钮▼，如下图所示。

### 知识拓展

如果要复制单元格中的公式，则可复制带公式的单元格，选择要粘贴公式的单元格或单元格区域，在【粘贴】下拉列表中选择【公式】选项即可。

**步骤02** 在弹出的下拉列表中单击【值】按钮，即可在原位置以数值的形式进行粘贴，效果如下图所示。

## 077：只粘贴格式不粘贴内容

| 适用版本 | 实用指数 |
|---|---|
| 2010、2013、2016、2019 | ★★★★★ |

### 使用说明

在新建一个表格时，如果格式要与已经制作好的表格格式一样，则可以利用复制与粘贴功能把表格格式复制过去，省去格式设置操作，提高工作效率。

### 解决方法

例如，将表格标题行的格式应用到列标题中，具体操作方法如下。

**步骤01** 打开素材文件（位置：素材文件\第4章\旅游业发展情况2.xlsx），❶选择要复制格式的A1单元格，按【Ctrl+C】组合键进行复制；❷选择要粘贴复制格式的A2:A17单元格区域；❸单击【开始】选项卡【剪贴板】组中的【粘贴】下拉按钮▼，如下图所示。

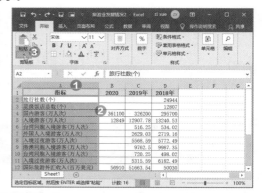

**步骤02** 在弹出的下拉列表中选择【格式】选项，

即可只粘贴复制单元格中的格式，不粘贴复制单元格中的内容，如下图所示。

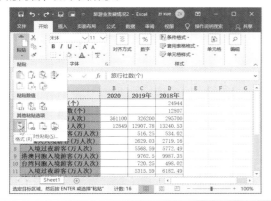

## 078：让粘贴数据随源数据自动更新

| 适用版本 | 实用指数 |
|---|---|
| 2010、2013、2016、2019 | ★★★☆☆ |

### 使用说明

在对数据进行复制与粘贴操作时，可以将数据粘贴为关联数据。当对源数据进行更改后，关联数据会自动更新，这样就能保持数据间的同步变化。

### 解决方法

如果要将工作表中的数据复制为关联数据，具体操作方法如下。

**步骤01** 打开素材文件（位置：素材文件\第4章\员工工资表.xlsx），❶选择A2:I2单元格区域，按【Ctrl+C】组合键进行复制；❷单击【工资条】工作表标签，如下图所示。

**步骤02** ❶切换到【工资条】工作表，选择要粘贴数据的A2:I2单元格区域，本例中选择C16单元格，

在【开始】选项卡的【剪贴板】组中单击【粘贴】下拉按钮；❷在弹出的下拉列表中选择【粘贴链接】选项，可以发现粘贴到单元格区域中的数据在编辑栏中都显示成了公式，如下图所示。

## 079：将单元格区域复制为图片

| 适用版本 | 实用指数 |
|---|---|
| 2010、2013、2016、2019 | ★★★☆☆ |

### 使用说明

对于重要数据的工作表，为了防止他人随意修改，不仅可以通过设置密码保护实现，还可以通过复制为图片的方式来达到目的。

### 解决方法

如果要将工作表复制为图片，具体操作方法如下。

**步骤01** 打开素材文件（位置：素材文件\第4章\员工信息登记表.xlsx），❶选中要复制为图片的单元格区域；❷在【开始】选项卡的【剪贴板】组中单击【复制】下拉按钮 ▼；❸在弹出的下拉列表中选择【复制为图片】选项，如下图所示。

**步骤02** ❶弹出【复制图片】对话框，在【外观】栏中选中【如屏幕所示】单选按钮；❷在【格式】栏中选中【图片】单选按钮；❸单击【确定】按钮，如下图所示。

**步骤03** 返回工作表，按【Ctrl+V】组合键进行粘贴即可，如下图所示。

---

080：将数据复制为关联图片

| 适用版本 | 实用指数 |
|---|---|
| 2010、2013、2016、2019 | ★★★☆☆ |

**使用说明**

将数据复制为图片时，还可以复制为关联图片。当对源数据进行更改后，关联的图片会自动更新，从而保持数据间的同步变化。

**解决方法**

如果要将工作表复制为关联图片，具体操作方法如下。

打开素材文件（位置：素材文件\第4章\员工信息登记表.xlsx），选中要复制为关联图片的单元格区域，按【Ctrl+C】组合键进行复制，选中要粘贴的目标单元格，在【粘贴】下拉列表中选择【链接的图片】选项即可，如下图所示。

---

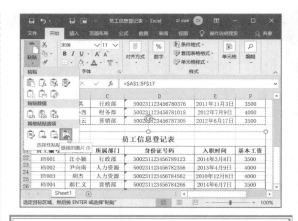

081：在粘贴数据时对数据进行目标运算

| 适用版本 | 实用指数 |
|---|---|
| 2010、2013、2016、2019 | ★★★★★ |

**使用说明**

在编辑工作表数据时，还可以通过选择性粘贴的方式对数据区域进行计算。

**解决方法**

例如，在"员工工资表"中让所有员工的基本工资都增加500元，具体操作方法如下。

**步骤01** 打开素材文件（位置：素材文件\第4章\员工工资表.xlsx），❶在任意空白单元格中输入【500】，并选择该单元格，按【Ctrl+C】组合键进行复制；❷选择要进行计算的目标单元格区域D2:D11；❸在【剪贴板】组中单击【粘贴】下拉按钮；❹在弹出的下拉列表中选择【选择性粘贴】选项，如下图所示。

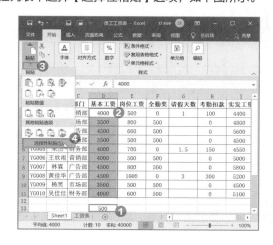

**步骤02** ❶弹出【选择性粘贴】对话框，在【运算】栏中选择计算方式，本例选中【加】单选按钮；❷单击【确定】按钮，如下图所示。

**步骤03** 操作完成后，表格中所选区域数字都增加了 500，效果如下图所示。

**082：将表格行或列数据进行转置**

| 适用版本 | 实用指数 |
|---|---|
| 2010、2013、2016、2019 | ★★☆☆☆ |

**使用说明**

在编辑工作表数据时，有时还需要将表格中的数据进行转置，即将原来的行变成列，原来的列变成行。

**解决方法**

如果要将工作表中的数据进行转置，具体操作方法如下。

**步骤01** 打开素材文件（位置：素材文件\第4章\海尔冰箱销售统计.xlsx），❶选择 A2:D14 单元格区域，按【Ctrl+C】组合键复制；❷选择目标单元格 A16；❸单击【粘贴】下拉按钮 ▾，如下图所示。

**步骤02** 在弹出的下拉列表中选择【转置】选项，即可在粘贴的同时调换行列位置，如下图所示。

**083：使用格式刷快速复制单元格格式**

| 适用版本 | 实用指数 |
|---|---|
| 2010、2013、2016、2019 | ★★★★☆ |

**使用说明**

在编辑表格时，如果需要将某个单元格或单元格区域中的格式应用到其他单元格或单元格区域中，除了通过复制粘贴格式外，还可以通过格式刷来实现。

**解决方法**

例如，将"6月9日销售清单1"中的行标题格式应用到"海尔冰箱销售统计"的行标题中，具体操作方法如下。

**步骤01** 打开素材文件（位置：素材文件\第4章\6月9日销售清单1.xlsx和海尔冰箱销售统计.xlsx），❶在"6月9日销售清单1"中选择要复制格式的单元格 A2；❷单击【开始】选项卡【剪贴板】组中的【格式刷】按钮即可复制单元格，如下图所示。

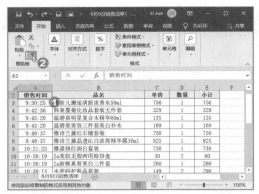

**步骤02** 切换到"海尔冰箱销售统计 .xlsx"工作簿，在工作表中拖动鼠标选择要应用格式的单元格区域 A2:D2，如下图所示。

**步骤03** 释放鼠标，即可将复制的格式应用到所选择的单元格区域中，效果如下图所示。

**温馨提示**

单击【格式刷】按钮，只能应用一次复制的格式；而双击【格式刷】按钮，可以多次应用复制的格式。

## 4.3 数据的其他编辑技巧

除了前面介绍的查找、替换、复制和粘贴技巧外，下面将介绍一些其他常用的编辑技巧。

| 084：快速删除表格区域中的重复数据 |

| 适用版本 | 实用指数 |
| --- | --- |
| 2010、2013、2016、2019 | ★★★★☆ |

**使用说明**

在 Excel 工作表中处理数据时，如果其中的重复项太多，则核对起来相当麻烦，此时可以利用删除重复项功能先删除重复数据。

**解决方法**

如果要删除工作表中的重复数据，具体操作方法如下。

**步骤01** 打开素材文件（位置：素材文件\第4章\旅

游业发展情况 1.xlsx），①在数据区域中选中任意单元格；②单击【数据】选项卡【数据工具】组中的【删除重复值】按钮，如下图所示。

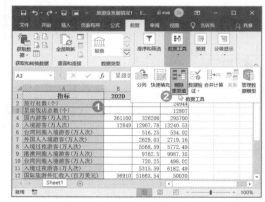

**步骤02** ①弹出【删除重复值】对话框，在【列】列表框中选择需要进行重复项检查的列；②单击【确定】按钮，如下图所示。

**步骤03** Excel 将对选中的列进行重复值检查并删

除重复值,检查完成后会弹出提示框告知结果,单击【确定】按钮即可,如下图所示。

085:使用分列功能分列显示数据

| 适用版本 | 实用指数 |
|---|---|
| 2010、2013、2016、2019 | ★★★★★ |

**使用说明**

在编辑工作表时,还可以使用分列功能将一个列中的内容划分成多个单独的列进行放置,以便更好地查看数据。

**解决方法**

如果要对工作表中的数据进行分列显示,具体操作方法如下。

**步骤01** 打开素材文件(位置:素材文件\第4章\商品名称.xlsx),❶选择需要分列的单元格区域;❷单击【数据】选项卡【数据工具】组中的【分列】按钮,如下图所示。

**步骤02** ❶弹出【文本分列向导 - 第1步,共3步】对话框,在【请选择最合适的文件类型】栏中选中【分隔符号】单选按钮;❷单击【下一步】按钮,如下图所示。

**步骤03** ❶弹出【文本分列向导 - 第2步,共3步】对话框,在【分隔符号】栏中选择分隔符号,本例中的文本是以逗号分隔的,所以选中【逗号】复选框;❷单击【下一步】按钮,如下图所示。

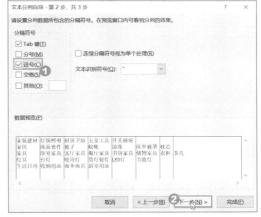

**步骤04** ❶弹出【文本分列向导 - 第3步,共3步】对话框,在【列数据格式】栏中选中【常规】单选按钮;❷单击【完成】按钮,如下图所示。

**步骤05** 返回工作表，所选单元格区域将分列显示，对各列调整合适的列宽即可，如下图所示。

086：选中所有数据类型相同的单元格

| 适用版本 | 实用指数 | |
|---|---|---|
| 2010、2013、2016、2019 | ★★★☆☆ | |

**使用说明**

在编辑工作表的过程中，若要对数据类型相同的多个单元格进行操作，就需要先选中这些单元格，除了通过常规的操作方法逐个选中外，还可以通过定位功能快速选择。

**解决方法**

例如，要在工作表中选择所有包含公式的单元格，具体操作方法如下。

**步骤01** 打开素材文件（位置：素材文件\第4章\6月9日销售清单1.xlsx），①在【开始】选项卡中单击【编辑】组中的【查找和选择】按钮；②在弹出的下拉列表中选择【定位条件】选项，如下图所示。

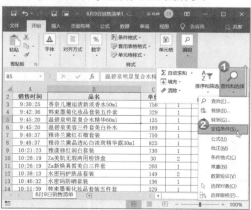

**温馨提示**

在【查找和选择】下拉列表中选择【公式】【批注】【条件格式】【常量】【数据验证】等选项，可以快速选择工作表中包含相应格式的单元格。

**步骤02** ①弹出【定位条件】对话框，设置要选择的数据类型，本例中选中【公式】单选按钮；②单击【确定】按钮即可，如下图所示。

**步骤03** 返回工作表，即可看到包含公式的单元格都已被选中，如下图所示。

087：设置工作表之间的超链接

| | 适用版本 | 实用指数 |
|---|---|---|
| | 2010、2013、2016、2019 | ★★★☆☆ |

**使用说明**

当一个工作簿含有众多工作表时，为了方便切换和查看工作表，可以制作一个工作表汇总，并为其设置工作表超链接。

**解决方法**

为工作表设置超链接，具体操作方法如下。

**步骤01** 打开素材文件（位置：素材文件\第4章\员工信息表.xlsx），❶在"总表"工作表中选中要创建超链接的A2单元格；❷单击【插入】选项卡【链接】组中的【链接】按钮，如下图所示。

**步骤02** ❶弹出【插入超链接】对话框，在【链接到】栏中选择链接位置，本例选择【本文档中的位置】；❷在右侧的列表框中选择要链接的工作表，本例中选择【员工信息表】；❸单击【确定】按钮，如下图所示。

**步骤03** 返回工作表，参照上述操作步骤，为其他单元格设置相应的超链接。设置超链接后，单元格中的文本呈蓝色显示并带有下划线。单击设置了超链接的文本，即可跳转到相应的工作表，如下图所示。

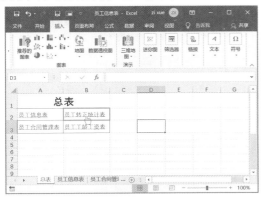

| 088：创建指向文件的超链接 |
| --- |

| 适用版本 | 实用指数 |
| --- | --- |
| 2010、2013、2016、2019 | ★★★☆☆ |

**使用说明**

超链接是指为了快速访问而创建的指向一个目标的连接关系。比如，在浏览网页时，单击某些文字或图片就会打开另一个网页，这就是超链接。在Excel中，也可以轻松创建这种具有跳转功能的超链接，例如，创建指向文件的超链接、创建指向网页的超链接等。

**解决方法**

例如，要创建指向文件的超链接，具体操作方法如下。

**步骤01** 打开素材文件（位置：素材文件\第4章\员工业绩考核表.xlsx），❶选中要创建超链接的A2单元格；❷单击【插入】选项卡【链接】组中的【链接】按钮，如下图所示。

**步骤02** ❶弹出【插入超链接】对话框，在【链接到】列表框中选择【现有文件或网页】选项；❷在【当前文件夹】列表框中选择要引用的工作簿，本例选择【员工业绩考核标准】；❸单击【确定】按钮，如下图所示。

步骤03 返回工作表，将鼠标指向超链接处，鼠标指针会变成手形，单击创建的超链接，Excel 会自动打开所引用的工作簿，如下图所示。

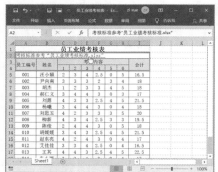

### 知识拓展

如果要创建指向网页的超链接，可以打开【插入超链接】对话框，在【链接到】列表框中选择【现有文件或网页】选项，在【地址】文本框中输入要链接到的网页地址，然后单击【确定】按钮即可。

| 089：删除单元格中的超链接 | | |
|---|---|---|
| 适用版本 | 实用指数 | |
| 2010、2013、2016、2019 | ★★★☆☆ |  |

### 使用说明

在创建了超链接的工作表中，如果不再需要超链接，也可以快速删除超链接。

### 解决方法

如果要删除单元格中的超链接，具体操作方法如下。

右击需要删除的超链接，在弹出的快捷菜单中选择【删除超链接】选项即可，如下图所示。

### 知识拓展

选择需要删除的超链接，在【开始】选项卡的【编辑】组中单击【清除】按钮，在弹出的下拉列表中选择【清除超链接】选项，也可以实现超链接的删除操作。

## 4.4 查看表格数据

制作与编辑好表格数据后，有时还需要对表格效果进行查看。下面介绍查看表格数据的技巧。

| 090：调整表格数据显示比例 | | |
|---|---|---|
| 适用版本 | 实用指数 | |
| 2010、2013、2016、2019 | ★★★★★ | |

### 使用说明

默认情况下，Excel 工作表的显示比例为 100%，在查看和制作表格时，可以根据个人操作习惯和实际需要，对显示比例进行调整。

### 解决方法

例如，要将工作表的显示比例设置为 120%，具体

操作方法如下。

步骤01 打开素材文件（位置：素材文件\第 4 章\6月 9 日销售清单 1.xlsx），单击【视图】选项卡【缩放】组中的【缩放】按钮，如下图所示。

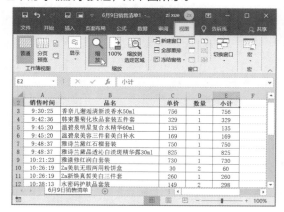

**步骤02** ①弹出【缩放】对话框，选中【自定义】单选按钮，在右侧的数值框中输入需要的显示比例，如【120】；②单击【确定】按钮即可，如下图所示。

卡的【窗口】组中单击【全部重排】按钮，如下图所示。

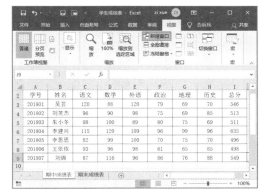

### 温馨提示

用户可以通过单击状态栏右侧的调整比例按钮或拖动滑块来调整显示比例，也可以通过下面的方法来调整比例。拖动状态栏右侧"显示比例"区域上的缩放滑块，可以设置所需的显示比例，可调整的范围是"100%~500%"。单击状态栏中的【放大】+、【缩小】-图标，可以按每次10%的增量减小或增大显示比例。

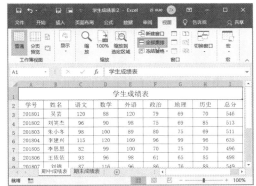

---

091：并排查看两张工作表中的数据

| 适用版本 | 实用指数 |
| --- | --- |
| 2010、2013、2016、2019 | ★★★☆☆ |

**步骤03** ①弹出【重排窗口】对话框，选择排列方式，本例选中【垂直并排】单选按钮；②单击【确定】按钮，如下图所示。

### 使用说明

当要对工作簿中两张工作表的数据进行查看比较时，若通过切换工作表的方式进行查看，会显得非常烦琐。若能将两张工作表进行并排查看对比，会大大提高工作效率。

### 解决方法

如果要对两张工作表的数据进行查看对比，具体操作方法如下。

**步骤01** 打开素材文件（位置：素材文件\第4章\学生成绩表.xlsx），在【视图】选项卡的【窗口】组中单击【新建窗口】按钮，如下图所示。

**步骤02** 自动新建一个副本窗口，在【视图】选项

**步骤04** 原始工作簿窗口和副本窗口即可以垂直并排的方式进行显示，此时用户便可对两张工作表的数据同时进行查看了，如下图所示。

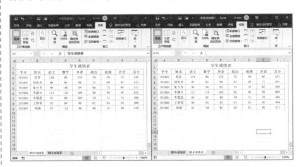

092：通过拆分窗格来查看表格数据

| 适用版本 | 实用指数 |
|---|---|
| 2010、2013、2016、2019 | ★★★★☆ |

### 使用说明

在处理大型数据的工作表时，可以通过 Excel 的拆分功能，将窗口拆分为几个（最多4个）大小可调的窗格。拆分后，可以单独滚动其中的一个窗格而保持其他窗格不变，从而同时查看相隔较远的工作表数据。

### 解决方法

如果要将工作表拆分查看，具体操作方法如下。

**步骤01** 打开素材文件（位置：素材文件\第4章\销售清单.xlsx），❶在工作表中选中要拆分窗口位置的单元格；❷在【视图】选项卡的【窗口】组中单击【拆分】按钮，如下图所示。

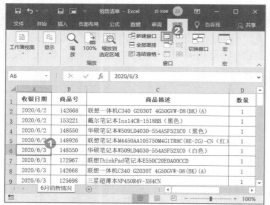

**步骤02** 窗口将被拆分为2个小窗口，单击水平滚动条或垂直滚动条即可查看和比较工作表中的数据，如下图所示。

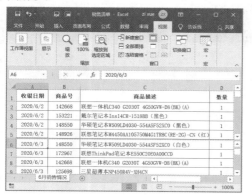

093：通过冻结功能让标题行和列在滚动时始终显示

| 适用版本 | 实用指数 |
|---|---|
| 2010、2013、2016、2019 | ★★★★☆ |

### 使用说明

当工作表中有大量数据时，为了保证在拖动工作表滚动条时，能始终看到工作表中的标题，可以使用冻结工作表的方法。

### 解决方法

如果通过冻结功能让标题行和列在滚动时始终显示，具体操作方法如下。

**步骤01** 打开素材文件（位置：素材文件\第4章\销售清单.xlsx），❶在【视图】选项卡的【窗口】组中单击【冻结窗格】下拉按钮；❷在弹出的下拉菜单中选择需要的冻结方式即可，本例中选择【冻结首行】选项，如下图所示。

**步骤02** 此时，所选单元格上方的多行被冻结起来，这时拖动工作表滚动条查看表中的数据，被冻结的首行始终保持不变，如下图所示。

# 第 5 章
# 表格格式设置技巧

在 Excel 中制作表格时，为了让表格更加美观、大方，还可以对工作表进行格式化设置及美化操作。本章将介绍工作表的格式设置技巧。

下面先来看看以下一些工作表格式设置的常见问题，你是否会处理或已掌握。

【√】精确的财务计算需要精确的小数位数来保证，你知道如何设置统一的小数位数吗？

【√】每次制作表格时都要输入大量的货币单位，怎样才能让数据自动添加货币单位呢？

【√】工作表制作完成后看起来太单调，你知道怎样使用内置格式美化工作表吗？

【√】有特殊的单元格需要突出显示，你知道如何更改单元格的样式吗？

【√】需要使用图片来说明工作表中的内容时，你知道如何编辑插入的图片吗？

【√】在表现结构关系时，你知道如何插入 SmartArt 图形来说明吗？

希望通过本章内容的学习，能帮助你解决以上问题，并学会 Excel 中工作表格式设置的技巧。

## 5.1 设置单元格格式

在工作表中输入数据后，还需要设置单元格格式，让表格显示得更加清楚。

| 094：合并后使单元格中的文本居中对齐 |
| --- |

| 适用版本 | 实用指数 | |
| --- | --- | --- |
| 2010、2013、2016、2019 | ★★★★★ |  |

| 095：跨越合并单元格 |
| --- |

| | 适用版本 | 实用指数 |
| --- | --- | --- |
|  | 2010、2013、2016、2019 | ★★★★☆ |

### 使用说明

在制作表格时，经常需要为表格制作标题行。一般标题行的内容存放于多个单元格中，并且居中对齐于整个数据区域，此时就需要用到合并后居中功能，使合并后单元格中的文本自动居中对齐。

### 解决方法

合并后使单元格中的文本居中对齐的具体操作方法如下。

**步骤01** 打开素材文件（位置：素材文件\第5章\工资表.xlsx），❶选择A1:L1单元格区域；❷单击【开始】选项卡【对齐方式】组中的【合并后居中】按钮，如下图所示。

**步骤02** 即可将所选择的单元格区域合并为一个大单元格，并且单元格中的文本将居中对齐于大单元格中，效果如下图所示。

### 使用说明

在Excel中制作个人简历、员工入职登记表等不规则的表格时，经常需要对多行进行合并操作，此时可以使用跨越合并功能，对多行表格同时进行合并操作，以提高工作效率。

### 解决方法

例如，在"员工入职登记表"中对单元格执行跨越合并操作，具体操作方法如下。

**步骤01** 打开素材文件（位置：素材文件\第5章\员工入职登记表.xlsx），❶选择B7:F8单元格区域；❷单击【开始】选项卡【对齐方式】组中的【合并后居中】右侧的下拉按钮▼；❸在弹出的下拉列表中选择【跨越合并】选项，如下图所示。

**步骤02** 即可将选择的单元格区域合并为两行，效果如下图所示。

**步骤03** 使用相同的方法继续对表格中其他相同行的单元格区域执行跨越合并操作，效果如下图所示。

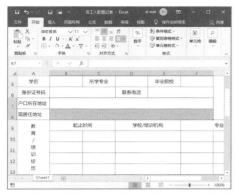

---

096：对单元格中的数据进行强制换行

| 适用版本 | 实用指数 |
|---|---|
| 2010、2013、2016、2019 | ★★★★☆ |

### 使用说明

在单元格中输入过多的内容时，往往会因为单元格宽度不够而导致输入的内容无法完全显示。为了将内容全部显示出来，可以进行强制换行。

### 解决方法

如果要将单元格中的内容进行强制换行，具体操作方法如下。

**步骤01** 打开素材文件（位置：素材文件\第5章\销售清单.xlsx），双击需要进行强制换行的单元格，此时单元格处于编辑状态，将光标插入点定位到需要换行的位置，如下图所示。

**步骤02** 按【Alt+Enter】组合键，即可实现换行，换行后，根据需要设置适合的行高，如下图所示。

### 知识拓展

如果想单元格中的内容根据列宽自动换行，将单元格中的所有内容完全显示出来。可以选择相应的单元格或单元格区域，单击【开始】选项卡【对齐方式】组中的【自动换行】按钮即可。

**步骤03** 参照上述操作步骤，对其他单元格中的内容进行换行即可，如下图所示。

## 097：控制单元格的文字方向

| 适用版本 | 实用指数 |
|---|---|
| 2010、2013、2016、2019 | ★★★★☆ |

### 使用说明

默认情况下，Excel 表格中的数据是以从左向右的方式横排显示的，有时为了让表格变得更加美观整齐，可以控制单元格的文字方向。

### 解决方法

如果要控制单元格的文字方向，具体操作方法如下。

**步骤01** 打开素材文件（位置：素材文件\第5章\员工入职登记表 1.xlsx），❶选择 A9:A23 单元格区域；❷在【开始】选项卡的【对齐方式】组中单击【方向】按钮 ；❸在弹出的下拉列表中选择文字方向，如选择【竖排文字】选项，如下图所示。

**步骤02** 此时，所选单元格区域中的内容将以竖排显示，效果如下图所示。

## 5.2 设置数字格式

在输入和编辑数据时，为了便于数据的输入和查看，经常还需要对数据的数字格式进行设置。下面对常用的数字格式设置技巧进行讲解。

## 098：设置小数位数

| 适用版本 | 实用指数 |
|---|---|
| 2010、2013、2016、2019 | ★★★★☆ |

### 使用说明

在工作表中输入小数时，如果要输入大量特定格式的小数，如格式为 55.00 的小数，可以通过设置数字格式来统一设置小数位数。

### 解决方法

如果要为单元格中的数据设置统一的小数位数，

具体操作方法如下。

**步骤01** 打开素材文件（位置：素材文件\第5章\销售订单 .xlsx），❶选中要设置小数位数的 E5:F10 单元格区域；❷单击【开始】选项卡【数字】组中的功能扩展按钮 ，如下图所示。

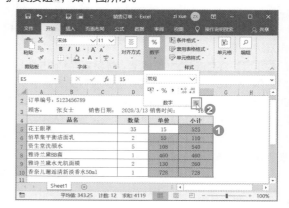

**步骤02** ❶打开【设置单元格格式】对话框,在【数字】选项卡的【分类】列表框中选择【数值】选项;❷在【小数位数】数值框中设置小数位数,如输入【2】;❸单击【确定】按钮,如下图所示。

**步骤03** 返回工作表,即可看到所选单元格区域都自动添加了 2 位小数,如下图所示。

### 知识拓展

如果需要将带多位小数的数值设置为不带小数或者带两位小数,则也可以通过设置小数位数的方法来进行设置,不过系统是以四舍五入的形式来决定小数值。

| 099:快速增加 / 减少小数位数 | | |
|---|---|---|
| **适用版本** | **实用指数** | |
| 2010、2013、2016、2019 | ★★★★☆ |  |

### 使用说明

对数字设置小数位数时,除了通过对话框设置外,

还可以通过功能区快速进行设置。

在【开始】选项卡的【数字】组中有两个设置小数位数的按钮,分别是【增加小数位数】 和【减少小数位数】 ,每单击一次,选中的数字就会增加(减少)一位小数位数。

### 解决方法

如果要为单元中的数据快速设置小数位数,具体操作方法如下。

**步骤01** 打开素材文件(位置:素材文件\第5章\工资表 1.xlsx),❶选中要减少小数位数的 J3:L24 单元格区域;❷在【开始】选项卡【数字】组中单击【减少小数位数】按钮 ,如下图所示。

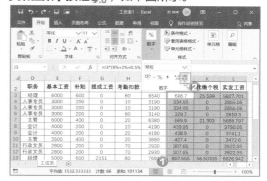

### 温馨提示

由于本例所选单元格区域中的数据所带的小数位数不一样,有一位小数、两位小数、三位小数和不带小数的,所以,单击一次【减少小数位数】按钮 后,所选区域的数值将变成不带小数的整数。

**步骤02** 所选单元格区域中的数值将变成整数,❶选中要增加小数位数的 E3:L24 单元格区域;❷在【开始】选项卡【数字】组中单击【增加小数位数】按钮 ,如下图所示。

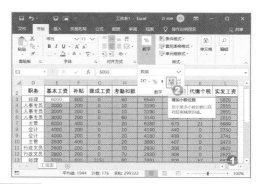

**步骤03** 即可为所选区域中的数值添加一位小数,保持单元格区域的选中状态,再次单击【开始】选项

卡【数字】组中【增加小数位数】按钮，如下图所示。

**步骤04** 即可再次为所选区域中的数值添加一位小数，效果如下图所示。

**温馨提示**

在进行增加小数位数操作时，若选择的区域中各个数字的小数位数不一样，则单击【增加小数位数】按钮后，系统会以小数位数多的为基准增加一位小数位数，小数位数少的则会自动补齐小数位数；反之，进行减少小数位数操作时，则是以小数位数少的为基准减少一位小数位数。

100：快速将数据转换为百分比形式

| 适用版本 | 实用指数 |
| --- | --- |
| 2010、2013、2016、2019 | ★★★★★ |

**使用说明**

在计算数据的比例时，很多时候得到的结果是以小数显示的，如果想以百分比形式显示，则可以通过设置单元格数字格式将数据转换为百分比形式。

**解决方法**

例如，通过设置数字格式将数据转换为百分比形

式，具体操作方法如下。

**步骤01** 打开素材文件（位置：素材文件\第5章\简历筛选.xlsx），❶选中要设置小数位数的 D2:D7 单元格区域；❷单击【开始】选项卡【数字】组中的功能扩展按钮，如下图所示。

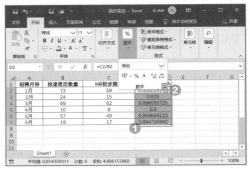

**步骤02** ❶打开【设置单元格格式】对话框，在【数字】选项卡的【分类】列表框中选择【百分比】选项；❷在【小数位数】数值框中设置小数位数，如输入【2】；❸单击【确定】按钮，如下图所示。

**步骤03** 返回工作表，即可看到数值变成了百分比数据，效果如下图所示。

**知识拓展**

在【数字】组中单击【百分比】按钮%，也可以将数值设置为百分比数据，只是不能灵活设置其小数位数。

## 101：快速为数据添加文本单位

| 适用版本 | 实用指数 |
| --- | --- |
| 2010、2013、2016、2019 | ★★★☆☆ |

### 使用说明

在工作表中输入数据时，有时还需要为数据添加文本单位。若手动输入，不但浪费时间，而且在计算数据时无法参与计算。要想添加可以参与计算的文本单位，就要设置数据格式。

### 解决方法

例如，要为数据添加文本单位"元"，具体操作方法如下。

**步骤01** 打开素材文件（位置：素材文件\第5章\销售清单.xlsx），❶选中 E3:E60 单元格区域；❷单击【开始】选项卡【数字】组中的功能扩展按钮⌐，如下图所示。

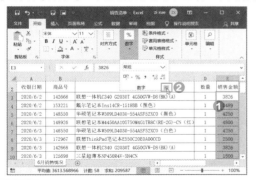

**步骤02** ❶在【分类】列表框中选择【自定义】选项；❷在右侧【类型】文本框中输入【#元】；❸单击【确定】按钮，如下图所示。

**步骤03** 返回工作表，所选单元格区域自动添加了文本单位，如下图所示。

## 102：对不同范围的数值设置不同颜色

| 适用版本 | 实用指数 |
| --- | --- |
| 2010、2013、2016、2019 | ★★★☆☆ |

### 使用说明

在某项统计工作中，为了更好地对数据进行整理分析，可以对正数、负数、零值、文本使用不同的颜色加以区别。

### 解决方法

例如，将正数显示为蓝色，负数显示为红色，0显示为黄色，文本显示为绿色，具体操作方法如下。

**步骤01** 在空白工作簿中输入不同范围的数值，如下图所示。

**步骤02** ❶选中单元格区域 A2:A10，打开【设置单元格格式】对话框，在【分类】列表框中选择【自定义】选项；❷在【类型】文本框中输入"[蓝色]G/通用格式；[红色]G/通用格式；[黄色]0；[绿色]G/通用格式"；❸单击【确定】按钮即可，如下图所示。

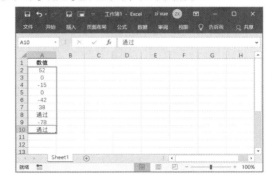

**步骤03** 返回工作表，即可看到设置后的效果，如下图所示。

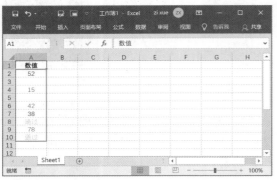

## 知识拓展

在 Excel 中，能够识别的颜色名称有 8 种，分别是[黑色]、[蓝色]、[青色]、[绿色]、[洋红色]、[红色]、[白色]、[黄色]。如果需要使用更多的颜色，可以采用颜色代码 [颜色 N]，其中 N 为 1~56 的整数，代表 56 种颜色。例如，本例的格式代码还可以设置为 "[颜色 5]G/ 通用格式 ;[颜色 3]G/ 通用格式 ;[颜色 6]0;[颜色 10]G/ 通用格式"。1~56 种颜色与代码的对应表如下图所示。

| 颜色与代码对应表 | | | | | | | |
|---|---|---|---|---|---|---|---|
| 代码 | 对应颜色 | 代码 | 对应颜色 | 代码 | 对应颜色 | 代码 | 对应颜色 |
| 1 | 黑色 | 15 | 深灰色 | 29 | 紫罗兰 | 43 | 酸橙色 |
| 2 | 白色 | 16 | 暗灰 | 30 | 深红 | 44 | 金色 |
| 3 | 红色 | 17 | 海螺 | 31 | 青色 | 45 | 浅橙色 |
| 4 | 鲜绿 | 18 | 梅红 | 32 | 蓝色 | 46 | 橙色 |
| 5 | 蓝色 | 19 | 象牙色 | 33 | 天蓝 | 47 | 蓝灰 |
| 6 | 黄色 | 20 | 浅青绿 | 34 | 浅青绿 | 48 | 灰色 |
| 7 | 分红 | 21 | 深紫色 | 35 | 浅绿 | 49 | 深青 |
| 8 | 青绿 | 22 | 珊瑚红 | 36 | 浅黄 | 50 | 海绿 |
| 9 | 深红 | 23 | 海蓝 | 37 | 淡蓝 | 51 | 深绿 |
| 10 | 绿色 | 24 | 冰蓝 | 38 | 玫瑰红 | 52 | 橄榄色 |
| 11 | 深蓝 | 25 | 深蓝 | 39 | 淡紫色 | 53 | 褐色 |
| 12 | 深黄 | 26 | 粉红 | 40 | 茶色 | 54 | 梅红 |
| 13 | 紫罗兰 | 27 | 黄色 | 41 | 浅蓝色 | 55 | 靛蓝 |
| 14 | 青绿 | 28 | 青绿 | 42 | 水蓝色 | 56 | 深灰色 |

---

## 103：快速修改日期格式

| | 适用版本 | 实用指数 |
|---|---|---|
| | 2010、2013、2016、2019 | ★★★★★ |

### 使用说明

在工作表中输入日期和时间类的数据时，如果默认的格式不能满足需要，则可以根据需要进行修改。

### 解决方法

如果要对日期数据修改格式，具体操作方法如下。

**步骤01** 打开素材文件（位置：素材文件\第 5 章\员工信息登记表 .xlsx），选中需要修改日期格式的单元格区域，打开【设置单元格格式】对话框。❶在【数字】选项卡的【分类】列表框中选择【日期】选项；❷在【类型】列表框中选择需要的日期格式；❸单击【确定】按钮即可，如下图所示。

**步骤02** 返回工作表，即可查看设置后的效果，如下图所示。

## 104：使输入的负数自动以红色显示

| 适用版本 | 实用指数 |
|---|---|
| 2010、2013、2016、2019 | ★★★★☆ |

**使用说明**

在 Excel 中编辑和处理表格时，经常会遇到输入负数的情况，为了让输入的负数突出显示，可以通过设置数字格式让其自动以红色显示。

**解决方法**

如果要让输入的负数自动以红色显示，具体操作方法如下。

**步骤01** 打开素材文件（位置：素材文件\第5章\6月工资表.xlsx），❶选中需要设置数字格式的单元格区域，打开【设置单元格格式】对话框，在【分类】列表框中选择【数值】选项；❷在右侧窗格的【负数】列表框中选择一种红色显示的负数样式；❸通过【小数位数】数值框设置小数位数；❹单击【确定】按钮，如下图所示。

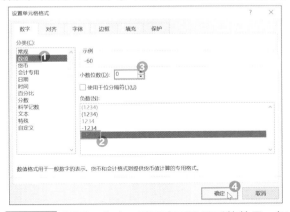

**步骤02** 返回工作表，即可查看设置后的效果，如下图所示。

## 105：快速为数字添加千位分隔符

| 适用版本 | 实用指数 |
|---|---|
| 2010、2013、2016、2019 | ★★★★☆ |

**使用说明**

当数字的位数太多时，可以为数字添加千位分隔符，以便更好地查看数字。

**解决方法**

例如，对数据设置千位分隔符，具体操作方法如下。

**步骤01** 打开素材文件（位置：素材文件\第5章\年度销售额统计表.xlsx），❶选择 B3:F9 单元格区域；❷单击【开始】选项卡【数字】组中的【千位分隔符】按钮，如下图所示。

**步骤02** 即可使用千位分隔符分隔数据，效果如下图所示。

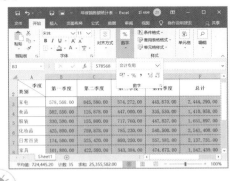

**知识拓展**

在【设置单元格格式】对话框的【数字】选项卡中，设置【数值】数字格式时，选中【使用千位分隔符】复选框，也可以对位数较多的数据使用千位分隔符分隔。

## 5.3 美化工作表

完成表格的制作后，为了让其更加美观，还需要进行美化操作，如设置边框、设置背景等，接下来就介绍相关的操作技巧。

---

106：手动绘制表格边框

| 适用版本 | 实用指数 |
|---|---|
| 2010、2013、2016、2019 | ★★★★☆ |

### 使用说明

为表格设置边框时，除了通过内置样式直接添加外，还可以手动绘制边框。

### 解决方法

如果要为单元格手动绘制边框，具体操作方法如下。

**步骤01** 打开素材文件（位置：素材文件\第5章\员工入职登记表2.xlsx），❶在【开始】选项卡【字体】组中单击【边框】下拉按钮▼；❷在弹出的下拉列表【绘制边框】栏中选择【线条颜色】选项；❸在弹出扩展菜单中选择需要的线条颜色，如选择【灰色，个性色3，深色25%】选项，如下图所示。

**步骤02** ❶继续在【边框】下拉列表的【绘制边框】栏中选择【线型】选项；❷在弹出的扩展菜单中选择需要的线条类型，如选择最后一种线条样式，如下图所示。

**步骤03** 再次打开【边框】下拉列表，选择绘制方式对应的选项，如【绘制边框网格】选项，如下图所示。

**步骤04** 鼠标指针将呈♫状，在需要绘制边框的区域拖动鼠标，便可绘制出需要的所有边框，如下图所示。

**步骤05** 绘制完成后的效果如下图所示。

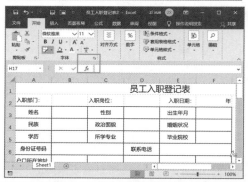

温馨提示

绘制完成后，在【字体】组中单击【绘制边框网格】按钮，可以退出表格边框绘制。

### 107：制作斜线表头

| 适用版本 | 实用指数 |
| --- | --- |
| 2010、2013、2016、2019 | ★★★★★ |

**使用说明**

斜线表头是制作表头时最常用的元素，可以手动绘制，也可以使用边框功能快速添加斜线头。

**解决方法**

如果要为表格添加斜线表头，具体操作方法如下。

**步骤01** 打开素材文件（位置：素材文件\第5章\年度销售额统计表1.xlsx），❶选中 A2 单元格；❷单击【字体】组中的功能扩展按钮，如下图所示。

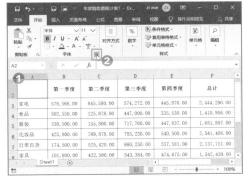

**步骤02** ❶弹出【设置单元格格式】对话框，在【边框】选项卡的【边框】栏中单击需要的斜线边框；❷单击【确定】按钮，如下图所示。

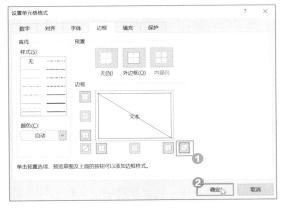

**步骤03** ❶返回工作表，在当前单元格中输入内容，再选择 A2 单元格；❷单击【开始】选项卡【对齐方式】组中的【自动换行】按钮，如下图所示。

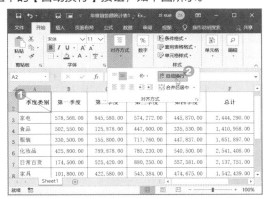

温馨提示

通过上述操作方法，只能制作简单的斜线表头，若要设计更复杂的表头，就需要通过插入直线和文本框来进行制作。

**步骤04** 让单元格中的内容自动根据单元格大小进行多行显示，在单元格文本前输入空格，使单元格中的内容如下图所示的效果进行显示。

### 108：快速为表格添加默认边框

| 适用版本 | 实用指数 |
| --- | --- |
| 2010、2013、2016、2019 | ★★★★★ |

**使用说明**

在制作表格时，使用边框功能可以快速为表格局部或全部添加默认边框。

例如，为表格添加默认边框的效果，具体操作方法如下。

**步骤01** 打开素材文件（位置：素材文件\第5章\员工入职登记表2.xlsx），❶选择 A3:H29 单元格区域；❷在【开始】选项卡【字体】组中单击【边框】下拉按钮 ▾；❸在弹出的下拉列表的【边框】栏中选择需要的边框样式，如选择【所有框线】选项，如下图所示。

**步骤02** 即可为所选区域添加边框，在【边框】下拉列表的【边框】栏中选择【粗外侧框线】选项，如下图所示。

**步骤03** 即可为表格四周添加粗外框线，效果如下图所示。

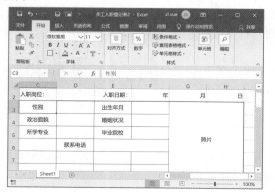

---

| 109：自定义表格边框 | | |
|---|---|---|
|  | 适用版本 | 实用指数 |
| | 2010、2013、2016、2019 | ★★★★★ |

除了可以为表格绘制和添加默认的边框外，还可以根据需要自定义边框的样式、颜色等。

例如，为表格添加蓝色的双线边框，具体操作方法如下。

**步骤01** 打开素材文件（位置：素材文件\第5章\员工入职登记表2.xlsx），选择 A3:H29 单元格区域；❶打开【设置单元格格式】对话框，选择【边框】选项卡；❷在【样式】列表框中选择需要的边框样式；❸在【颜色】下拉列表中选择需要的颜色；❹单击【外边框】和【内部】按钮；❺在【边框】栏中即可对添加的边框效果进行预览，确认无误后单击【确定】按钮，如下图所示。

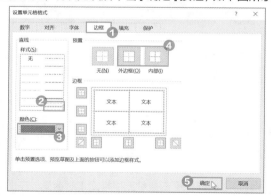

**步骤02** 返回工作表中，即可看到为所选区域添加的边框效果，如下图所示。

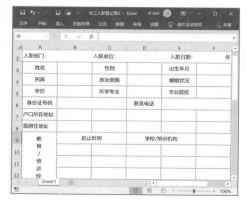

## 110：设置个性化单元格背景

| 适用版本 | 实用指数 |
|---|---|
| 2010、2013、2016、2019 | ★★★★★ |

### 使用说明

默认情况下，单元格的背景为白色，为了美化表格或突出单元格中的内容，有时需要为单元格设置背景色。通常情况下，通过功能区中的【填充颜色】按钮，可以快速设置背景色。

通过【填充颜色】按钮设置背景时，只能设置简单的纯色背景，若要对单元格设置个性化的背景，如图案式的背景、渐变填充背景等，就需要通过【设置单元格格式】对话框实现。

### 解决方法

例如，要为单元格设置渐变填充背景，具体操作方法如下。

**步骤01** 打开素材文件（位置：素材文件\第5章\销售清单.xlsx），选中需要背景的单元格区域，打开【设置单元格格式】对话框，在【填充】选项卡中单击【填充效果】按钮，如下图所示。

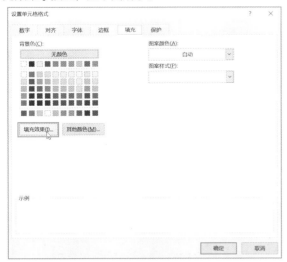

**步骤02** ❶弹出【填充效果】对话框，默认选中【双色】单选按钮，分别在【颜色1】和【颜色2】下拉列表中选择需要的颜色；❷在【底纹样式】栏中选择需要的样式；❸单击【确定】按钮，如下图所示。

**步骤03** 返回【设置单元格格式】对话框，单击【确定】按钮，返回工作表，即可查看设置后的效果，如下图所示。

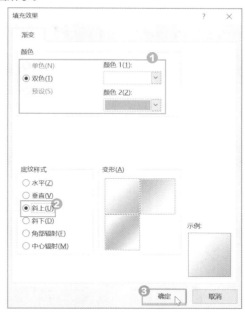

### 知识拓展

在【开始】选项卡【字体】组中单击【填充颜色】下拉按钮▼，在弹出的下拉列表中选择需要的颜色，也可以为单元格设置填充颜色。

## 111：套用表格样式整体美化表格

| 适用版本 | 实用指数 |
|---|---|
| 2010、2013、2016、2019 | ★★★★★ |

### 使用说明

Excel 提供了多种表格样式，这些样式中已经设置好了字体及填充效果等格式，使用单元格样式美化工作表，可以节约大量的编排时间。

 解决方法

如果要套用表格样式快速美化表格，具体操作方法如下。

**步骤01** 打开素材文件（位置：素材文件\第5章\工资表1.xlsx），❶选中需要套用表格样式的单元格区域；❷在【开始】选项卡的【样式】组中单击【套用表格格式】按钮；❸在弹出的下拉列表中选择需要的表格样式，如下图所示。

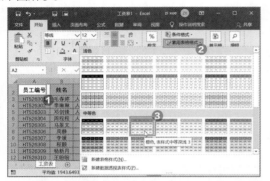

**步骤02** 弹出【套用表格式】对话框，单击【确定】按钮，如下图所示。

**步骤03** 即可为表格套用设置的表格样式，单击【表格工具/设计】选项卡【工具】组中的【转换为区域】按钮，如下图所示。

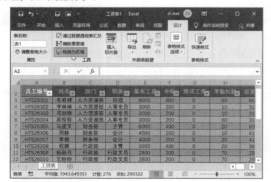

**步骤04** 在弹出的对话框中单击【是】按钮，如下图所示。

**步骤05** 返回工作表，将看到所选单元格区域套用表格样式的标题行中的自动筛选按钮已取消，如下图所示。

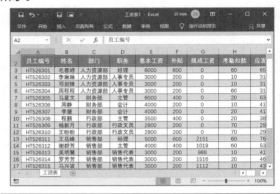

112：自定义表格样式

| 适用版本 | 实用指数 |
| --- | --- |
| 2010、2013、2016、2019 | ★★★☆☆ |

**使用说明**

如果对 Excel 提供的内置表格样式不满意，还可以自定义专属的表格样式。

**解决方法**

如果要设置自定义表格样式，具体操作方法如下。

**步骤01** 打开素材文件（位置：素材文件\第5章\工资表1.xlsx），❶在【开始】选项卡的【样式】组中单击【套用表格格式】按钮；❷在弹出的下拉列表中选择【新建表格样式】选项，如下图所示。

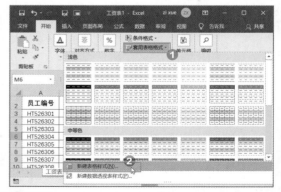

**步骤02** ❶弹出【新建表样式】对话框，在【表元素】列表框中选择需要设置格式的元素，本例选择【整个表】；❷单击【格式】按钮，如下图所示。

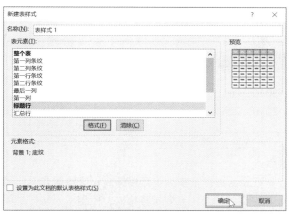

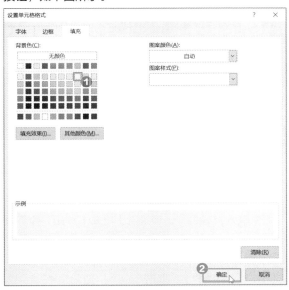

温馨提示

在【新建表样式】对话框的【名称】文本框中还可以对自定义样式的名称进行设置。

**步骤03** ❶弹出【设置单元格格式】对话框，分别设置【字体】【边框】和【填充】样式；❷单击【确定】按钮，如下图所示。

**步骤04** 返回【新建表样式】对话框，参照上述操作步骤，对表格其他元素设置相应的格式参数。设置过程中，可以在【预览】栏中预览效果。设置完成后，单击【确定】按钮，如下图所示。

**步骤05** ❶返回工作表，选中需要套用表格样式的单元格区域；❷单击【套用表格格式】按钮；❸在弹出的下拉列表【自定义】栏中可以看到自定义的表格样式，单击该样式，如下图所示。

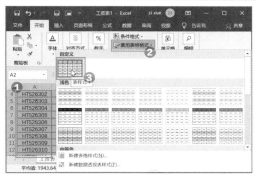

**步骤06** 弹出【套用表格格式】对话框，单击【确定】按钮，如下图所示。

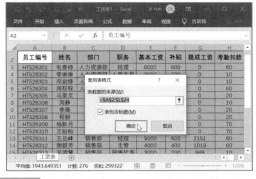

**步骤07** 返回工作表，即可看到应用后的效果，如下图所示。

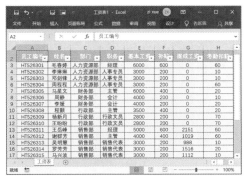

## 113：快速套用单元格样式

| 适用版本 | 实用指数 |  |
|---|---|---|
| 2010、2013、2016、2019 | ★★★☆☆ | |

### 使用说明

Excel 提供了多种单元格样式，这些样式中已经设置好了字体及填充效果等格式，使用单元格样式美化工作表，可以节约大量的编排时间。

### 解决方法

如果要使用单元格样式美化工作表，具体操作方法如下。

**步骤01** 打开素材文件（位置：素材文件\第5章\工资表1.xlsx），①选择 A1 单元格；②在【开始】选项卡的【样式】组中单击【单元格样式】按钮；③在弹出的下拉列表中选择需要的样式，如下图所示。

**步骤02** 即可为 A1 单元格应用选择的单元格样式，效果如下图所示。

## 114：自定义单元格样式

|  | 适用版本 | 实用指数 |
|---|---|---|
| | 2010、2013、2016、2019 | ★★★☆☆ |

### 使用说明

使用单元格样式美化工作表时，若 Excel 提供的内置样式无法满足需求，则可以根据操作需要自定义单元格样式。

### 解决方法

如果要设置自定义单元格样式，具体操作方法如下。

**步骤01** 打开素材文件（位置：素材文件\第5章\工资表 1.xlsx），①在【开始】选项卡的【样式】组中单击【单元格样式】按钮；②在弹出的下拉列表中选择【新建单元格样式】选项，如下图所示。

**步骤02** ①弹出【样式】对话框，在【样式名】文本框中输入样式名称；②单击【格式】按钮，如下图所示。

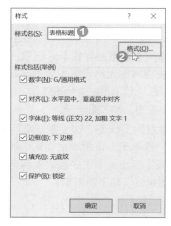

**步骤03** ❶弹出【设置单元格格式】对话框，分别设置【数字】【对齐】【字体】【边框】【填充】等样式；❷设置完成后单击【确定】按钮，如下图所示。

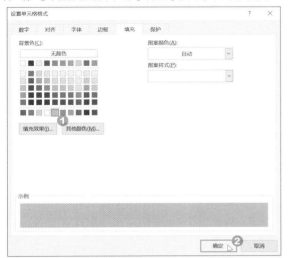

**步骤04** ❶返回工作表，选中要应用单元格样式的单元格区域；❷单击【单元格样式】按钮；❸在弹出的下拉列表【自定义】栏中可以看到自定义的单元格样式，单击该样式，如下图所示。

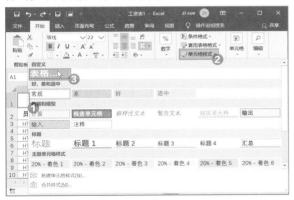

**步骤05** 即可将其应用到所选单元格区域中，如下图所示。

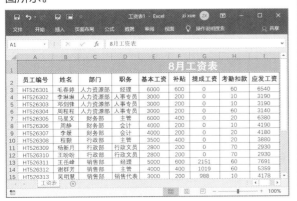

---

## 115：将单元格样式应用到其他工作簿

| 适用版本 | 实用指数 | |
|---|---|---|
| 2010、2013、2016、2019 | ★★★☆☆ |  |

**使用说明**

自己创建的单元格样式只能应用于当前工作簿，如果希望将自定义的样式应用到其他工作簿，则需要使用合并样式功能。

**解决方法**

例如，将"工资表 2.xlsx"中的样式（如创建的【表格标题】样式）应用到"销售清单 .xlsx"中，具体操作方法如下。

**步骤01** 打开素材文件（位置：素材文件\第 5 章\工资表 2.xlsx 和销售清单 .xlsx），❶在"销售清单 .xlsx"中单击【样式】组中的【单元格样式】按钮；❷在弹出的下拉列表中选择【合并样式】选项，如下图所示。

**步骤02** ❶弹出【合并样式】对话框，在【合并样式来源】列表框中选择要复制单元格样式所在的工作簿，本例中为【工资表 2.xlsx】；❷单击【确定】按钮，如下图所示。

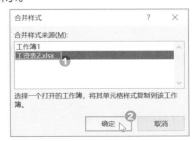

**步骤03** 返回工作簿，即可看到【单元格样式】下

拉列表中包含从【工资表 2.xlsx】合并过来的样式，如下图所示。

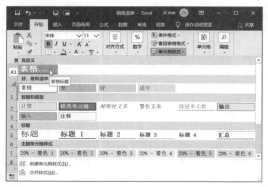

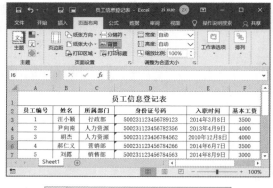

---

## 116：将图片设置为工作表背景

| 适用版本 | 实用指数 |
|---|---|
| 2010、2013、2016、2019 | ★★★☆☆ |

### 使用说明

在 Excel 中，可以将图片设置为工作表背景，以美化工作表，提高视觉效果。

### 解决方法

如果要为工作表设置图片背景，具体操作方法如下。

**步骤01** 打开素材文件（位置：素材文件\第5章\员工信息登记表 .xlsx），在【页面布局】选项卡【页面设置】组中单击【背景】按钮，如下图所示。

**步骤02** 打开【插入图片】窗口，单击【浏览】按钮，如下图所示。

**步骤03** ❶打开【工作表背景】对话框，选择需要作为工作表背景的图片；❷单击【插入】按钮，如下图所示。

**步骤04** 返回工作表，即可看到最终效果，如下图所示。

---

## 5.4 利用图片和图形增强表格效果

为了避免表格看起来单调乏味，用户可以在工作表中插入一些具有艺术效果的文字、图片和形状图形，或者插入表现层次结构的 SmartArt 图形，使表格更加美观，也更容易阅读和理解。

## 117：插入需要的图片

| 适用版本 | 实用指数 |
|---|---|
| 2010、2013、2016、2019 | ★★☆☆☆ |

### 使用说明

在制作产品报价单表格时涉及产品图片，此时可以通过 Excel 的图片功能将图片插入表格中。

### 解决方法

如果要在工作簿中插入图片，具体操作方法如下。

**步骤01** 打开素材文件（位置：素材文件\第5章\手机报价表 .xlsx），❶选择 J2 单元格；❷单击【插入】选项卡【插图】组中的【图片】按钮，如下图所示。

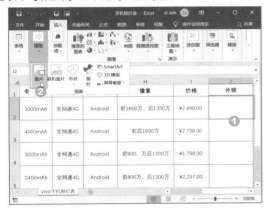

**步骤02** ❶打开【插入图片】对话框，在地址栏中选择图片保存的位置；❷选择需要插入的图片；❸单击【插入】按钮，如下图所示。

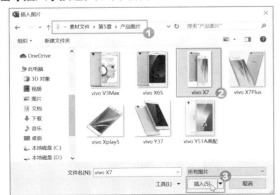

**步骤03** 将图片插入工作表中，选择图片，在【图片工具 / 格式】选项卡【大小】组的【高度】数值框中输入图片的高度，如下图所示。

### 知识拓展

如果要在表格中插入网络中搜索的图片，则可以通过联机图片功能插入。其方法是在【插图】组中单击【联机图片】按钮，打开【联机图片】对话框，在搜索框中输入图片的关键字，按【Enter】键进行搜索，在搜索结果页面中选择需要的联机图片，单击【插入】按钮即可。

**步骤04** 按【Enter】键，即可根据设置的高度等比例调整图片的大小，然后拖动图片到单元格合适的位置，如下图所示。

**步骤05** 使用相同的方法，将其他手机图片插入对应的单元格中，并对图片大小和位置进行相应的调整，效果如下图所示。

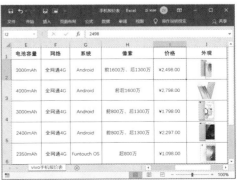

## 118：裁剪图片以突出主体

| 适用版本 | 实用指数 | |
|---|---|---|
| 2010、2013、2016、2019 | ★★★★★ |  |

### 使用说明

在工作表中插入图片后，如果觉得插入的图片过大，除了可以调整图片的整体大小外，还可以将图片中不需要的部分裁剪掉。

### 解决方法

如果要裁剪图片，具体操作方法如下。

**步骤01** 打开素材文件（位置：素材文件\第5章\液晶电视报价单.xlsx），❶选中要裁剪的图片；❷在【图片工具/格式】选项卡的【大小】组中单击【裁剪】按钮，如下图所示。

**步骤02** 此时图片四周将出现裁剪框，将光标指向裁剪框上相应的控制点，当鼠标指针变为├、┐、┴或└等形状时，按住鼠标左键不放，拖动鼠标选择图片的裁剪范围，如下图所示。

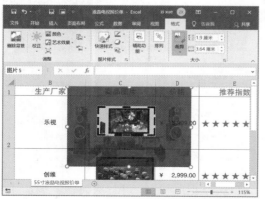

**步骤03** 操作完成后，在其他单元格中单击，即可完成图片的裁剪，效果如下图所示。

### 知识拓展

如果要将图片裁剪为某个形状，或者按照一定的比例裁剪，则可以在【大小】组中单击【裁剪】下拉按钮▼，在弹出的下拉列表中选择【裁剪为形状】选项，在弹出的扩展菜单中选择需要的形状样式即可；或者选择【纵横比】选项，在弹出的扩展菜单中选择裁剪比例即可。

## 119：设置图片背景为透明色

| 适用版本 | 实用指数 |
|---|---|
| 2013、2016、2019 | ★★★★★ |

### 使用说明

插入表格中的图片，有些图片有一些纯色背景，可能与单元格底纹颜色不能融合在一起，为了使表格整体效果更加美观，可以使用 Excel 的设置透明色功能将图片背景设置为透明色。

### 解决方法

例如，将工作表中产品图片的背景颜色设置为透明色，具体操作方法如下。

**步骤01** 打开素材文件（位置：素材文件\第5章\液晶电视报价单1.xlsx），❶选择第1张图片，单击【图片工具/格式】选项卡【调整】组中的【颜色】按钮；❷在弹出的下拉列表中选择【设置透明色】选项，如下图所示。

**步骤02** 此时，鼠标指针将变成 ✐ 形状，将鼠标指针移到图片的背景上单击，如下图所示。

**步骤03** 即可将图片的背景颜色为透明色，效果如下图所示。

💡 **知识拓展**

设置透明色主要针对纯色背景的图片，如果要删除的部分比较复杂，则可使用 Excel 提供的删除背景功能，快速删除图片中不需要的部分。其方法为选择图片，单击【图片工具 / 格式】选项卡【调整】组中的【删除背景】按钮，此时，

图片删除的部分将变成紫红色，可通过【标记要保留的区域】和【标记要删除的区域】两个按钮对图片中要保留的部分或要删除的部分进行标记，标记完成后，单击【保留更改】按钮即可，如下图所示。

120：设置图片的艺术效果

| 适用版本 | 实用指数 | |
|---|---|---|
| 2013、2016、2019 | ★★★☆☆ |  |

🌀 **使用说明**

在工作表中插入图片后，为了美化图片，可以为图片设置艺术效果。

🌀 **解决方法**

如果要为图片设置艺术效果，具体操作方法如下。
❶在工作表中选中要设置艺术效果的图片，在【图片工具 / 格式】选项卡的【调整】组中单击【艺术效果】按钮；❷在弹出的下拉菜单中选择一种艺术效果即可，如下图所示。

## 121：在单元格中固定图片大小及位置

| 适用版本 | 实用指数 |
|---|---|
| 2013、2016、2019 | ★★☆☆☆ |

### 使用说明

默认情况下，图片会随单元格的移动而改变位置。如果有需要，也可以将图片固定位置和大小，使其不随单元格的移动而改变。

### 解决方法

如果要在单元格中固定图片大小及位置，具体操作方法如下。

**步骤01** 打开素材文件（位置：素材文件\第5章\液晶电视报价单2.xlsx），在图片上右击，在弹出的快捷菜单中选择【大小和属性】选项，如下图所示。

**步骤02** ❶弹出【设置图片格式】窗格，在【属性】栏中选中【不随单元格改变位置和大小】单选按钮；❷单击【关闭】按钮 × 关闭窗格即可，如下图所示。

### 温馨提示

【设置图片格式】窗格的【属性】栏中各选项的作用如下。

◎ 随单元格改变位置和大小：适用于在移动或调整基础单元格或图表的大小时，使形状或对象不能高于或宽于要排序的行或列。

◎ 随单元格改变位置，但不改变大小：主要是指在移动或调整基础单元格时，图片随之移动，但不调整大小。

◎ 不随单元格改变位置和大小：是指禁止形状或对象随单元格移动和调整而改变位置和大小。

## 122：插入艺术字突出标题

| 适用版本 | 实用指数 |
|---|---|
| 2013、2016、2019 | ★★★★☆ |

### 使用说明

艺术字常常用于工作表的标题，或者用于一些特殊的表格设计。

### 解决方法

如果要在单元格中插入艺术字作为标题，具体操作方法如下。

**步骤01** 打开素材文件（位置：素材文件\第5章\液晶电视报价单2.xlsx），❶单击【插入】选项卡【文本】组中的【艺术字】按钮；❷在弹出的下拉列表中选择艺术字样式，如下图所示。

**步骤02** 返回工作表，将出现一个文本框，并可以看到【请在此放置您的文字】字样，如下图所示。

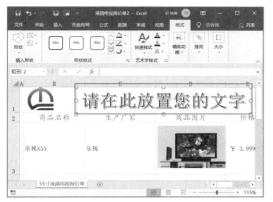

**步骤03** 在出现的文本框中直接输入需要的文字即可，如下图所示。

---

### 123：插入文本框添加文字

| 适用版本 | 实用指数 |
|---|---|
| 2013、2016、2019 | ★★★★★ |

**使用说明**

　　除了可以在单元格中输入数据外，还可以使用文本框在工作表中添加文字。

**解决方法**

　　如果要在工作表中插入文本框，具体操作方法如下。

**步骤01** 打开素材文件（位置：素材文件\第5章\手机报价表 1.xlsx），❶单击【插入】选项卡【文本】组中的【文本框】下拉按钮 ▾；❷在弹出的下拉菜单中选择【绘制横排文本框】命令，如下图所示。

**步骤02** 按住鼠标左键不放，拖动鼠标绘制文本框，如下图所示。

---

**步骤03** 直接在文本框中输入文字即可，如下图所示。

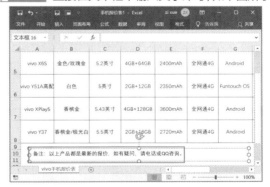

---

### 124：插入 SmartArt 图形

| 适用版本 | 实用指数 |
|---|---|
| 2013、2016、2019 | ★★★★★ |

**使用说明**

　　Excel 中内置了多种 SmartArt 图形样式，用户可以根据自身的需求选择 SmartArt 图形的样式来制作图示。

## 解决方法

如果要在工作表中插入 SmartArt 图形，具体操作方法如下。

**步骤01** 在新建的空白工作簿中单击【插入】选项卡【插图】组中的【SmartArt】按钮，如下图所示。

**步骤02** ❶弹出【选择 SmartArt 图形】对话框，在左侧的列表中选择图形类型；❷在中间的窗格中选择一种该类型的图形；❸单击【确定】按钮，如下图所示。

**步骤03** 返回工作表，即可看到 SmartArt 图形已经插入工作表中，单击占位符即可输入文本，如下图所示。

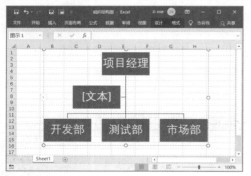

125：编辑 SmartArt 图形

| 适用版本 | 实用指数 |
| --- | --- |
| 2013、2016 | ★★★★★ |

## 使用说明

直接添加的 SmartArt 图形很多时候并不能满足需要，此时就需要对 SmartArt 图形进行编辑，如调整大小和位置、删除多余的形状、添加形状、调整布局等。

## 解决方法

例如，继续上例进行操作，根据需要对组织结构图进行编辑，具体操作方法如下。

**步骤01** 在"组织结构图 .xlsx"中选择 SmartArt 图形中的【文本】形状，按【Delete】键删除，如下图所示。

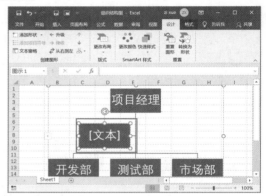

**步骤02** ❶选择【开发部】形状；❷单击【SmartArt 工具 / 设计】选项卡【创建图形】组中的【添加形状】下拉按钮▾；❸在弹出的下拉列表中选择【在下方添加形状】选项，如下图所示。

**步骤03** ❶即可在所选形状下方添加一个低一个级别的形状，输入需要的文本，选择形状；❷再在【添加形状】下拉列表中选择【在后面添加形状】选项，如下图所示。

**步骤04** 即可添加一个同级别的形状，使用相同的方法再次添加一个同级别的形状，并在添加的形状中输入相应的文本，如下图所示。

**步骤05** 使用相同的方法继续添加需要的形状，添加完成后，按住【Ctrl】或【Shift】键，选择【开发部】形状及下方的 3 个形状，向左拖动，如下图所示。

**步骤06** 调整到合适位置后释放鼠标，即可调整形状位置，使用相同的方法向右调整【市场部】形状及下方的 3 个形状，调整完成后的效果如下图所示。

---

**126：快速美化 SmartArt 图形**

| 适用版本 | 实用指数 |
|---|---|
| 2013、2016、2019 | ★★★★☆ |

**使用说明**

插入 SmartArt 图形之后，可以对图形进行颜色设置、样式设置等以美化图形。

**解决方法**

如果要美化 SmartArt 图形，具体操作方法如下。

**步骤01** 打开素材文件（位置：素材文件 \ 第 5 章 \ 组织结构图 1.xlsx），❶选中 SmartArt 图形；❷单击【SmartArt 图形 / 设计】选项卡【SmartArt 样式】组中的【快速样式】下拉按钮；❸在弹出的下拉列表中选择需要的 SmartArt 样式，如下图所示。

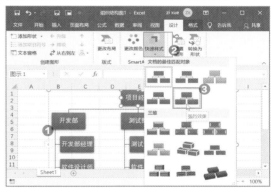

**步骤02** ❶保持图形的选中状态，单击【SmartArt 图形 / 设计】选项卡【SmartArt 样式】组中的【更改颜色】下拉按钮；❷在弹出的下拉列表中选择需要的颜色即可，如下图所示。

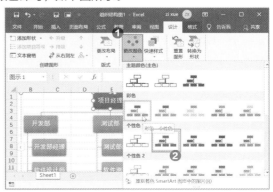

# 第 6 章
# 公式的应用技巧

Excel 是一款非常强大的数据处理软件，其中最突出的是其计算功能。通过公式和函数，可以非常方便地计算各种复杂的数据。本章将介绍公式的应用技巧，可以让数据计算更加快捷。

下面先来看看以下一些日常办公中的常见问题，你是否会处理或已掌握。

【√】在利用公式计算数据时，想要引用其他工作表中的数据，应该如何操作？

【√】在制作预算表时设置了计算公式，但是又担心被他人更改了工作表中的公式，应该如何保护公式？

【√】单元格区域选择起来比较麻烦，可以使用自定义名称进行选择。你知道如何为单元格区域自定义名称，并使用自定义名称进行公式计算吗？

【√】如果希望对数组中最大的 5 个数进行求和，你知道如何操作吗？

【√】公式发生错误时，想要知道是在哪一步出现问题，你知道如何追踪引用单元格与从属单元格吗？

【√】使用公式时发生错误，你知道怎样解决吗？

希望通过本章内容的学习，能帮助你解决以上问题，并学会 Excel 公式的应用技巧。

## 6.1 公式的引用

Excel 中的公式是对工作表的数据进行计算的等式，它总是以"="开始，其后便是公式的表达式。使用公式时，也有许多操作技巧，接下来就为读者进行介绍。

| 127：输入公式进行计算 | | |
|---|---|---|
| **适用版本** | **实用指数** |  |
| 2010、2013、2016、2019 | ★★★★★ | |

### 使用说明

对表格中的数据进行计算时，首先需要输入公式，最后进行确认，即可计算出结果。在 Excel 中，公式既可以在单元格中输入，也可以在编辑栏中输入，但不管在哪里输入，公式的输入方法都相同。

### 解决方法

例如，要根据单价和数量计算销售额小计，使用公式进行计算的具体操作方法如下。

**步骤01** 打开素材文件（位置：素材文件\第6章\销售清单.xlsx），选择需要存放计算结果的 E3 单元格，输入运算符【=】，选择要参与计算的第 1 个单元格 C3，如下图所示。

### 知识拓展

如果输入的公式有误，可直接选择公式中错误的部分，再重新输入正确的公式；也可以直接删除公式，再重新输入。

**步骤02** 接着输入【*】，再选择参与计算的第 2 个单元格 D3，如下图所示。

**步骤03** 公式输入完成后，按【Enter】键确认，即可计算出结果，如下图所示。

| 128：复制公式实现批量计算 | | |
|---|---|---|
|  | **适用版本** | **实用指数** |
| | 2010、2013、2016、2019 | ★★★★★ |

### 使用说明

当单元格中的计算公式类似时，可以通过复制公式的方式自动计算出其他单元格的结果。复制公式时，公式中引用的单元格会自动发生相应的改变。

复制公式时，可以通过复制→粘贴的方式进行复制，也可以通过填充功能快速复制。

**解决方法**

例如，利用填充功能复制公式，具体操作方法如下。

**步骤01** 继续上例操作，在"销售清单 .xlsx"工作簿中选中要复制的公式所在的 E3 单元格，将鼠标指针指向该单元格的右下角，待指针呈 ✚ 状时按住鼠标左键不放并向下拖动，如下图所示。

**步骤02** 拖动到目标单元格后释放鼠标，即可得到复制公式后的计算结果，如下图所示。

---

**129：单元格相对引用**

| 适用版本 | 实用指数 |
|---|---|
| 2010、2013、2016、2019 | ★★★★★ |

**使用说明**

在使用公式计算数据时，通常会用到单元格的引用。引用的作用在于标识工作表中的单元格或单元格区域，并指明公式中所用的数据在工作表中的位置。

---

通过引用，可在一个公式中使用工作表不同单元格中的数据，或者在多个公式中使用同一个单元格的数值。

默认情况下，Excel 使用的是相对引用。在相对引用中，当复制公式时，公式中的引用会根据显示计算结果的单元格位置的不同而相应改变，但引用的单元格与包含公式的单元格之间的相对位置不变。

**解决方法**

使用单元格相对引用计算数据的具体操作方法如下。

在"销售清单 .xlsx"的 E3 单元格的公式为【=C3*D3】，将该公式从 E3 单元格复制到 E4 单元格时，E4 单元格的公式就为【=C4*D4】，如下图所示。

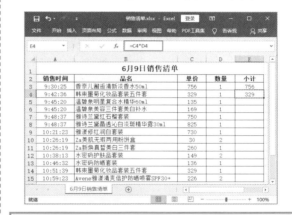

---

**130：单元格绝对引用**

| 适用版本 | 实用指数 | |
|---|---|---|
| 2010、2013、2016、2019 | ★★★★★ |  |

**使用说明**

绝对引用是指将公式复制到目标单元格时，公式中的单元格地址始终保持固定不变。使用绝对引用时，需要在引用的单元格地址的列标和行号前分别添加符号"$"（英文状态下输入）。

**解决方法**

例如，在工作表中使用单元格绝对引用计算数据，具体操作方法如下。

**步骤01** 打开素材文件（位置：素材文件\第 6 章\销售提成表 .xlsx），选择 G4 单元格，输入公式【=F4*$B$2】，按【Enter】键计算出结果，如下图所示。

**步骤02** 将公式向下复制到 G12 单元格，公式中绝对引用的【$B$2】没有发生任何变化，如下图所示。

---

131：单元格混合引用

| 适用版本 | 实用指数 |
|---|---|
| 2010、2013、2016、2019 | ★★★☆☆ |

### 使用说明

混合引用是指引用的单元格地址既有相对引用也有绝对引用。混合引用具有绝对列和相对行、绝对行和相对列两种方式。绝对引用列采用 $A1 这样的形式，绝对引用行采用 A$1 这样的形式。如果公式所在单元格的位置改变，则相对引用会发生变化，而绝对引用不变。

### 解决方法

例如，招聘费用计算表中列出了不同招聘人数，以及不同月份每个人的招聘成本，那么，要计算不同招聘人数下每个月总的招聘费用，就可以使用单元格混合引用计算数据，具体操作方法如下。

**步骤01** 打开素材文件（位置：素材文件\第 6 章\招聘费用计算表 .xlsx），选择 B3 单元格，输入公式【=$A3*B$2】，按【Enter】键计算出 1 月招聘 6 人，所需要的招聘成本，如下图所示。

**步骤02** 向右复制 B3 单元格中的公式至 G3 单元格，可以发现公式中绝对引用列（$A3）没有发生变化，而绝对引用行（B$2）发生了变化，如下图所示。

**步骤03** 向下复制 B3 单元格中的公式至 B8 单元格，可以发现公式中绝对引用列（$A3）发生了变化，而绝对引用行（B$2）没有发生变化，如下图所示。

### 知识拓展

在使用相对引用、绝对引用、混合引用时，绝对引用符号【$】的输入比较麻烦。可以按【F4】键来切换引用方式。例如，输入默认的引用方式【A1】，按【F4】键变成绝对引用方式【$A$1】，再按一次【F4】键变成混合引用方式【A$1】或【$A1】。

## 132：引用同一工作簿中其他工作表的单元格

| 适用版本 | 实用指数 |
|---|---|
| 2010、2013、2016、2019 | ★★★★★ |

### 使用说明

在同一工作簿中，还可以引用其他工作表中的单元格进行计算。

### 解决方法

例如，在"美的产品销售情况 .xlsx"的【销售】工作表中，要引用"定价单"工作表中的单元格进行计算，具体操作方法如下。

**步骤01** 打开素材文件（位置：素材文件\第 6 章\美的产品销售情况 .xlsx），❶选择 E2 单元格，输入【＝】号，选择要参与计算的单元格，并输入运算符；❷单击要引用的工作表标签名称，如下图所示。

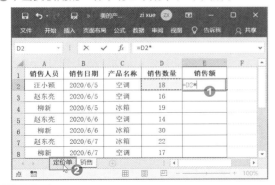

**步骤02** 切换到工作表，选择要参与计算的单元格，如下图所示。

**步骤03** 直接按【Enter】键，得到计算结果，同时返回原工作表，如下图所示。

### 知识拓展

在公式中，引用同一工作簿其他工作表中的单元格区域时，需要在单元格地址前加上工作表名称和英文状态下的感叹号（！）。

## 133：引用其他工作簿中的单元格

| 适用版本 | 实用指数 |
|---|---|
| 2010、2013、2016、2019 | ★★★☆☆ |

### 使用说明

在引用单元格进行计算时，有时还会需要引用其他工作簿中的数据。

### 解决方法

例如，在"员工工资表 .xlsx"中计算实发工资时，需要引用"考勤扣款表 .xlsx"工作簿中的考勤扣款金额，具体操作方法如下。

**步骤01** 打开素材文件（位置：素材文件\第 6 章\员工工资表 .xlsx 和考勤扣款表 .xlsx），在"员工工资表 .xlsx"中，选中要存放计算结果的 H2 单元格，输入公式前半部分【=E2+F2+G2+】，如下图所示。

**步骤02** 切换到"考勤扣款表 .xlsx"，在目标工作表中选择需要引用的 H2 单元格，会自动在引用的单元格前添加工作簿和工作表名称，如下图所示。

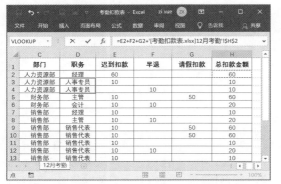

**步骤03** 直接按【Enter】键，得到计算结果，同时返回原工作表，如下图所示。

**步骤04** ❶将公式中对考勤扣款表 H2 单元格的引用修改为混合引用，即将公式修改为"=E2+F2+G2+'[考勤扣款表 .xlsx]12 月考勤 '!$H2"；❷向下复制公式，即可计算出其他员工的实发工资，如下图所示。

**知识拓展**

在公式中，引用的单元格与公式不在同一工作簿时，其表述方式：[ 工作簿名称 ]+ 工作表名称 !+ 单元格引用。

## 6.2 公式中引用名称

在 Excel 中，可以定义名称来代替单元格地址，并将其应用到公式计算中，以便提高工作效率，减少计算错误。

| 134：为单元格定义名称 |
| --- |

| 适用版本 | 实用指数 | |
| --- | --- | --- |
| 2010、2013、2016、2019 | ★★★★☆ |  |

**使用说明**

在 Excel 中，一个独立的单元格，或多个不连续的单元格组成的单元格组合，或连续的单元格区域，都可以定义一个名称。定义名称后，每一个名称都具有一个唯一的标识，方便在其他名称或公式中调用。

**解决方法**

为单元格定义名称的具体操作方法如下。

**步骤01** 打开素材文件（位置：素材文件 \ 第 6 章 \ 销售订单 .xlsx），❶选择要定义名称的单元格区域；❷单击【公式】选项卡【定义的名称】组中的【定义名称】按钮，如下图所示。

**步骤02** ❶打开【新建名称】对话框，在【名称】框内输入定义的名称；❷单击【确定】按钮，如下图所示。

**步骤03** 操作完成后，即可为选择的单元格区域定义名称，使用相同的方法继续为 E4:E10 单元格区域定义名称，如下图所示。

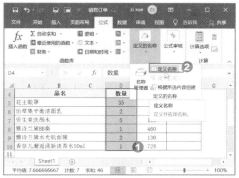

**知识拓展**

选择要定义的单元格或单元格区域，在【名称】框中直接输入定义的名称后按【Enter】键也可以定义名称。

---

**135：快速指定以行或列标题定义名称**

| 适用版本 | 实用指数 |
|---|---|
| 2010、2013、2016、2019 | ★★★★☆ |

**使用说明**

使用 Excel 提供的根据所选内容创建功能，可以快速以行标题或列标题批量定义名称。

**解决方法**

以指定行标题或列标题批量定义名称的具体操作方法如下。

---

步骤01 打开素材文件（位置：素材文件\第6章\销售订单.xlsx），❶选择需要定义名称的单元格区域（包含表头）；❷单击【公式】选项卡【定义的名称】组中的【根据所选内容创建】按钮，如下图所示。

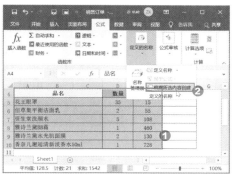

**步骤02** ❶打开【根据所选内容创建名称】对话框，选择要作为名称的单元格位置，这里选中【首行】复选框，即 A4:E4 单元格区域中的内容；❷单击【确定】按钮，如下图所示。

**步骤03** 即可完成区域的名称设置，将 A5:A10 单元格区域定义为【品名】，将 D5:D10 单元格区域定义为【数量】，将 E5:E10 单元格区域定义为【单价】，在【名称管理器】对话框中可以查看定义的名称，如下图所示。

---

**136：将自定义名称应用于公式中**

| 适用版本 | 实用指数 |
|---|---|
| 2010、2013、2016、2019 | ★★★★☆ |

**使用说明**

为单元格区域定义了名称之后，就可以将自定义名称应用于公式中，以提高工作效率。

**解决方法**

将自定义名称应用于公式中的具体操作方法如下。

**步骤01** 继续上例操作，❶在"销售订单.xlsx"中选择F5单元格，输入【=】；❷单击【公式】选项卡【定义的名称】组中的【用于公式】按钮；❸在弹出的下拉列表中选择要用于公式中的名称，如选择【单价】，如下图所示。

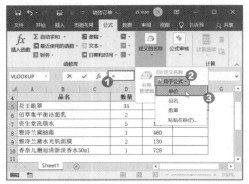

**步骤02** ❶即可在【=】后面输入【单价】，接着再输入【*】；❷单击【公式】选项卡【定义的名称】组中的【用于公式】按钮；❸在弹出的下拉列表中选择【数量】选项，如下图所示。

**步骤03** 即可在公式中应用定义的名称，按【Enter】键，计算出结果，如下图所示。

**步骤04** 向下复制公式，计算出其他产品的销售额小计，如下图所示。

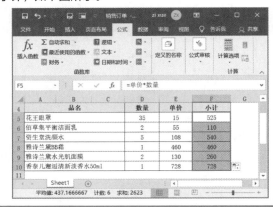

## 137：使用名称管理器管理名称

| | 适用版本 | 实用指数 |
|---|---|---|
| | 2010、2013、2016、2019 | ★★★☆☆ |

**使用说明**

在工作表中为单元格定义名称后，还可以通过【名称管理器】对名称进行修改、删除等操作。

**解决方法**

使用名称管理器管理名称，具体操作方法如下。

**步骤01** 打开素材文件（位置：素材文件\第6章\工资表.xlsx），单击【公式】选项卡【定义的名称】组中的【名称管理器】按钮，如下图所示。

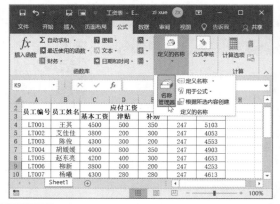

**步骤02** ❶弹出【名称管理器】对话框，在列表框中选择要修改的名称；❷单击【编辑】按钮，如下图所示。

**步骤03** ❶弹出【编辑名称】对话框，通过【名称】文本框可以进行重命名操作，在【引用位置】参数框中可以重新选择单元格区域；❷设置完成后单击【确定】按钮，如下图所示。

**步骤04** ❶返回【名称管理器】对话框，在列表框中选择要修改的名称；❷单击【删除】按钮，如下图所示。

**步骤05** 在弹出的提示对话框中单击【确定】按钮，如下图所示。

**步骤06** 返回【名称管理器】对话框，单击【关闭】按钮即可，如下图所示。

## 6.3 使用数组公式计算数据

Excel 中可以使用数组公式对两组或两组以上的数据（两个或两个以上的单元格区域）同时进行计算。在数组公式中使用的数据称为数组参数，数组参数可以是一个数据区域，也可以是数组常量（经过特殊组织的常量表）。数组公式可以在小空间内进行大量计算时使用，它可以替代许多重复的公式，并由此节省内存。

| 138：在多个单元格中使用数组公式进行计算 |

| 适用版本 | 实用指数 | |
| --- | --- | --- |
| 2010、2013、2016、2019 | ★★★★★ |  |

 **使用说明**

数组公式就是指对两组或多组参数进行多重计算，并返回一个或多个结果的计算公式。使用数组公式时，

要求每个数组参数必须有相同数量的行和列。

**解决方法**

在多个单元格中使用数组公式进行计算的具体操作方法如下。

**步骤01** 打开素材文件（位置：素材文件\第6章\销售订单.xlsx），❶选择存放结果的F5:F10单元格区域，输入【=】；❷拖动鼠标选择要参与计算的第一个单元格区域 D5:D10，如下图所示。

**步骤02** 参照上述操作方法，继续输入运算符号，并拖动鼠标选择要参与计算的单元格区域 E5:E10，

如下图所示。

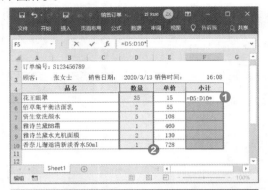

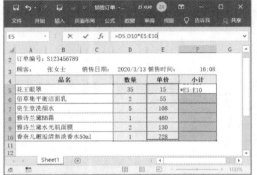

**步骤03** 按【Ctrl+Shift+Enter】组合键，得出数组公式计算结果，如下图所示。

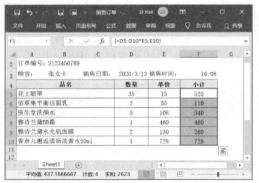

**温馨提示**

在 Excel 中，显示的数组公式是用大括号"{}"括住以区分普通 Excel 公式的。

139：在单个单元格中使用数组公式进行计算

| 适用版本 | 实用指数 | |
|---|---|---|
| 2010、2013、2016、2019 | ★★★★★ |  |

**使用说明**

在编辑工作表时，还可以在单个单元格中输入数组公式，以便完成多步计算。

**解决方法**

在单个单元格中使用数组公式进行计算的具体操作方法如下。

**步骤01** 打开素材文件（位置：素材文件\第6章\销售订单 1.xlsx），选择存放结果的 E11 单元格，输入【=SUM()】，再将光标插入点定位在括号内，如下图所示。

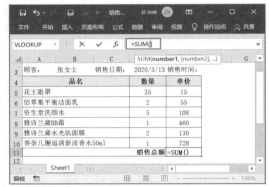

**步骤02** 拖动鼠标选择要参与计算的第一个单元格区域，输入运算符号【*】号，再拖动鼠标选择第二个要参与计算的单元格区域，如下图所示。

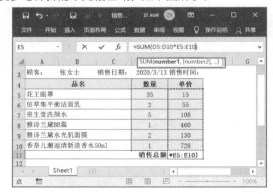

**温馨提示**

在单个单元格中使用数组公式计算数据时，单元格不能是合并后的，否则会弹出提示框提示数组公式无效。

**步骤03** 按【Ctrl+Shift+Enter】组合键，得出数组公式计算结果，如下图所示。

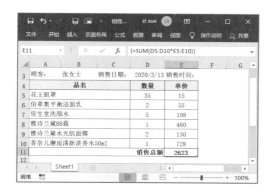

打开素材文件（位置：素材文件\第6章\销量情况 .xlsx），选中要显示计算结果的单元格 C12，输入公式【{=SUM(LARGE(B2:C11,ROW(INDIRECT("1:5"))))}】，然后按【Ctrl+Shift+Enter】组合键，即可得出最大的 5 个数据的求和结果，如下图所示。

---

**140：对数组中 N 个最大值进行求和**

| 适用版本 | 实用指数 |
| --- | --- |
| 2010、2013、2016、2019 | ★★★★☆ |

**使用说明**

当有多列数据时，在不排序的情况下，需要将这些数据中最大或最小的 N 个数据进行求和时，就要使用数组公式实现。

**解决方法**

例如，要在多列数据中，对最大的 5 个数据进行求和运算，具体操作方法如下。

---

**温馨提示**

在本操作的公式中，其函数意义介绍如下。
◎ INDIRECT：取 1~5 行。
◎ ROW：得到 {1,2,3,4,5} 数组。
◎ LARGE：求最大的 5 个数据并组成数组。
◎ SUM：将 LARGE 求得的数组进行求和。
为了便于读者理解，还可以将公式简化成【=SUM(LARGE(B2:C11,{1,2,3,4,5}))】。若要对最小的 5 个数据进行求和运算，可输入公式【=SUM(SMALL(B2:C11,ROW(INDIRECT("1:5"))))】或【=SUM(SMALL(B2:C11,{1,2,3,4,5}))】。

---

## 6.4 公式审核与错误处理

如果工作表中的公式使用错误，不仅不能计算出正确的结果，还会自动显示出一个错误值，如 #####、#NAME? 等。因此，还需要掌握一定的公式审核方法与技巧。

**141：追踪引用单元格与追踪从属单元格**

| 适用版本 | 实用指数 |
| --- | --- |
| 2010、2013、2016、2019 | ★★★★☆ |

**使用说明**

追踪引用单元格是指查看当前公式是引用哪些单元格进行计算的，追踪从属单元格与追踪引用单元格

相反，用于查看哪些公式引用了该单元格。

**解决方法**

在工作表中进行追踪引用单元格与追踪从属单元格，具体操作方法如下。

**步骤01** 打开素材文件（位置：素材文件\第6章\考勤扣款表 .xlsx），❶选中要追踪引用单元格的单元格；❷单击【公式】选项卡【公式审核】组中的【追踪引用单元格】按钮，如下图所示。

**步骤02** 即可使用箭头显示数据源引用指向，如下图所示。

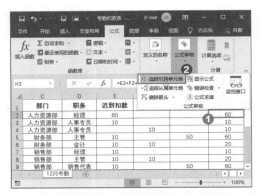

## 142：使用公式求值功能查看公式分步计算结果

| 适用版本 | 实用指数 |
|---|---|
| 2010、2013、2016、2019 | ★★★☆☆ |

### 使用说明

在工作表中使用公式计算数据后，除了可以在单元格中查看最终的计算结果外，还能使用公式求值功能查看分步计算结果。

### 解决方法

在工作表中查看分步计算结果，具体操作方法如下。

**步骤01** 打开素材文件（位置：素材文件\第6章\工资表1.xlsx），❶选中计算出结果的单元格；❷单击【公式】选项卡【公式审核】组中的【公式求值】按钮，如下图所示。

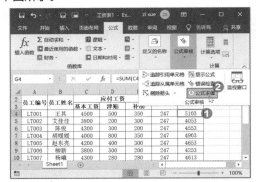

**步骤03** ❶选中追踪从属单元格的单元格；❷单击【追踪从属单元格】按钮，如下图所示。

**步骤02** 弹出【公式求值】对话框，单击【求值】按钮，如下图所示。

**步骤04** 即可使用箭头显示受当前所选单元格影响的单元格数据从属指向，如下图所示。

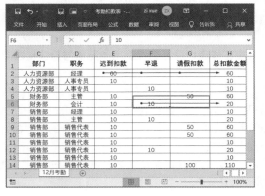

**步骤03** 将显示第一次公式计算出的值及第二次要计算的公式，如下图所示。

**步骤04** 继续单击【求值】按钮，直到完成公式的计算并显示最终结果后，单击【关闭】按钮关闭对话框即可。

---

## 143：使用错误检查功能检查公式

| 适用版本 | 实用指数 |
|---|---|
| 2010、2013、2016、2019 | ★★★☆☆ |

### 使用说明

当公式计算结果出现错误时，可以使用错误检查功能逐一对错误值进行检查。

### 解决方法

要对公式中的错误进行检查，具体操作方法如下。

**步骤01** 打开素材文件（位置：素材文件\第6章\工资表 1.xlsx），❶在数据区域中选择起始单元格；❷单击【公式】选项卡【公式审核】组中的【错误检查】按钮，如下图所示。

**步骤02** 系统开始从起始单元格进行检查，当检查到有错误公式时，会弹出【错误检查】对话框，并指出出错的单元格及错误原因。若要修改，单击【在编辑栏中编辑】按钮，如下图所示。

**步骤03** 在工作表的编辑栏中输入正确的公式，在【错误检查】对话框中单击【继续】按钮，继续检查工作表中的其他错误公式，如下图所示。

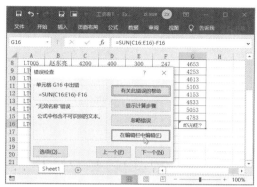

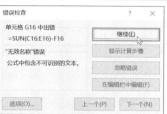

**步骤04** 当完成公式的检查后，会弹出提示框提示完成检查，单击【确定】按钮即可，如下图所示。

---

## 144：使用监视窗口来监视公式及其结果

| 适用版本 | 实用指数 |
|---|---|
| 2010、2013、2016、2019 | ★★★☆☆ |

### 使用说明

在 Excel 中，可以通过监视窗口实时查看工作表中的公式及其计算结果。在监视过程中，该监视窗口始终可见。

### 解决方法

使用监视窗口监视公式及其结果，具体操作方法如下。

**步骤01** 打开素材文件（位置：素材文件\第6章\销售清单 1.xlsx），单击【公式】选项卡【公式审核】组中的【监视窗口】按钮，如下图所示。

**步骤02** 打开的【监视窗口】对话框，单击【添加监视】按钮，如下图所示。

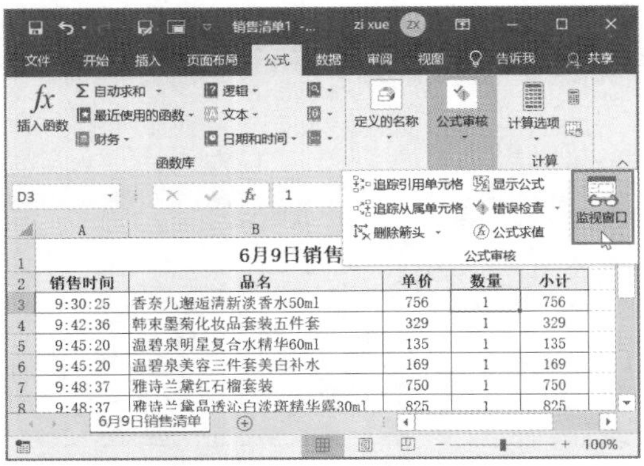


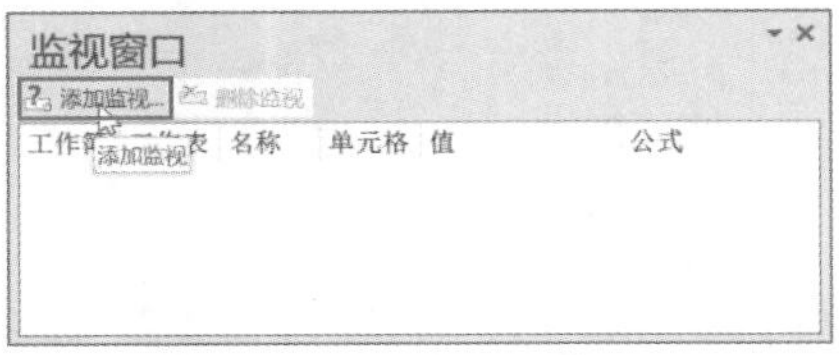


**步骤03** ❶弹出【添加监视点】对话框，将光标插入点定位到【选择您想监视其值的单元格】参数框中，在工作表中通过拖动鼠标选择需要监视的单元格区域；❷单击【添加】按钮，如下图所示。

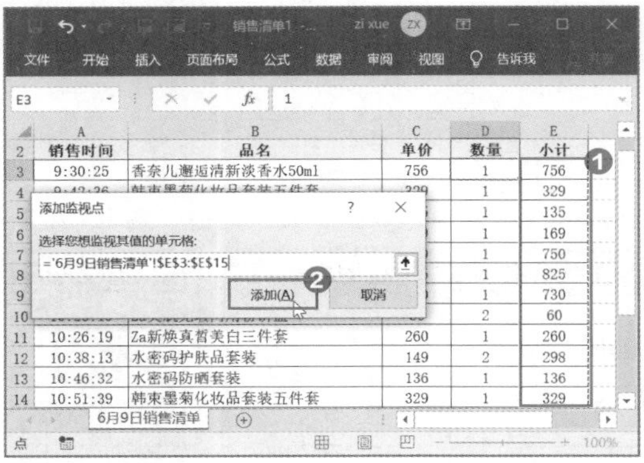


**步骤04** 经过上述操作后，在【监视窗口】对话框的列表框中将显示选择的单元格区域的内容以及所使用的公式。在列表框中双击某单元格条目，即可在工作表中选择对应的单元格，如下图所示。

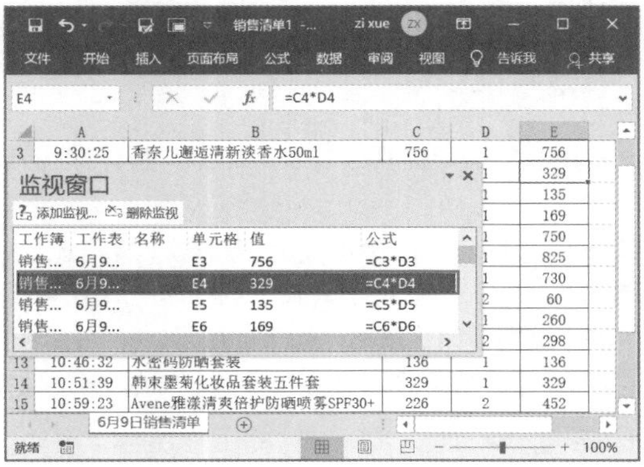


**知识拓展**

在【监视窗口】对话框的列表框中选中某单元格条目，然后单击【删除监视】按钮，可以取消对该单元格的监视。

## 145：设置公式错误检查选项

| 适用版本 | 实用指数 |
|---|---|
| 2010、2013、2016、2019 | ★★★☆☆ |

**使用说明**

默认情况下，对工作表中的数据进行计算时，若公式中出现了错误，Excel 会在单元格中出现一些提示符号，表明出现的错误类型。另外，当在单元格中输入违反规则的内容时，单元格的左上角会出现一个绿色小三角。上述情况均是 Excel 的后台错误检查在起作用，根据操作需要，可以对公式的错误检查选项进行设置，以符合自己的使用习惯。

**解决方法**

在 Excel 中设置公式错误检查选项的具体操作方法如下。

❶打开【Excel 选项】对话框，切换到【公式】选项卡；❷在【错误检查规则】栏中设置需要的规则；❸设置完成后单击【确定】按钮即可，如下图所示。

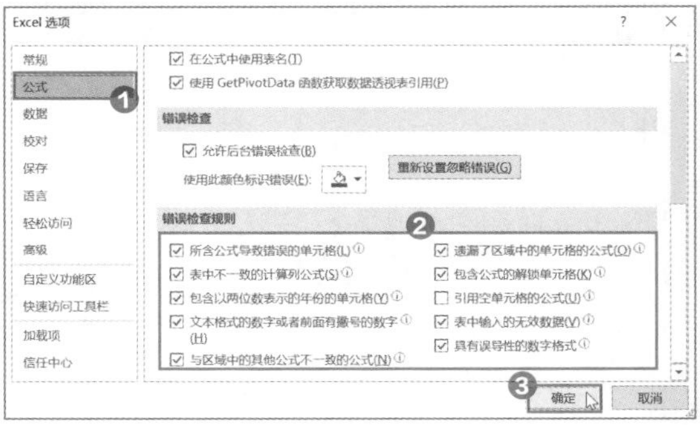


## 146：##### 错误的处理办法

| 适用版本 | 实用指数 |
|---|---|
| 2010、2013、2016、2019 | ★★★★★ |

如果工作表的列宽比较窄，使单元格无法完全显示数据，或者使用了负日期或时间时，便会出现 ##### 错误。

**解决方法**

解决 ##### 错误的具体操作方法如下。

（1）当列宽不足以显示全部内容时，直接调整列宽即可。

（2）当日期或时间为负数时，可以通过下面的方法解决。

◎ 如果用户使用的是 1900 日期系统，那么 Excel 中的日期和时间必须为正值。

◎ 如果需要对日期和时间进行减法运算，应确保建立的公式是正确的。

◎ 如果公式正确，但结果仍然是负值，可以通过将该单元格的格式设置为非日期或时间格式来显示该值。

| 147：#NULL! 错误的处理办法 | |
| --- | --- |
| 适用版本 | 实用指数 |
| 2010、2013、2016、2019 | ★★★★★ |

**使用说明**

当函数表达式中使用了不正确的区域运算符或引用的单元格区域的交集为空时，便会出现 #NULL! 错误。

**解决方法**

解决 #NULL！错误的具体操作方法如下。

◎ 使用了不正确的区域运算符：若要引用连续的单元格区域，应使用冒号分隔引用区域中的第一个单元格和最后一个单元格；若要引用不相交的两个区域，应使用联合运算符，即逗号（,）。

◎ 区域不相交：更改引用以使其相交。

| 148：#NAME? 错误的处理办法 | |
| --- | --- |
| 适用版本 | 实用指数 |
| 2010、2013、2016、2019 | ★★★★★ |

**使用说明**

当 Excel 无法识别公式中的文本时，将出现 #NAME? 错误。

**解决方法**

解决 #NAME？错误的具体操作方法如下。

◎ 区域引用中漏掉了冒号：给所有区域引用使用冒号（:）。

◎ 在公式中输入文本时没有使用双引号：公式中输入的文本必须用双引号括起来，否则 Excel 会把输入的文本内容作为名称。

◎ 函数名称拼写错误：更正函数拼写，若不知道正确的拼写，可以打开【插入函数】对话框，插入正确的函数即可。

◎ 使用了不存在的名称：打开【名称管理器】对话框，查看是否有当前使用的名称，若没有，定义一个新名称即可。

| 149：#NUM! 错误的处理办法 | |
| --- | --- |
| 适用版本 | 实用指数 |
| 2010、2013、2016、2019 | ★★★★★ |

**使用说明**

当公式或函数中使用了无效的数值时，便会出现 #NUM! 错误。

**解决方法**

解决 #NUM! 错误的具体操作方法如下。

◎ 在需要数字参数的函数中避免使用无法接受的参数：请用户确保函数中使用的参数是数字，而不是文本、时间或货币等其他格式。

◎ 输入的公式所得出的数字太大或太小，无法在 Excel 中表示：更改单元格中的公式，使运算的结果介于 - 1*10307~1*10307。

◎ 使用了进行迭代的工作表函数，且函数无法得到结果：为工作表函数使用不同的起始值，或者更改 Excel 迭代公式的次数。

**温馨提示**

更改 Excel 迭代公式次数的方法：打开【Excel 选项】对话框，切换到【公式】选项卡，在【计算选项】栏中选中【启用迭代计算】复选框，在下方设置最多迭代次数和最大误差，然后单击【确定】按钮。

### 150：#VALUE! 错误的处理办法

| 适用版本 | 实用指数 |
| --- | --- |
| 2010、2013、2016、2019 | ★★★★★ |

**使用说明**

使用的参数或操作数的类型不正确时，便会出现 #VALUE! 错误。

**解决方法**

解决 #VALUE！错误的具体操作方法如下。

◎ 输入或编辑的是数组公式，却按【Enter】键确认：完成数组公式的输入后，按【Ctrl+Shift+Enter】组合键确认。

◎ 当公式需要数字或逻辑值时，却无法输入文本：确保公式或函数所需的操作数或参数正确无误，且公式引用的单元格中包含有效的值。

### 151：#DIV/0! 错误的处理办法

| 适用版本 | 实用指数 |
| --- | --- |
| 2010、2013、2016、2019 | ★★★★★ |

**使用说明**

当数字除以零（0）时，便会出现 #DIV/0! 错误。

**解决方法**

解决 #DIV/0! 错误的具体操作方法如下。

◎ 将除数更改为非零值。

◎ 作为被除数的单元格不能为空白单元格。

### 152：#REF! 错误的处理办法

| 适用版本 | 实用指数 |
| --- | --- |
| 2010、2013、2016、2019 | ★★★★★ |

**使用说明**

当单元格引用无效时，如函数引用的单元格（区域）被删除、链接的数据不可用等，便会出现 #REF! 错误。

**解决方法**

解决 #REF! 错误的具体操作方法如下。

◎ 更改公式，或者在删除或粘贴单元格后立即单击【撤销】按钮，以恢复工作表中的单元格。

◎ 启动使用的对象链接和嵌入（OLE）链接所指向的程序。

◎ 确保使用正确的动态数据交换（DDE）主题。

◎ 检查函数以确定参数是否引用了无效的单元格或单元格区域。

### 153：#N/A 错误的处理办法

| 适用版本 | 实用指数 |
| --- | --- |
| 2010、2013、2016、2019 | ★★★★★ |

**使用说明**

当数值对函数或公式不可用时，便会出现 #N/A 错误。

**解决方法**

解决 #N/A 错误的具体操作方法如下。

◎ 确保函数或公式中的数值可用。

◎ 为工作表函数的 lookup_value 参数赋予了不正确的值：当为 MATCH、HLOOKUP、LOOKUP 或 VLOOKUP 函数的 lookup_value 参数赋予

了不正确的值时，将出现 #N/A 错误，此时的解决方法是确保 lookup_value 参数值的类型正确即可。

◎ 使用函数时省略了必需的参数：当使用内置或自定义工作表函数时，若省略了一个或多个必需的函数，便会出现 #N/A 错误，此时将函数中的所有参数输入完整即可。

## 154：通过【帮助】窗口获取错误解决方法

| 适用版本 | 实用指数 |
|---|---|
| 2010、2013、2016、2019 | ★★★☆☆ |

### 使用说明

如果在使用公式和函数计算数据的过程中出现了错误，在计算机联网的情况下，可以通过【帮助】获取错误值的相关信息，以帮助用户解决问题。

### 解决方法

通过【帮助】获取错误解决方法，具体操作方法如下。

**步骤01** 打开素材文件（位置：素材文件\第6章\工资表 1.xlsx），❶选中显示了错误值的单元格，单击错误值提示按钮 ⚠；❷弹出的下拉菜单中选择【有关此错误的帮助】命令，如下图所示。

**步骤02** 系统将自动打开【帮助】窗口，其中显示了该错误值的出现原因和解决方法，如下图所示。

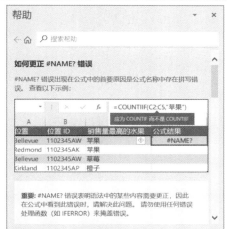

温馨提示

按【F1】键也可打开【帮助】窗口，在搜索框中输入公式错误值，单击【搜索】按钮 🔍 搜索解决方法。

# 第 7 章
# 函数的基本应用技巧

在 Excel 中，函数是系统预先定义好的公式。利用函数，可以很轻松地完成各种复杂数据的计算，并简化公式的使用。本章将针对函数的应用，介绍一些基本的技巧。

下面先来看看以下一些使用函数时的常见问题，你是否会处理或已掌握。

【√】想要用的函数只记得开头的几个字母，你知道如何使用提示功能快速输入函数吗？

【√】要使用函数来计算数据，可是又不知道使用哪个函数时，你知道如何查询函数吗？

【√】调用函数的方法有很多，你知道怎样根据实际情况调用函数吗？

【√】预算报表需要计算预算总和，你知道怎样使用 SUM 函数进行求和吗？

【√】每季度的销量表需要计算平均值，你知道怎样使用 AVERAGE 函数计算平均值吗？

【√】公司需要对销售业绩靠前的员工进行奖励，你知道怎样使用 RANK 函数计算排名吗？

希望通过本章内容的学习，能帮助你解决以上问题，并学会 Excel 函数调用和基本函数的应用技巧。

# 7.1 函数的调用

一个完整的函数表达式主要由标识符、函数名称和函数参数组成，其中，标识符就是"="，在输入函数表达式时，必须先输入【=】；函数参数主要包括常量参数、逻辑值参数、单元格引用参数、函数式和数组参数等参数类型。

使用函数进行计算前，需要先了解其基本的操作，如输入函数的方法、自定义函数等，下面就进行相关的介绍。

---

**155：在单元格中直接输入函数**

| 适用版本 | 实用指数 |
|---|---|
| 2010、2013、2016、2019 | ★★★★★ |

### 使用说明

如果知道函数名称及函数参数，可以直接在编辑栏中输入表达式，这是最常见的输入方式之一。

### 解决方法

如果要在工作表中直接输入函数表达式，具体操作方法如下。

**步骤01** 打开素材文件（位置：素材文件\第7章\销售清单.xlsx），选中要存放结果的E3单元格，在编辑栏中输入函数表达式【=PRODUCT(C3:D3)】（意思是对单元格区域C3:D3中的数值进行乘积运算），如下图所示。

**步骤02** 按【Enter】键进行确认，E3单元格中即可显示计算结果，如下图所示。

**步骤03** 利用填充功能向下复制函数，即可计算出其他产品的销售金额，如下图所示。

---

**156：通过提示功能快速输入函数**

| 适用版本 | 实用指数 |
|---|---|
| 2010、2013、2016、2019 | ★★★★★ |

### 使用说明

如果用户对函数并不是非常熟悉，在输入函数表达式的过程中，可以利用函数的提示功能进行输入，以保证输入正确的函数。

### 解决方法

如果要在工作表中利用提示功能输入函数，具体操作方法如下。

**步骤01** 打开素材文件（位置：素材文件\第7章\销售清单.xlsx），选择 E3 单元格，输入【=】，然后输入函数的首字母，例如【P】，系统会自动弹出一个下拉列表，该列表中将显示所有"P"开头的函数，此时可以在列表框中找到需要的函数，选中该函数时会出现一个浮动框，并说明了该函数的含义，如下图所示。

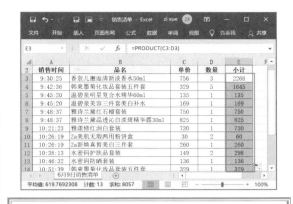

**步骤02** 双击选中的函数，即可将其输入单元格中，输入函数后可以看到函数语法提示，如下图所示。

**步骤03** 根据提示输入计算参数，如下图所示。

**步骤04** 完成输入后，按【Enter】键，即可得到计算结果。向下复制公式，计算出其他产品的销售额小计，效果如下图所示。

## 157：通过【函数库】输入函数

| 适用版本 | 实用指数 |
| --- | --- |
| 2010、2013、2016、2019 | ★★★★★ |

**使用说明**

在 Excel 窗口的功能区中有一个【函数库】组，该组中提供了多种函数类型，用户可以非常方便地调用。

**解决方法**

例如，要插入其他函数中的统计函数，具体操作方法如下。

**步骤01** 打开素材文件（位置：素材文件\第7章\食品销售表.xlsx），❶选中 E4 单元格；❷在【公式】选项卡的【函数库】组中单击需要的函数类型，本例中单击【其他函数】下拉按钮▼；❸在弹出的下拉列表中选择【统计】选项；❹在弹出的扩展菜单中单击需要的函数，如单击【AVERAGE】，如下图所示。

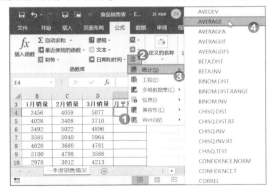

**步骤02** ❶弹出【函数参数】对话框，在【Number 1】参数框中将根据表格自动识别要进行计算的区域，

确认参与计算的区域是否正确；❷确认无误后单击【确定】按钮，如下图所示。

**步骤03** 返回工作表，即可看到计算结果。向下复制公式，计算出其他产品的月平均销量，效果如下图所示。

### 158：使用【自动求和】按钮输入函数

| 适用版本 | 实用指数 |
| --- | --- |
| 2010、2013、2016、2019 | ★★★★★ |

**使用说明**

使用函数计算数据时，求和函数、求平均值函数等用得非常频繁。因此 Excel 提供了【自动求和】按钮，通过该按钮，可以快速使用这些函数进行计算。

**解决方法**

例如，通过插入【自动求和】按钮插入求和函数，具体操作方法如下。

**步骤01** 打开素材文件（位置：素材文件\第 7 章\6月工资表 .xlsx），❶选中 H3 单元格；❷在【公式】选项卡的【函数库】组中选择【自动求和】下拉按钮 ；❸在弹出的下拉列表中选择【求和】命令，如下图所示。

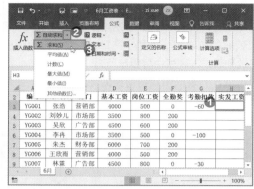

**步骤02** 将自动识别计算区域，确认计算区域，如下图所示。

**步骤03** 按【Enter】键，得出计算结果，向下复制公式，即可计算出其他员工的实发工资，如下图所示。

### 159：通过【插入函数】对话框调用函数

| 适用版本 | 实用指数 |
| --- | --- |
| 2010、2013、2016、2019 | ★★★★★ |

使用说明

Excel 提供了大约 400 个函数，如果不能确定函数的正确拼写或计算参数，建议用户使用【插入函数】对话框插入函数。

**解决方法**

例如，要通过【插入函数】对话框插入 SUM 函数，具体操作方法如下。

**步骤01** 打开素材文件（位置：素材文件\第7章\营业额统计周报表.xlsx），❶选择要存放结果的 F4 单元格；❷单击编辑栏中的【插入函数】按钮 *fx*，如下图所示。

**步骤02** ❶弹出【插入函数】对话框，在【或选择类别】下拉列表中选择函数类别；❷在【选择函数】列表框中选择需要的函数，如【SUM】函数；❸单击【确定】按钮，如下图所示。

**步骤03** ❶弹出【函数参数】对话框，在【Number1】参数框中设置要进行计算的参数；❷单击【确定】按钮，如下图所示。

**步骤04** 返回工作表，即可看到计算结果，如下图所示。

**步骤05** 通过填充功能向下复制函数，计算出其他时间的营业额总计，如下图所示。

**知识拓展**

在工作表中选择要存放结果的单元格后，切换到【公式】选项卡，单击【函数库】组中的【插入函数】按钮，也可以打开【插入函数】对话框。

160：使用嵌套函数计算数据

| 适用版本 | 实用指数 |
| --- | --- |
| 2010、2013、2016、2019 | ★★★★☆ |

**使用说明**

在使用函数计算某些数据时，有时一个函数并不能达到想要的结果，此时就需要使用多个函数进行嵌套。嵌套函数就是将某个函数或函数的返回值作为另一个函数的计算参数来使用。在嵌套函数中，Excel会先计算最深层的嵌套表达式，再逐步向外计算其他表达式。

**解决方法**

使用嵌套函数计算数据的具体操作方法如下。

**步骤01** 打开素材文件（位置：素材文件\第7章\6月工资表 1.xlsx），选中要存放结果的 H14 单元格，输入公式【=AVERAGE(IF(C3:C12=" 广告部 ",H3:H12))】。在该公式中，将先执行 IF 函数，再执行 AVERAGE 函数，用于计算部门为广告部的平均收入，如下图所示。

**步骤02** 本例中输入的函数涉及数组，因此完成输入后需要按【Ctrl+Shift+Enter】组合键，即可得出计算结果，如下图所示。

## 7.2 常用函数的应用

在日常事务处理中，使用频率最高的函数主要有求和函数、求平均值函数、求最大值函数及求最小值函数等。下面就分别介绍这些函数的使用方法。

161：使用 SUM 函数进行求和运算

| 适用版本 | 实用指数 |
| --- | --- |
| 2010、2013、2016、2019 | ★★★★★ |

**使用说明**

在 Excel 中，SUM 函数的使用非常频繁，主要用于返回某一单元格区域中所有数字之和。SUM 函数的语法为 =SUM(number1, number2,...)。其中，number1,number2,... 表示参加计算的 1~255 个参数。

例如，使用 SUM 函数计算总销售额，具体操作方法如下。

**步骤01** 打开素材文件（位置：素材文件\第7章\年度销售额统计表 .xlsx），选择要存放结果的 F3 单元格，输入公式【=SUM(B3:E3)】，按【Enter】键，即可得出计算结果，如下图所示。

**步骤02** 通过填充功能向下复制公式，计算出所有人的销售总量，如下图所示。

### 162：使用 AVERAGE 函数计算平均值

| 适用版本 | 实用指数 |
| --- | --- |
| 2010、2013、2016、2019 | ★★★★★ |

#### 使用说明

AVERAGE 函数用于返回参数的平均值，即对选择的单元格或单元格区域进行算术平均值运算。AVERAGE 函数的语法为 =AVERAGE(number1, number2,...)。其中，number1,number2,... 表示要计算平均值的 1~255 个参数。

#### 解决方法

例如，使用 AVERAGE 函数计算各月的平均销售额，具体操作方法如下。

**步骤01** 打开素材文件（位置：素材文件\第 7 章\洗涤用品销售报表 .xlsx），❶选中要存放结果的 B11 单元格；❷单击【公式】选项卡【函数库】组中的【自动求和】下拉按钮 ▾；❸在弹出的下拉菜单中选择【平均值】选项，如下图所示。

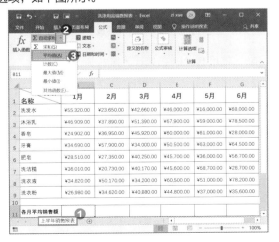

**步骤02** 在所选单元格中插入计算平均值的 AVERAGE 函数，选择需要计算的 B2:B9 单元格区域，如下图所示。

**步骤03** 按【Enter】键计算出平均值，然后使用填充功能向右复制公式，即可计算出其他月份的平均销售额，如下图所示。

### 163：使用 MAX 函数计算最大值

| 适用版本 | 实用指数 |
| --- | --- |
| 2010、2013、2016、2019 | ★★★★★ |

#### 使用说明

MAX 函数用于计算一串数值中的最大值，即对选择单元格区域中的数据进行比较，找到最大的数值并返回到目标单元格。MAX 函数的语法为 =MAX(number1,number2,...)。其中，number1,number2,... 表示要参与比较找出最大值的 1~255 个参数。

**解决方法**

例如，使用 MAX 函数计算各月的最高销售额，具体操作方法如下。

**步骤01** 在上例的"洗涤用品销售报表.xlsx"中选择要存放结果的 B12 单元格，输入公式【=MAX(B2:B9)】，按【Enter】键，即可得出计算结果，如下图所示。

**步骤02** 通过填充功能向右复制公式，即可计算出其他月份的最高销售额，如下图所示。

---

### 164：使用 MIN 函数计算最小值

| 适用版本 | 实用指数 | |
| --- | --- | --- |
| 2010、2013、2016、2019 | ★★★★★ |  |

**使用说明**

与 MAX 函数的作用相反，MIN 函数用于计算一串数值中的最小值，即对选择的单元格区域中的数据进行比较，找到最小的数值并返回到目标单元格。

---

MIN 函数的语法为 =MIN(number1,number2,...)。其中，number1,number2,... 表示要参与比较找出最小值的 1~255 个参数。

**解决方法**

例如，使用 MIN 函数计算各月的最低销售额，具体操作方法如下。

**步骤01** 在上例的"洗涤用品销售报表.xlsx"中选择要存放结果的 B13 单元格，输入公式【=MIN(B2:B9)】，按【Enter】键，即可得出计算结果，如下图所示。

**步骤02** 通过填充功能向右复制公式，即可计算出其他月份的最低销售额，如下图所示。

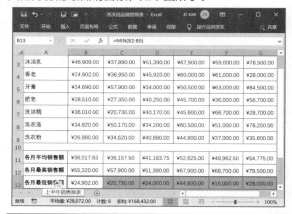

---

### 165：使用 RANK 函数计算排名

| | 适用版本 | 实用指数 |
| --- | --- | --- |
|  | 2010、2013、2016、2019 | ★★★★★ |

**使用说明**

RANK 函数用于返回一个数值在一组数值中的

排名，即让指定的数据在一组数据中进行比较，将比较的名次返回到目标单元格中。RANK 函数的语法为 =RANK(number,ref, order)。其中，number 表示要在数据区域中进行比较的指定数据；ref 表示包含一组数字节的数组或引用，其中的非数值型参数将被忽略；order 表示数字，指定排名的方式。若 order 为 0 或省略，则按降序排列的数据清单进行排名；如果 order 不为 0，则按升序排列的数据清单进行排名。

### 解决方法

例如，使用 RANK 函数计算销售总量的排名，具体操作方法如下。

**步骤01** 打开素材文件（位置：素材文件\第 7 章\新员工培训成绩表 .xlsx），选中要存放结果的 I2 单元格，输入公式【 =RANK(H2,$H$2:$H$23) 】，按【 Enter 】键，即可得出计算结果，如下图所示。

**步骤02** 通过填充功能向下复制公式，即可计算出每位新员工的排名，如下图所示。

### 166：使用 COUNTA 函数统计非空单元格

| 适用版本 | 实用指数 | |
| --- | --- | --- |
| 2010、2013、2016、2019 | ★★★★★ |  |

### 使用说明

COUNTA 函数可以对单元格区域中非空单元格的个数进行统计。COUNTA 函数的语法为 =COUNTA(value1,value2,...)。其中，value1,value2,... 表示参加计数的 1~255 个参数，代表要进行计数的值和单元格，值可以是任意类型的信息。

### 解决方法

例如，使用 COUNTA 函数统计新员工人数，具体操作方法如下。

继续上例操作，在 A25 单元格中输入【新员工人数】，选择 B25 单元格，输入公式【 =COUNTA(B2:B23) 】，按【 Enter 】键，即可得出计算结果，如下图所示。

### 167：使用 IF 函数执行条件检测

| 适用版本 | 实用指数 | |
| --- | --- | --- |
| 2010、2013、2016、2019 | ★★★★★ |  |

### 使用说明

IF 函数的功能是根据对指定的条件计算结果为 TRUE 或 FALSE，返回不同的结果。使用 IF 函数可以对数值和公式执行条件进行检测。

IF 函 数 的 语 法 结 构 为 IF(logical_test,value_if_true,value_if_false)。其中，各个函数参数的含义如下。

◎ logical_test：表示计算结果为 TRUE 或 FALSE 的任意值或表达式。例如，"B5>100"是一个逻辑表达式，若单元格 B5 中的值大于 100，则表达式的计算结果为 TRUE；否则为 FALSE。

◎ value_if_true：是 logical_test 参数为 TRUE 时返回的值。例如，若此参数是文本字符串"合格"，而且 logical_test 参数的计算结果为 TRUE，则返回结果"合格"；若 logical_test 为 TRUE 而 value_if_true 为空时，则返回值 0（零）。

◎ value_if_false：是 logical_test 为 FALSE 时返回的值。例如，若此参数是文本字符串"不合格"，而 logical_test 参数的计算结果为 FALSE，则返回结果"不合格"；若 logical_test 为 FALSE 而 value_if_false 被省略，即 value_if_true 后面没有逗号，则会返回逻辑值 FALSE；若 logical_test 为 FALSE 且 value_if_false 为空，即 value_if_true 后面有逗号且紧跟着右括号，则会返回值 0（零）。

**解决方法**

例如，以表格中的总分为关键字，80 分以上（含 80 分）的为"录用"，其余的则为"淘汰"，具体操作方法如下。

**步骤01** 打开素材文件（位置：素材文件\第 7 章\新进员工考核表 .xlsx），❶选择要存放结果的 G4 单元格；❷单击【公式】选项卡【函数库】组中的【插入函数】按钮，如下图所示。

**步骤02** ❶打开【插入函数】对话框，在【选择函数】列表框中选择【IF】函数；❷单击【确定】按钮，如下图所示。

**步骤03** ❶打开【函数参数】对话框，设置【Logical_test】为【F2>=80】，【Value_if_true】为【"录用"】，【Value_if_false】为【"淘汰"】；❷单击【确定】按钮，

如下图所示。

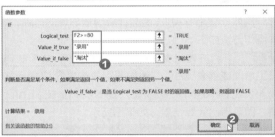

**步骤04** 利用填充功能向下复制公式，即可计算出其他员工的录用情况，如下图所示。

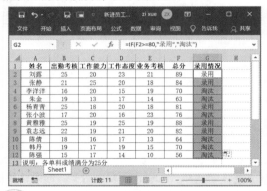

**知识拓展**

在实际应用中，一个 IF 函数可能满足不了工作的需要，这时可以使用多个 IF 函数进行嵌套。IF 函数嵌套的语法为 IF(logical_test,value_if_true,IF(logical_test,value_if_true,IF(logical_test,value_if_true,...,value_if_false)))。通俗地讲，可以理解成"如果（某条件，条件成立返回的结果，（某条件，条件成立返回的结果，（某条件，条件成立返回的结果，...，条件不成立返回的结果)))"。例如，在本例中以表格中的"总分"为关键字，80 分以上（含 80 分）的为"录用"，70 分以上（含 70 分）的为"有待观察"，其余的则为"淘汰"，G4 单元格的函数表达式就为【=IF(F4>=80,"录用",IF(F4>=70,"有待观察","淘汰"))】。

## 168：使用 VLOOKUP 函数在区域或数组的列中查找数据

| 适用版本 | 实用指数 |
|---|---|
| 2010、2013、2016、2019 | ★★★☆☆ |

### 使用说明

VLOOKUP 函数用于搜索某个单元格区域的第一列，然后返回该区域相同行上任何单元格中的值。VLOOKUP 函 数 的 语 法 为 =VLOOKUP(lookup_value,table_array,col_index_num,[range_lookup])，各参数的含义介绍如下。

◎ lookup_value（必选）：要查找的值。要查找的值必须位于 table_array 中指定的单元格区域的第一列中。

◎ table_array（必选）：指定查找范围。VLOOKUP 函数在 table_array 中搜索 lookup_value 和返回值的单元格区域。

◎ col_index_num（必选）：为 table_array 参数中待返回的匹配值的列号。该参数为 1 时，返回 table_array 参数中第一列中的值；该参数为 2 时，返回 table_array 参数中第二列中的值，以此类推。

◎ range_lookup（可选）：一个逻辑值，指定希望 VLOOKUP 函数查找精确匹配值还是近似匹配值。如果参数 range_lookup 为 TRUE 或被省略，则精确匹配；如果为 FALSE，则大致匹配。

### 解决方法

例如，使用 VLOOKUP 函数制作一个简单的动态查询系统，动态查询指定员工每个季度的销售额以及全年总销售额，具体操作方法如下。

**步骤01** 打开素材文件（位置：素材文件\第7章\员工销售额统计表 .xlsx），❶新建一个名为"查询表"的工作表，在工作表中输入相应的内容，并对格式进行相应的设置，选择 C3 单元格；❷单击【公式】选项卡【函数库】组中的【插入函数】按钮，如下图所示。

**步骤02** ❶打开【插入函数】对话框，在【或选择类别】下拉列表中选择【查找与引用】选项；❷在【选择函数】列表框中选择【VLOOKUP】选项；❸单击【确定】按钮，如下图所示。

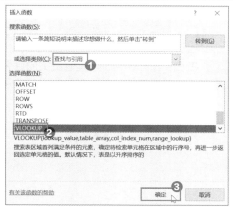

**步骤03** ❶打开【函数参数】对话框，每个参数框中输入参数值；❷单击【确定】按钮，如下图所示。

**步骤04** 查找出张成第一季度的销售额，向下复制公式，由于 VLOOKUP 函数的第 3 个参数（查找的列）不正确，导致复制公式的计算结果一致，如下图所示。

**步骤05** 依次将 C4:C7 单元格区域公式中的第 3 个参数【2】更改为【3】【4】【5】【6】，按【Enter】键计算出正确的结果，如下图所示。

**步骤06** 在 C2 单元格中输入其他员工的姓名，如输入【李林】，即可查看该员工各季度以及全年总的销售额，如下图所示。

### 知识拓展

如果 col_index_num 大于 table_array 中的列数，就会显示错误值【#REF!】；如果 table_array 小于 1，就会显示错误值【#VALUE!】。

# 第 8 章
# 数学函数和统计函数的应用技巧

在办公过程中，数学函数和统计函数都是比较常用的函数。利用这些函数，不仅可以进行一些常规的求和、乘积、平均值等运算，还可以根据条件进行求和、统计。本章将介绍 Excel 中数学函数和统计函数的使用方法，以及在办公中的实际应用。

下面先来看看以下一些数学函数和统计函数中的常见问题，你是否会处理或已掌握。

【√】人事工作需要掌握每一位员工的考核情况，你知道如何统计员工考核成绩的波动情况吗？

【√】想要对数字进行四舍五入，你知道应该怎样操作吗？

【√】在进行求和计算时，如何才能对满足条件的数据进行求和呢？

【√】在登记表中，想要统计一共有多少个登记名称，使用哪个函数比较方便？

【√】要返回一组非空值中的最大值和最小值，需要使用什么函数来进行统计？

希望通过本章内容的学习，能帮助你解决以上问题，并学会 Excel 更多数学函数和统计函数的应用技巧。

## 8.1 数学函数的应用

在对表格中的数据进行求和、乘积、乘积之和、除法余数等进行计算时，需要用到 Excel 中的数学函数。下面将对日常工作中常用的数学函数应用技巧进行介绍。

### 169：使用 SUMIF 函数按条件求和

| 适用版本 | 实用指数 |
|---|---|
| 2010、2013、2016、2019 | ★★★★★ |

**使用说明**

SUMIF 函数用于对满足条件的单元格进行求和运算。SUMIF 函数的语法为 =SUMIF(range, criteria,[sum_range])，各参数的含义介绍如下。

◎ range：要进行计算的单元格区域。

◎ criteria：单元格求和的条件，其形式可以为数字、表达式或文本形式等。

◎ sum_range：用于求和运算的实际单元格，若省略，将使用区域中的单元格。

**解决方法**

例如，使用 SUMIF 函数统计不同地区不同产品的总销量，具体操作方法如下。

**步骤01** 打开素材文件（位置：素材文件\第8章\汽车销售表 .xlsx），选中要存放结果的 G2 单元格，输入公式【=SUMIF($B$2:$B$15,F2,$C$2:$C$15】，按【Enter】键，即可得到计算结果，如下图所示。

**步骤02** 向下复制公式至 G5 单元格，即可计算出产品 A 在不同地区的销售总量，如下图所示。

**步骤03** 在 H2 单元格中输入公式【=SUMIF($B$2:$B$15,F2,$D$2:$D$15)】，按【Enter】键计算出结果，再向下复制公式，计算出产品 B 在不同地区的销售总量，如下图所示。

### 170：使用 SUMIFS 函数进行多条件求和

| 适用版本 | 实用指数 |
|---|---|
| 2010、2013、2016、2019 | ★★★★★ |

**使用说明**

如果需要对区域中满足多个条件的单元格求和，可以通过 SUMIFS 函数实现。

SUMIFS 函数的语法为 =SUMIFS(sum_range, criteria_range1,criteria1,[criteria_range2, criteria2],...)，各参数的含义介绍如下。

◎ sum_range（必选）：要进行求和的一个或多个单元格，包括数字或包含数字的名称、区域或单元格引用，忽略空白和文本值。

◎ criteria_range1（必选）：要为特定条件计算的单元格区域。

◎ criteria1（必选）：是数字、表达式或文本形式的条件，它定义了单元格求和的范围，也可以用来定义将对 criteria_range1 参数中的哪些单元格求和。例如，条件可以表示为 135、"<135"、C14、"电视机" 或 "135"。

◎ criteria_range2,criteria2（可选）：附加的区域及其关联条件，最多允许 127 个区域/条件对。

### 解决方法

例如，在"厨房小家电销售情况 .xlsx"中，计算美的电烤箱总销售额和美的（除电烤箱）外的总销售额，具体操作方法如下。

**步骤01** 打开素材文件（位置：素材文件\第8章\厨房小家电销售情况 .xlsx），选中要存放结果的 F27 单元格，输入公式【=SUMIFS(F3:F26,B3:B26," 电烤箱 ",C3:C26," 美的 ")】，按【Enter】键，即可计算出美的电烤箱的总销售额，如下图所示。

| A | B | C | D | E | F | H |
|---|---|---|---|---|---|---|
| 14 | 2020/6/22 | 电烤箱 | 格兰仕 | 33 | 703 | 23199 |
| 15 | 2020/6/23 | 微波炉 | 美的 | 37 | 229 | 8473 |
| 16 | 2020/6/24 | 豆浆机 | 九阳 | 32 | 338 | 10816 |
| 17 | 2020/6/24 | 电烤箱 | 格兰仕 | 29 | 703 | 20387 |
| 18 | 2020/6/27 | 电饭煲 | 苏泊尔 | 46 | 420 | 19320 |
| 19 | 2020/6/27 | 料理机 | 美的 | 46 | 159 | 7314 |
| 20 | 2020/6/29 | 电烤箱 | 美的 | 23 | 598 | 13754 |
| 21 | 2020/6/30 | 微波炉 | 格兰仕 | 21 | 459 | 9639 |
| 22 | 2020/7/3 | 料理机 | 九阳 | 19 | 258 | 4902 |
| 23 | 2020/7/5 | 电磁炉 | 美的 | 26 | 320 | 8320 |
| 24 | 2020/7/5 | 电饭煲 | 美的 | 17 | 409 | 6953 |
| 25 | 2020/7/7 | 电烤箱 | 美的 | 25 | 598 | 14950 |
| 26 | 2020/7/7 | 电磁炉 | 九阳 | 30 | 312 | 9360 |
| 27 | 计算美的电烤箱的总销售额 | | | | 28704 | |
| 28 | 计算美的（除电烤箱）外的总销售额 | | | | | |

**步骤02** 选中要存放结果的 F28 单元格，输入公式【=SUMIFS(F3:F26, B3:B26,"<> 电烤箱 ",C3:C26," 美的 ")】，按【Enter】键，即可计算出美的（除电烤箱外）的总销售额，如下图所示。

| A | B | C | D | E | F |
|---|---|---|---|---|---|
| 14 | 2020/6/22 | 电烤箱 | 格兰仕 | 33 | 703 | 23199 |
| 15 | 2020/6/23 | 微波炉 | 美的 | 37 | 229 | 8473 |
| 16 | 2020/6/24 | 豆浆机 | 九阳 | 32 | 338 | 10816 |
| 17 | 2020/6/24 | 电烤箱 | 格兰仕 | 29 | 703 | 20387 |
| 18 | 2020/6/27 | 电饭煲 | 苏泊尔 | 46 | 420 | 19320 |
| 19 | 2020/6/27 | 料理机 | 美的 | 46 | 159 | 7314 |
| 20 | 2020/6/29 | 电烤箱 | 美的 | 23 | 598 | 13754 |
| 21 | 2020/6/30 | 微波炉 | 格兰仕 | 21 | 459 | 9639 |
| 22 | 2020/7/3 | 料理机 | 九阳 | 19 | 258 | 4902 |
| 23 | 2020/7/5 | 电磁炉 | 美的 | 26 | 320 | 8320 |
| 24 | 2020/7/5 | 电饭煲 | 美的 | 17 | 409 | 6953 |
| 25 | 2020/7/7 | 电烤箱 | 美的 | 25 | 598 | 14950 |
| 26 | 2020/7/7 | 电磁炉 | 九阳 | 30 | 312 | 9360 |
| 27 | 美的电烤箱的总销售额 | | | | 28704 | |
| 28 | 美的（除电烤箱外）的总销售额 | | | | 65784 | |

---

### 171：使用 SUMPRODUCT 函数计算对应的数组元素的乘积之和

| 适用版本 | 实用指数 |
|---|---|
| 2010、2013、2016、2019 | ★★★★★ |

### 使用说明

如果需要在给定的几组数组中，将数组间对应的元素相乘，并返回乘积之和，可以通过 SUMPRODUCT 函数实现。

SUMPRODUCT 函数的语法为 SUMPRODUCT(array1,[array2],[array3],...)。其中，参数 array1、array2、array3 等为其相应元素需要进行相乘并求和的数组参数。

### 解决方法

例如，在"日销售记录表 .xlsx"中，统计各销售店的总销售额，具体操作方法如下。

**步骤01** 打开素材文件（位置：素材文件\第8章\日销售记录表 .xlsx），在 J2 单元格中输入公式【=SUMPRODUCT((($C$2:$C$19=I2)*($F$2:$F$19)*($G$2:$G$19))】，计算出金牛店当日的总销售额，如下图所示。

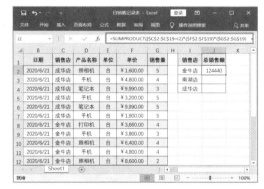

### 温馨提示

公式中的"$C$2:$C$19=I2"部分表示判断销售店，该部分得到的是一个逻辑数组，即由 TRUE 和 FALSE 组成的结果。当销售数据属于金牛店时，返回逻辑值 TRUE，相当于 1；否则返回 FALSE，相当于 0。

**步骤02** 向下复制公式至 J4 单元格，即可计算出南湖店和成华店的总销售额，如下图所示。

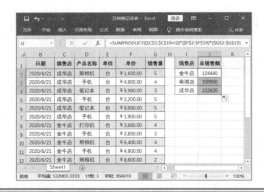

## 172：使用 ROUND 函数对数据进行四舍五入

| 适用版本 | 实用指数 |
|---|---|
| 2010、2013、2016、2019 | ★★★★☆ |

### 使用说明

ROUND 函数可以按指定的位数对数值进行四舍五入。ROUND 函数的语法为 ROUND(number, num_digits)，各参数含义介绍如下。

◎ number：要进行四舍五入的数值。

◎ num_digits：执行四舍五入时需要保留的小数位数。若该参数为正数，则四舍五入到指定的小数位；若该参数为 0，则四舍五入到最接近的整数；若该参数为负数，则在小数点左侧进行四舍五入。

### 解决方法

例如，希望对数据进行四舍五入，并只保留两位数，具体操作方法如下。

**步骤01** 新建一个空白工作簿，输入数据，选中要存放结果的 B2 单元格，输入公式【=ROUND(A2,2)】，按【Enter】键，即可得到计算结果，如下图所示。

**步骤02** 利用填充功能向下复制公式，即可对其他数据进行四舍五入，如下图所示。

## 173：使用 MOD 函数计算除法的余数

| 适用版本 | 实用指数 |
|---|---|
| 2010、2013、2016、2019 | ★★★★☆ |

### 使用说明

如果需要返回两数相除的余数，可以通过 MOD 函数实现。MOD 函数的语法为 =MOD(number, divisor)。其中，参数 number 为被除数，参数 divisor 为除数。

### 解决方法

例如，要计算被除数和除数的余数，具体操作方法如下。

**步骤01** 在新建的空白工作簿中输入相应的数据，在 C2 单元格中输入公式【=MOD(A2,B2)】，按【Enter】键，即可得到计算结果，如下图所示。

**步骤02** 利用填充功能向下复制公式，即可计算出其他被除数和除数的余数，如下图所示。

## 174：使用 RANDBETWEEN 函数返回两个指定数之间的一个随机数

| 适用版本 | 实用指数 |
|---|---|
| 2010、2013、2016、2019 | ★★★☆☆ |

### 使用说明

RANDBETWEEN 函数用于返回任意两个数之间的一个随机数，每次计算工作表时都将返回一个新的随机实数。

RANDBETWEEN 函数的语法为 =RANDBETWEEN(bottom,top)，各参数的含义介绍如下。

◎ bottom（必选）：是 RANDBETWEEN 函数能返回的最小整数。

◎ top（必选）：是 RANDBETWEEN 函数能返回的最大整数。

### 解决方法

例如，要在 100~200 随机抽取 42 个数，具体操作方法如下。

**步骤01** 在空白工作簿中选择放置 42 个随机数的单元格区域，输入公式【=RANDBETWEEN(100,200)】，如下图所示。

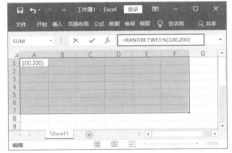

**步骤02** 按【Ctrl+Enter】组合键确认，即可得到 100~200 的 42 个随机数，如下图所示。

### 温馨提示

若输入函数【=RANDBETWEEN(100,200)*2】，则可以返回 100~200 的随机偶数；若输入函数【=RANDBETWEEN(100,200)*2−1】，则可以输入 100~200 的随机奇数。

在单元格中返回随机数后，按【F9】键，可以重新计算，并得出新的随机数。

## 175：使用 PRODUCT 函数计算乘积

| 适用版本 | 实用指数 |
|---|---|
| 2010、2013、2016、2019 | ★★★★☆ |

### 使用说明

PRODUCT 函数用于计算所有参数的乘积。PRODUCT 函数的语法为 =PRODUCT(number1, number2,...)。其中 number1,number2,... 表示要参与乘积计算的 1~255 个参数。

### 解决方法

例如，使用 PRODUCT 函数计算销售金额，具体操作方法如下。

**步骤01** 打开素材文件（位置：素材文件\第 8 章\销售订单 .xlsx），选中存放结果的 F5 单元格，输入公式【=PRODUCT(D5:E5)】，按【Enter】键，即可得出计算结果，如下图所示。

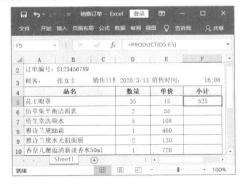

**步骤02** 利用填充功能向下复制公式，即可得出所有商品的销售金额，如下图所示。

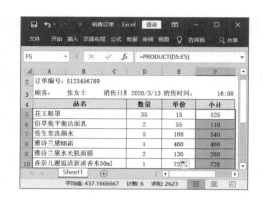

## 8.2 统计函数的应用

在实际工作中，经常需要统计各部门人数、各学历人数、男女人数等，此时就需要用到统计函数。下面将对常用的统计函数应用技巧进行介绍。

### 176：使用 AVERAGEIF 函数计算指定条件的平均值

| 适用版本 | 实用指数 |
| --- | --- |
| 2010、2013、2016、2019 | ★★★★☆ |

#### 使用说明

如果需要计算满足给定条件的单元格的平均值，可以通过 AVERAGEIF 函数实现。AVERAGEIF 函数的语法为 =AVERAGEIF(range,criteria,[average_range])，各参数的含义介绍如下。

◎ range（必选）：要计算平均值的一个或多个单元格，其中包括数字或包含数字的名称、数组或引用。

◎ criteria（必选）：数字、表达式、单元格引用或文本形式的条件，用于定义要对哪些单元格计算平均值。例如，条件可以表示为 25、"25"、">25"、"空调" 或 B1。

◎ average_range（可选）：要计算平均值的实际单元格集。如果省略，则使用 range。

#### 解决方法

例如，在"员工销售情况 .xlsx"中计算销售总额大于 30000 元的平均销售额，具体操作方法如下。

打开素材文件（位置：素材文件\第 8 章\员工销售情况 .xlsx），选中要存放结果的 E12 单元格，

输入公式【=AVERAGEIF(D2:D11, ">30000")】，按【Enter】键，即可得到计算结果，如下图所示。

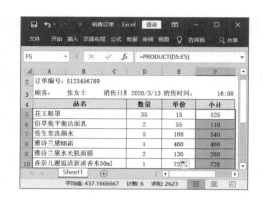

#### 温馨提示

如果条件中的单元格为空单元格，AVERAGEIF 函数就会将其视为 0 值；如果区域中没有满足条件的单元格，则 AVERAGEIF 会返回错误值【#DIV/0!】。

### 177：使用 AVERAGEIFS 函数计算多条件平均值

| 适用版本 | 实用指数 |
| --- | --- |
| 2010、2013、2016、2019 | ★★★☆☆ |

如果需要计算满足多重条件的单元格的平均值，可以通过 AVERAGEIFS 函数实现。

AVERAGEIFS 函数的语法为 =AVERAGEIFS (average_range,criteria_range1,criteria1,[criteria_range2,criteria2],...)，各参数的含义介绍如下。

◎ average_range（必选）：要计算平均值的一个或多个单元格，其中包括数字或包含数字的名称、数组或引用。

◎ criteria_range1、criteria_range2,...：criteria_range1 是必选的，随后的 criteria_range2,... 是可选的。在其中计算关联条件的 1 ~ 127 个区域。

◎ criteria1、criteria2,...：criteria1 是必选的，随后的 criteria2 是可选的。代表数字、表达式、单元格引用或文本形式的 1~127 个条件，用于定义将对哪些单元格求平均值。

例如，在一些比赛中进行评分时，通常需要去掉一个最高分和一个最低分，然后再求平均值，此时便可通过 AVERAGEIFS 函数实现，具体操作方法如下。

**步骤01** 打开素材文件（位置：素材文件\第 8 章\比赛评分 .xlsx），选中要存放结果的 I4 单元格，输入公式【=AVERAGEIFS(B4:H4,B4:H4,">"&MIN(B4:H4),B4:H4,"<"&MAX(B4:H4))】，按【Enter】键，即可得到计算结果，如下图所示。

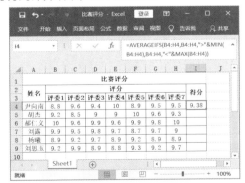

使用 AVERAGEIFS 函数进行计算时，若 average_range 为空值或文本值，则返回错误值【#DIV0!】；若 average_range 中的单元格无法转换为数字，则会返回错误值【#DIV0!】；若没有满足所有条件的单元格，则返回错误值

【#DIV/0!】；若条件区域中的单元格为空，则 AVERAGEIFS 函数将其视为 0 值；仅当 average_range 中的每个单元格满足为其指定的所有相应条件时，才对这些单元格进行平均值计算；区域中包含 TRUE 的单元格计算为 1，包含 FALSE 的单元格计算为 0。

**步骤02** 利用填充功能向下复制公式，即可计算出其他人员的得分，如下图所示。

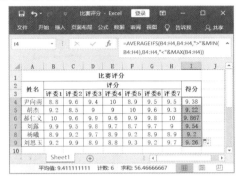

### 178：使用 COUNT 函数计算参数中包含数字的个数

| 适用版本 | 实用指数 | |
| --- | --- | --- |
| 2007、2010、2013、2016 | ★★★★☆ |  |

COUNT 函数用于计算区域中包含数字的单元格的个数。COUNT 函数的语法为 =COUNT(value1, value2,...)。其中，value1，value2,... 为要计数的 1~255 个参数。

例如，使用 COUNT 函数统计员工人数，具体操作方法如下。

如果本例根据 B2:B16 单元格区域来统计员工人数，将得到结果 0，因为 B2:B16 单元格区域中的数据是文本型数值，而 COUNT 函数只能对包含数字型的数据的单元格个数进行统计。

打开素材文件（位置：素材文件\第 8 章\员工信息登记表 .xlsx），选中要存放结果的 B17 单元格，输入公式【=COUNT(A2:A16)】，按【Enter】键，即可得出计算结果，如下图所示。

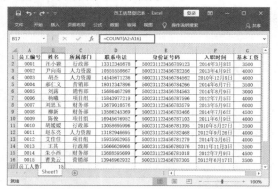

## 179：使用 COUNTIF 函数进行条件统计

| 适用版本 | 实用指数 |
| --- | --- |
| 2010、2013、2016、2019 | ★★★★★ |

### 使用说明

COUNTIF 函数用于统计某区域中满足给定条件的单元格数目。COUNTIF 函数的语法为 =COUNTIF (range,criteria)。其中，range 表示要统计单元格数目的区域；criteria 表示给定的条件，其形式可以是数字、文本等。

### 解决方法

例如，使用 COUNTIF 函数统计工龄大于等于 5 年的员工人数和人力资源部门的员工人数，具体操作方法如下。

**步骤01** 打开素材文件（位置：素材文件\第8章\员工信息表 .xlsx），选中要存放结果的 D15 单元格，输入公式【=COUNTIF(H2:H13,">=5")】，按【Enter】键，即可得到计算结果，如下图所示。

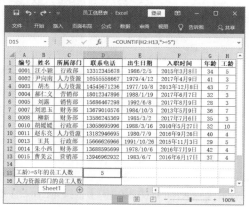

**步骤02** 选中要存放结果的 D16 单元格，输入公式【=COUNTIF(C2:C13," 人力资源 ")】，按【Enter】键，即可得到计算结果，如下图所示。

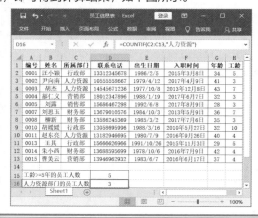

## 180：使用 COUNTBLANK 函数统计空白单元格

| 适用版本 | 实用指数 |
| --- | --- |
| 2010、2013、2016、2019 | ★★★★☆ |

### 使用说明

COUNTBLANK 函数用于统计某个区域中空白单元格的个数。COUNTBLANK 函数的语法为 =COUNTBLANK(range)。其中，range 为需要计算空白单元格数目的区域。

### 解决方法

例如，使用 COUNTBLANK 函数统计无总分成绩人数，具体操作方法如下。

打开素材文件（位置：素材文件\第8章\新进员工考核表 1.xlsx），选中要存放结果的 C15 单元格，输入函数【=COUNTBLANK (F4:F13)】，按【Enter】键，即可得到计算结果，如下图所示。

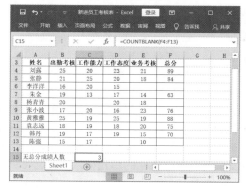

## 181：使用 COUNTIFS 函数进行多条件统计

| 适用版本 | 实用指数 |
|---|---|
| 2010、2013、2016、2019 | ★★★★★ |

### 使用说明

如果要将条件应用于跨多个区域的单元格，并计算符合所有条件的单元格数目，可以通过 COUNTIFS 函数实现。COUNTIFS 函数的语法为 =COUNTIFS(criteria_range1,criteria1,[criteria_range2,criteria2],...)，各参数的含义介绍如下。

◎ criteria_range1（必选）：在其中计算关联条件的第一个区域。

◎ criteria1（必选）：表示要进行判断的第 1 个条件，条件的形式为数字、表达式、单元格引用或文本，可以用来定义将对哪些单元格进行计数。

◎ criteria_range2, criteria2,...（可选）：附加的区域及其关联条件，最多允许 127 个区域/条件对。

### 解决方法

例如，使用 COUNTIFS 函数计算人力资源部工龄在 3 年以上的员工人数，具体操作方法如下。

打开素材文件（位置：素材文件 \ 第 8 章 \ 员工信息表 1.xlsx），选中要存放结果的 E15 单元格，输入公式【=COUNTIFS(C2:C13," 人力资源 ",H2:H13,">3")】，按【Enter】键，即可得到计算结果，如下图所示。

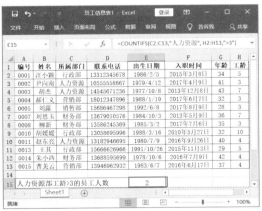

## 182：使用 FREQUENCY 函数分段统计员工培训成绩

| 适用版本 | 实用指数 |
|---|---|
| 2010、2013、2016、2019 | ★★★☆☆ |

### 使用说明

如果需要计算数值在某个区域内的出现频率，然后返回一个垂直数组，可以通过 FREQUENCY 函数实现。FREQUENCY 函数的语法为 =FREQUENCY(data_array, bins_array)，各参数的含义介绍如下。

◎ data_array（必选）：表示计算频率的一个值数组或对一组数值的引用。如果 data_array 中不包含任何数值，则 FREQUENCY 函数返回一个零数组。

◎ bins_array（必选）：对 data_array 中的数值进行分组的一个区间数组或对区间的引用。如果 bins_array 中不包含任何数值，则 FREQUENCY 函数返回 data_array 中的元素个数。

### 解决方法

例如，要统计各段成绩的人数，具体操作方法如下。

打开素材文件（位置：素材文件 \ 第 8 章 \ 新进员工考核表 1.xlsx），选中 D3:D7 单元格区域，输入公式【=FREQUENCY(B3:B14,C3:C6)】，按【Ctrl+Shift+Enter】组合键，即可计算出各段成绩的人数，如下图所示。

## 183：使用 LARGE 函数返回第 k 个最大值

| 适用版本 | 实用指数 |
| --- | --- |
| 2010、2013、2016、2019 | ★★★☆☆ |

### 使用说明

使用 LARGE 函数可以返回数据集中第 k 个最大值。LARGE 函数的语法为 =LARGE(array,k)，各参数的含义介绍如下。

◎ array（必选）：需要确定第 k 个最大值的数组或数据区域。

◎ k（必选）：返回值在数组或数据单元格区域中的位置（从大到小）。

### 解决方法

例如，要使用 LARGE 函数返回排名第 3 的得分，具体操作方法如下。

打开素材文件（位置：素材文件\第 8 章\新进员工考核表 2.xlsx），选中要存放结果的 B15 单元格，输入公式【=LARGE(B3:B14,3)】，按【Enter】键，即可得到计算结果，如下图所示。

## 184：使用 SMALL 函数返回第 k 个最小值

| 适用版本 | 实用指数 |
| --- | --- |
| 2010、2013、2016、2019 | ★★★☆☆ |

### 使用说明

SMALL 函数与 LARGE 函数的作用刚好相反，用于返回第 k 个最小值。SMALL 函数的语法为 =SMALL(array,k)，各参数的含义介绍如下。

◎ array（必选）：需要确定第 k 个最小值的数组或数据区域。

◎ k（必选）：返回值在数组或数据单元格区域中的位置（从小到大）。

### 解决方法

例如，要使用 SMALL 函数返回排名倒数第 5 的得分，具体操作方法如下。

继续上例操作，在"新进员工考核表 2.xlsx"中选中要存放结果的 B16 单元格，输入公式【=SMALL(B3:B14,3)】，按【Enter】键，即可得到计算结果，如下图所示。

# 第 9 章
# 查找与引用函数的应用技巧

在制作数据报表时，经常需要在海量的原始数据中根据条件查找数值，若能灵活应用 Excel 中的查找与引用函数，则可以非常方便地对存储在数据库中的数据进行查找、引用。本章将介绍关于查找与引用函数的相关技巧。

下面先来看看以下一些查找与引用函数中的常见问题，你是否会处理或已掌握。

【√】你知道怎么返回数据区域中包含的行数或列数吗？

【√】INDEX 函数有数组和引用两种形式，它们在用法上有哪些区别呢？

【√】在员工档案中，想要找到符合多个条件的数据，应该用哪个函数？

【√】对表格的行和列进行转置时，能不能使用函数实现？

【√】工作簿中有多张同结构的工作表，通过什么函数可以将多张工作表中的数据合并到一张工作表中呢？

【√】知道怎样根据工资表中的数据制作工资条吗？

希望通过本章内容的学习，能帮助你解决以上问题，并学会 Excel 查找与引用函数的应用技巧。

# 9.1 查找函数的应用

在数据量非常大的工作表中，使用查找函数，可以非常方便地找到各种需要的数据信息，接下来就介绍一些查找函数的使用技巧和相关应用。

| 185：使用 HLOOKUP 函数在区域或数组的行中查找数据 | | |
|---|---|---|
| 适用版本 | 实用指数 |  |
| 2010、2013、2016、2019 | ★★★★☆ | |

### 使用说明

如果要在表格的首行或数值数组中搜索值，然后返回表格或数组中指定行的所在列中的值，可以通过 HLOOKUP 函数实现。HLOOKUP 函数的语法为 =HLOOKUP(lookup_value,table_array,row_index_num,[range_lookup])，各参数的含义介绍如下。

◎ lookup_value（必选）：要在表格的第一行中查找的值，该参数可以为数值、引用或文本字符串。

◎ table_array（必选）：在其中查找数据的信息表，使用对区域或区域名称的引用，该参数第一行的数值可以是文本、数字或逻辑值。如果 range_lookup 为 TRUE，则 table_array 中第一行的数值必须按升序排列，否则，HLOOKUP 函数可能无法返回正确的数值；如果 range_lookup 为 FALSE，则 table_array 不必进行排序。

◎ row_index_num（必选）：table_array 中将返回的匹配值的行序号。该参数为 1 时，返回 table_array 参数中第一行的某数值；该参数为 2 时，返回 table_array 参数中第二行的数值，以此类推。

◎ range_lookup（可选）：逻辑值，指明函数查找时是精确匹配，还是近似匹配。如果为 TRUE 或省略，则返回近似匹配值；如果为 FALSE，查找时精确匹配。

### 解决方法

例如，使用 HLOOKUP 函数查询某员工的录用情况，具体操作方法如下。

打开素材文件（位置：素材文件\第9章\新进员工考核表.xlsx），在 I3 单元格输入要查找的姓名，在 J3 单元格中输入公式【=HLOOKUP(J2,A2:G13,11,0)】，

按【Enter】键，即可得到查找到的结果，如下图所示。

| 186：使用 LOOKUP 函数以向量形式在单行单列中查找 | | |
|---|---|---|
| | 适用版本 | 实用指数 |
| | 2010、2013、2016、2019 | ★★★★☆ |

### 使用说明

使用 LOOKUP 函数，可以在单行区域或单列区域（称为向量）中查找值，然后返回第二个单行区域或单列区域中相同位置的值。LOOKUP 函数的语法为 LOOKUP(lookup_value,lookup_vector,[result_vector])，各参数的含义介绍如下。

◎ lookup_value（必选）：在第一个向量中搜索的值。lookup_value 可以是数字、文本、逻辑值、名称或对值的引用。

◎ lookup_vector（必选）：指定检查范围，只包含一行或一列的区域。lookup_vector 中的值可以是文本、数字或逻辑值。

◎ result_vector（可选）：指定函数返回值的单元格区域，只包含一行或一列的区域。result_vector 参数必须与 lookup_vector 大小相同。

### 解决方法

例如，在"员工信息登记表.xlsx"中根据姓名查找身份证号码，具体操作方法如下。

打开素材文件（位置：素材文件\第 9 章\员工信息登记表 .xlsx），在 A20 单元格中输入要员工姓名，在 B20 单元格中输入公式【=LOOKUP(A20,B3:B17, D3:D17)】，按【Enter】键，即可得到计算结果，如下图所示。

**187：使用 LOOKUP 函数以数组形式在单行单列中查找**

| 适用版本 | 实用指数 |
| --- | --- |
| 2010、2013、2016、2019 | ★★★★☆ |

**使用说明**

LOOKUP 函数还可以返回数组形式的数值。当要查询的值列表较小或值在一段时间内保持不变时，就需要使用 LOOKUP 函数的数组形式。LOOKUP 函数的语法为 LOOKUP(lookup_value,array)，各参数的含义介绍如下。

◎ lookup_value（必选）：表示 LOOKUP 函数在数组中搜索的值，可以是数字、文本、逻辑值、名称或对值的引用。如果 LOOKUP 函数找不到 lookup_value 的值，它会使用数组中小于或等于 lookup_value 的最大值；如果 lookup_value 的值小于第一行或第一列中的最小值（取决于数组维度），LOOKUP 函数会返回错误值【#N/A】。

◎ array（必选）：包含要与 lookup_value 进行比较的文本、数字或逻辑值的单元格区域。如果数组包含宽度比高度大的区域（列数多于行数），那么 LOOKUP 函数会在第一行中搜索

lookup_value 的值；如果数组是正方（行列数相同）或高度大于宽度的（行数多于列数），那么 LOOKUP 函数会在第一列中进行搜索。

**解决方法**

例如，继续上例操作，查找"柳新"的基本工资，具体操作方法如下。

在"员工信息登记表 .xlsx"中的 E19 单元格中输入姓名，并对 E19:E20 单元格的格式进行设置，在 E20 单元格中输入公式【=LOOKUP(A20,A2:F17)】，按【Ctrl+Shift+ Enter】组合键，即可得到计算结果，如下图所示。

**188：使用 VLOOKUP 函数制作工资条**

| 适用版本 | 实用指数 |
| --- | --- |
| 2010、2013、2016、2019 | ★★★☆☆ |

**使用说明**

使用 VLOOKUP 函数时，还能制作工资条。

**解决方法**

例如，在"员工工资表 .xlsx"中制作工资条，具体操作方法如下。

**步骤01** 打开素材文件（位置：素材文件\第 9 章\员工工资表 .xlsx），在"工资条"工作表的 A2 单元格中输入【YG001】，在 B2 单元格中输入公式【=VLOOKUP($A2,Sheet1!$A$1:$I$11,2,0)】，按【Enter】键得到计算结果，如下图所示。

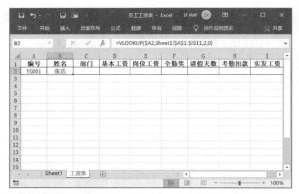

**步骤02** 向右复制公式至 I2 单元格，由于公式中 VLOOKUP 函数的第 3 个参数都相同，所以复制公式后，得到的结果都相同，这时需要对第 3 个参数进行修改。选择 C3 单元格，将公式中的第 3 个参数【2】更改为【3】，如下图所示。

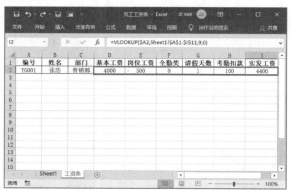

**步骤03** 按【Enter】键得到正确的结果，依次对 D2:I2 单元格区域中的公式进行修改，效果如下图所示。

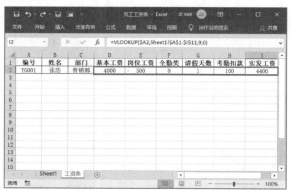

**步骤04** 选择 A1:I2 单元格区域，向下复制公式至 I20 单元格区域，如下图所示。

**步骤05** 释放鼠标，即可完成其他员工工资条的制作，效果如下图所示。

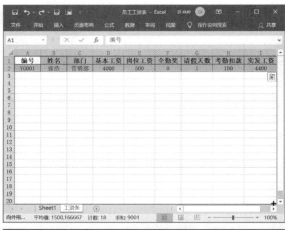

---

**189：使用 INDEX 函数以数组形式返回指定位置中的内容**

| | 适用版本 | 实用指数 |
|---|---|---|
| | 2010、2013、2016、2019 | ★★★☆☆ |

**使用说明**

　　INDEX 函数的数组形式可以返回表格或数组中的元素值，此元素由行序号和列序号的索引值给定。一般情况下，当 INDEX 函数的第一个参数为数组常量时，就使用数组形式。INDEX 函数的语法为 INDEX(array,row_num,[column_num])，各参数的含义介绍如下。

◎　array（必选）：单元格区域或数组常量。如果数组只包含一行或一列，则相对应的参数 row_num 或 column_num 为可选参数；如果数组有多行和多列，但只使用 row_num 或 column_num，则 INDEX 函数返回数组中的整行或整列，且返回值也为数组。

◎ row_num（必选）：选择数组中的某行，函数从该行返回数值。如果省略 row_num，则必须有 column_num。

◎ column_num（可选）：选择数组中的某列，函数从该列返回数值。如果省略 column_num，则必须有 row_num。

**解决方法**

例如，通过 INDEX 函数查找韩丹的业务考核成绩，具体操作方法如下。

**步骤01** 打开素材文件（位置：素材文件 \ 第 9 章 \ 新进员工考核表 .xlsx），❶将 J2 单元格中的数据更改为【业务考核】；❷选择 J3 单元格；❸单击【公式】选项卡【函数库】组中的【查找与引用】按钮，；❹在弹出的下拉列表中选择【INDEX】选项，如下图所示。

**步骤02** ❶打开【选定参数】对话框，选择数组形式；❷单击【确定】按钮，如下图所示。

**步骤03** ❶打开【函数参数】对话框，在参数框中输入相应的引用区域或数值；❷单击【确定】按钮，如下图所示。

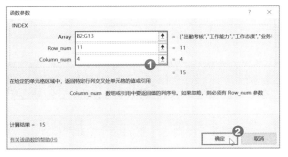

**步骤04** 返回工作表，即可看到得到的计算结果，如下图所示。

190：使用 INDEX 函数以引用形式返回指定位置中的内容

| 适用版本 | 实用指数 |
| --- | --- |
| 2010、2013、2016、2019 | ★★★☆☆ |

**使用说明**

INDEX 函数的引用形式是指返回指定行与列交叉处的单元格引用。如果引用由不连续的选定区域组成，可以选择某一选定区域。INDEX 函数的语法为 INDEX(reference,row_num,column_num,area_num)，各参数的含义介绍如下。

◎ reference（必选）：对一个或多个单元格区域的引用。如果为引用输入一个不连续的区域，必须将其用括号括起来。

◎ row_num（必选）：代表引用数组中某行的行号，INDEX 函数从该行返回一个引用。

◎ column_num（可选）：代表引用数组中某列的列标，INDEX 函数从该列返回一个引用。

◎ area_num（可选）：选择引用数组中的一个区域，以从中返回 row_num 和 column_num 的交叉区域。选中或输入的第一个区域序号为 1，第二个区域序号为 2，以此类推。若省略 area_num，则 INDEX 函数使用区域序号为 1。

**解决方法**

例如，查找产品 3 第二季度 5 月的销量，具体操作方法如下。

打开素材文件（位置：素材文件 \ 第 9 章 \ 产品销量表 .xlsx），在 D9 单元格中输入公式【=INDEX((B2:

D7,F2:H7),4,2,2)】，按【Enter】键，即可得到计算结果，如下图所示。

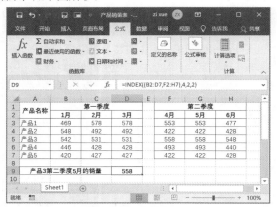

**温馨提示**

公式【=INDEX((B2:D7,F2:H7),4,2,2)】表示返回第2个数据区域（F2:H7）中第4行第2列中交叉的单元格，也就是G5单元格中的数据。

其中，公式中的第1个"2"表示引用第2个数据区域中的数据；最后一个"2"才表示引用的列数。

191：使用 CHOOSE 函数基于索引号返回参数列表中的数值

| 适用版本 | 实用指数 |
|---|---|
| 2010、2013、2016、2019 | ★★★★☆ |

**使用说明**

如果需要根据给定的索引值，从参数串中选出相应值或操作，可以通过 CHOOSE 函数实现。CHOOSE 函 数 的 语 法 为 =CHOOSE(index_num,value1,[value2],...)，各参数的含义介绍如下。

◎ index_num（必选）：用于指定所选定的值参数，index_num 必须是介于 1~254 的数字，或是包含 1~254 的数字的公式或单元格引用。如 果 index_num 为 1，则 CHOOSE 函数返回 value1；如果为 2，则 CHOOSE 函数返回 value2，以此类推。

◎ value1,value2,...：value1 是必选的，后续值是可选的，表示 1~254 个数值参数，CHOOSE 函数将根据 index_num 从中选择一个数值或一项要执行的操作。参数可以是数字、单元格引用、定义的名称、公式、函数或文本。

**解决方法**

例如，新进员工试用期结束，根据考核成绩判断是否录用。判断依据为：总成绩大于等于 80 分的录用；反之则淘汰。具体操作方法如下。

**步骤01** 打开素材文件（位置：素材文件\第9章\新进员工考核表 1.xlsx），选中要存放结果的 G3 单元格，输 入 公 式【=CHOOSE (IF(F3>=80,1,2),"录用","淘汰")】，按【Enter】键得到计算结果，如下图所示。

**步骤02** 利用填充功能向下复制公式，即可计算出其他人员的录用情况，如下图所示。

## 9.2 引用函数的应用

通过引用函数可以标识工作表中的单元格或单元格区域，指明公式中所使用数据的位置。下面介绍引用函数的应用技巧。

---

## 192：使用 MATCH 函数在引用或数组中查找值

| 适用版本 | 实用指数 |
|---|---|
| 2010、2013、<br>2016、2019 | ★★★☆☆ |

### 使用说明

MATCH 函数可以在单元格范围中搜索指定项，然后返回该项在单元格区域中的相对位置。例如，在 A1:A4 单元格区域中分别包含值 30、24、58、39，在 A5 单元格中输入公式【=MATCH(58,A1:A4,0)】，会返回数字 3，因为 58 是单元格区域中的第 3 项，效果如下图所示。

MATCH 函 数 的 语 法 为 MATCH(lookup_value,lookup_array,[match_type])，各参数的含义介绍如下。

◎ lookup_value（必选）：要在 lookup_array 中查找的值。

◎ lookup_array（必选）：要搜索的单元格区域。

◎ match_type（可选）：指定 Excel 如何将 lookup_value 与 lookup_array 中的值匹配，表达为数字 -1、0 或 1，默认值为 1。参数 match_type 取值与 MATCH 函数的返回值如下图所示。

| match_type<br>参数 | MATCH函数<br>返回值 |
|---|---|
| 1或省略 | 小于。查找小于或等于lookup_value的最大值。lookup_array必须以升序排列。 |
| 0 | 精确匹配。查找精确等于lookup_value的第一个值。lookup_array的顺序任意。 |
| -1 | 大于。查找大于或等于lookup_value的最小值。lookup_array必须按降序排列。 |

### 解决方法

例如，要查找某位员工的身份证号码，具体操作方法如下。

打开素材文件（位置：素材文件\第 9 章\ 员工信息登记表 .xlsx），选中 B20 单元格,输入公式【=INDEX(A2:F17,MATCH(A20,B2: B17,0),4)】，按【Enter】键，即可得到计算结果，效果如下图所示。

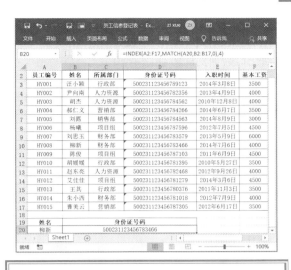

---

## 193：使用 COLUMN 函数获取列号

| 适用版本 | 实用指数 |
|---|---|
| 2010、2013、<br>2016、2019 | ★★★★★ |

### 使用说明

COLUMN 函数用于返回指定单元格引用的列号。COLUMN 函数的语法为 COLUMN ([reference])。其中，reference 为可选参数，表示要返回其列号的单元格或单元格区域。

### 解决方法

例如，在使用 VLOOKUP 函数制作工资条时，引用的列数是手动修改的，如果使用 COLUMN 函数，复制公式后会自动更改，具体操作方法如下。

**步骤01** 打开素材文件（位置: 素材文件\第 9 章\员工工资表 .xlsx），在"工资条"工作表的 A2 单元格中输入【YG001】，在 B2 单元格中输入公式【=VLOOKUP($A2,Sheet1!$A$1:$I$11,COLUMN(),0)】，按【Enter】键得到计算结果，如下图所示。

**步骤02** 向右复制公式至 I2 单元格，即可得出该员工的其他工资信息，如下图所示。

**步骤03** 选择 A1:I2 单元格区域，向下复制公式至 I20 单元格区域，即可完成其他员工工资条的制作，效果如下图所示。

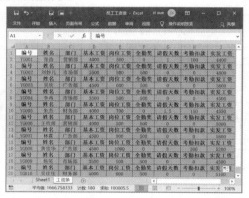

---

194：使用 ROW 函数获取行号

| 适用版本 | 实用指数 |
| --- | --- |
| 2010、2013、2016、2019 | ★★★★★ |

**使用说明**

ROW 函数用于返回指定单元格引用的行号。ROW 函数的语法为 ROW([reference])。其中，reference 为可选参数，表示需要得到其行号的单元格或单元格区域。

**解决方法**

例如，使用 ROW 函数制作序号，具体操作方法如下。

**步骤01** 打开素材文件（位置：素材文件\第 9 章\手机报价表 .xlsx），在 A2 单元格中输入公式【=ROW(A1)】，按【Enter】键，即可得到计算结果，如下图所示。

---

**步骤02** 向下复制公式至 A8 单元格，即可得到序号，效果如下图所示。

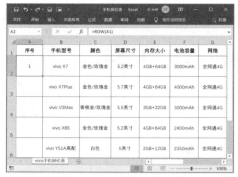

**知识拓展**

如果要获取数组或单元格区域中的列数或行数，可以使用 COLUMNS（获取列数）函数或 ROWS（获取行数）函数，它们只有一个必选参数"array"，表示指定为需要得到其列数或行数的数组、数组公式或对单元格区域的引用。

---

195：使用 OFFSET 函数根据给定的偏移量返回新的引用区域

| 适用版本 | 实用指数 |
| --- | --- |
| 2010、2013、2016、2019 | ★★★★☆ |

**使用说明**

OFFSET 函数以指定的引用为参照系，通过给定偏移量得到新的引用，还可以指定返回的行数或列数。返回的引用可以为一个单元格或单元格区域。OFFSET 函数的语法为 OFFSET(reference,rows,cols,[height],[width])，各参数的含义介绍如下。

◎ reference（必选）：表示偏移量参照系的引用区域。reference 必须为对单元格或相连单元格区域的引用；否则，OFFSET 函数返回错误值【#VALUE!】。

◎ rows（必选）：表示相对于偏移量参照系的左上角单元格向上（下）偏移的行数。行数可以为正数（代表在起始引用的下方）或负数（代表在起始引用的上方）。

◎ cols（必选）：表示相对于偏移量参照系的左上角单元格向左（右）偏移的列数。列数可以为正数（代表在起始引用的右边）或负数（代表在起始引用的左边）。

◎ height（可选）：表示高度，即所要返回引用区域的行数。height 必须为正数。

◎ width（可选）：表示宽度，即所要返回引用区域的列数。width 必须为正数。

**解决方法**

例如，使用 OFFSET 函数制作工资条，具体操作方法如下。

**步骤01** 打开素材文件（位置：素材文件\第 9 章\员工工资表 .xlsx），在"工资条"工作表中的 A2 单元格中输入公式【=OFFSET(Sheet1!$A$1,ROW()/3+1,COLUMN()-1)】，按【Enter】键，得到第一位员工的编号，如下图所示。

**温馨提示**

公式【=OFFSET(Sheet1!$A$1,ROW()/3+1, COLUMN()-1)】表示以"Sheet1"工作表中的 A1 单元格为参照系，向下偏移 1（是 ROW()/3 这部分取整得到的）行，向右不偏移，所以得到的结果是"Sheet1"工作表 A2 单元格中的值。

**步骤02** 向右复制公式至 I2 单元格，即可生成第一位员工的工资条。效果如下图所示。

**步骤03** 选择 A1:I3 单元格区域，利用填充柄向下填充公式，效果如下图所示。

**步骤04** 填充公式至 I29 单元格后，释放鼠标，即可制作出工资表中所有员工的工资条，效果如下图所示。

| | A | B | C | D | E | F | G | H | I |
|---|---|---|---|---|---|---|---|---|---|
| 4 | 编号 | 姓名 | 部门 | 基本工资 | 岗位工资 | 全勤奖 | 请假天数 | 考勤扣款 | 实发工资 |
| 5 | YG002 | 刘妙儿 | 市场部 | 3500 | 800 | 500 | 0 | 0 | 4800 |
| 6 | 编号 | 姓名 | 部门 | 基本工资 | 岗位工资 | 全勤奖 | 请假天数 | 考勤扣款 | 实发工资 |
| 7 | YG003 | 吴欣 | 广告部 | 4500 | 600 | 500 | 0 | 0 | 5600 |
| 8 | | | | | | | | | |
| 10 | 编号 | 姓名 | 部门 | 基本工资 | 岗位工资 | 全勤奖 | 请假天数 | 考勤扣款 | 实发工资 |
| 11 | YG004 | 李冉 | 市场部 | 3500 | 500 | 500 | 0 | 0 | 4500 |
| 13 | 编号 | 姓名 | 部门 | 基本工资 | 岗位工资 | 全勤奖 | 请假天数 | 考勤扣款 | 实发工资 |
| 14 | YG005 | 朱杰 | 财务部 | 4000 | 700 | 0 | 1.5 | 150 | 4550 |
| 16 | 编号 | 姓名 | 部门 | 基本工资 | 岗位工资 | 全勤奖 | 请假天数 | 考勤扣款 | 实发工资 |
| 17 | YG006 | 王欣雨 | 营销部 | 4000 | 500 | 500 | 0 | 0 | 5000 |
| 19 | 编号 | 姓名 | 部门 | 基本工资 | 岗位工资 | 全勤奖 | 请假天数 | 考勤扣款 | 实发工资 |
| 20 | YG007 | 林森 | 广告部 | 4500 | 800 | 500 | 0 | 0 | 5800 |
| 22 | 编号 | 姓名 | 部门 | 基本工资 | 岗位工资 | 全勤奖 | 请假天数 | 考勤扣款 | 实发工资 |
| 23 | YG008 | 黄佳华 | 广告部 | 4500 | 1000 | 0 | 3 | 300 | 5200 |
| 25 | 编号 | 姓名 | 部门 | 基本工资 | 岗位工资 | 全勤奖 | 请假天数 | 考勤扣款 | 实发工资 |
| 26 | YG009 | 杨笑 | 市场部 | 3500 | 500 | 500 | 0 | 0 | 4500 |
| 28 | 编号 | 姓名 | 部门 | 基本工资 | 岗位工资 | 全勤奖 | 请假天数 | 考勤扣款 | 实发工资 |
| 29 | YG010 | 吴佳佳 | 财务部 | 4000 | 600 | 500 | 0 | 0 | 5100 |

**温馨提示**

OFFSET 函数通常作为其他函数的参数使用。

**196：使用 TRANSPOSE 函数转置数据区域的行列位置**

| 适用版本 | 实用指数 | |
|---|---|---|
| 2010、2013、2016、2019 | ★★★☆☆ |  |

**使用说明**

TRANSPOSE 函数用于返回转置的单元格区域，即将行单元格区域转置为列单元格区域，或者将列单元格区域转置为行单元格区域。TRANSPOSE 函数的语法为 TRANSPOSE (array)。其中，array（必选）参数表示需要进行转置的数组或工作表上的单元格区域。

**解决方法**

例如，使用 TRANSPOSE 函数对"汽车销量统计表 .xlsx"中的行列数据进行转置，具体操作方法如下。

**步骤01** 打开素材文件（位置：素材文件\第 9 章\汽车销量统计表 .xlsx），选择要存放转置后数据的 A16:M21 单元格区域，输入公式【=TRANSPOSE(A2: G14)】，如下图所示。

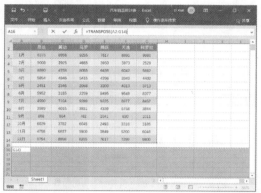

**步骤02** 按【Ctrl+Shift+Enter】组合键，即可将行和列数据进行转置，效果如下图所示。

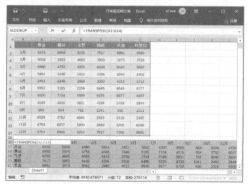

---

197：使用 INDIRECT 函数返回由文本值指定的引用

| 适用版本 | 实用指数 | |
| --- | --- | --- |
| 2010、2013、2016、2019 | ★★★★☆ |  |

**使用说明**

INDIRECT 函数用于返回由文本字符串指定的引用。此函数立即对引用进行计算，并显示其内容。

INDIRECT 函数的语法为 INDIRECT (ref_text,[a1])，各参数的含义介绍如下。

◎ ref_text（必选）：代表对单元格的引用，此单元格包含 A1 样式的引用、R1C1 样式的引用、定义为引用的名称或对作为文本字符串单元格的引用。

◎ a1（可选）：一个逻辑值，用于指定包含在单元格 ref_text 中的引用类型。如果 a1 为 TRUE 或省略，那么 ref_text 被解释为 A1 样式的引用；如果 a1 为 FALSE，那么 ref_text 将解释为 R1C1 样式的引用。

**解决方法**

例如，使用 INDIRECT 函数将多张工作表中的数据合并在一起，具体操作方法如下。

**步骤01** 打开素材文件（位置：素材文件\第 9 章\汽车销量统计表 1.xlsx），在"一季度销量"工作表中选择 B2 单元格，输入公式【=INDIRECT(B$1&"!B"&ROW())】，按【Enter】键计算出结果，如下图所示。

**步骤02** 向右复制公式至 D2 单元格，计算出昂达 2 月和 3 月的销量，如下图所示。

**步骤03** 保持 B2:D2 单元格区域的选择状态，向下复制公式至 D7 单元格，计算出其他品牌 2 月和 3 月的销量，效果如下图所示。

# 第 10 章
# 财务函数和逻辑函数的应用技巧

在办公应用中，逻辑函数是使用比较频繁的一种函数，可以对表格中的数据进行判断。而财务函数可以非常便捷地进行一般的财务计算，如计算贷款的每期付款额、计算贷款在给定期间内偿还的本金、计算给定时间内的折旧值、计算投资的未来值、计算投资的净现值等。本章将介绍财务函数和逻辑函数的使用方法，通过本章的学习，可以轻松掌握财务函数和逻辑函数的使用方法。

下面先来看看以下一些财务函数和逻辑函数中的常见问题，你是否会处理或已掌握。

【√】在银行办理零存整取的业务，知道怎样计算 3 年后的总存款数吗？

【√】某人向银行贷款，在现有的贷款期限和年利率条件下，怎样计算两个付款期之间累计支付的利息？

【√】某公司向银行贷款 50 万元，需要计算每月应偿还的金额，知道应该怎样计算吗？

【√】购买了办公设备，需要计算出折旧率，知道怎样使用函数来计算吗？

【√】在招聘新员工时，想要录用笔试成绩合格，但同时淘汰工作态度不合格的员工，应该使用哪些函数？

【√】在使用某些函数进行计算时，会返回错误值，那么，如何让错误值返回固定的某个值呢？

希望通过本章内容的学习，能帮助你解决以上问题，并学会在 Excel 中使用财务函数和逻辑函数的应用技巧。

## 10.1 财务函数的应用

对于财务人员来说，财务函数是必须掌握的；对于非财务人员来说，掌握财务函数，对于投资、理财都是有利无害的。本节将对常用的财务函数的应用技巧进行介绍。

### 198：使用 FV 函数计算投资的未来值

| 适用版本 | 实用指数 |
|---|---|
| 2010、2013、2016、2019 | ★★★★★ |

#### 使用说明

FV 函数可以基于固定利率和等额分期付款方式，计算某项投资的未来值。FV 函数的语法为 =FV(rate,nper,pmt,pv,type)，各参数的含义如下。

◎ rate：各期利率。

◎ nper：总投资期，即该项投资的付款期总数。

◎ pmt：各期应支付的金额，其数值在整个年金期间保持不变。通常 pmt 包括本金和利息，但不包括其他费用及税款，如果忽略 pmt，则必须包括 pv 参数。

◎ pv：现值，即从该项投资开始时计算已经入账的款项，或一系列未来付款的当前值的累计和，也称为本金。如果省略 pv，则假设其值为 0，并且必须包括 pmt 参数。

◎ type：其值为数字 0 或 1，用以指定各期的付款时间是期初还是期末。如果省略 type，则假设其值为 0。

#### 解决方法

例如，在银行办理零存整取的业务，每月存款 5000 元，年利率 3.89%，存款期限为 3 年（36 个月），计算 3 年后的总存款数，具体操作方法如下。

打开素材文件（位置：素材文件 \ 第 10 章 \ 计算存款总额 .xlsx），选择要存放结果的 B5 单元格，输入公式【=FV(B4/12,B3,B2,1)】，按【Enter】键，即可得出计算结果，如下图所示。

#### 温馨提示

本例年利率为 3.89%，如 6 果要计算月利率，则需要除以 12，所以，公式中的"B4/12"表示月利率。

### 199：使用 PV 函数计算投资的现值

| 适用版本 | 实用指数 |
|---|---|
| 2010、2013、2016、2019 | ★★★★☆ |

#### 使用说明

使用 PV 函数可以返回某项投资的现值，现值为一系列未来付款的当前值的累积和。PV 函数的语法为 PV(rate,nper,pmt,fv,type)，各参数的含义介绍如下。

◎ rate（必选）：各期利率。例如，当利率为 6% 时，使用 6%/4 计算一个季度的还款额。

◎ nper（必选）：总投资期，即该项投资的偿款期总数。

◎ pmt（必选）：各期所应支付的金额，其数值在整个年金期间保持不变。

◎ fv（可选）：未来值，或在最后一次付款后希望得到的现金余额。如果省略 fv，则假设其值为 0。

◎ type（可选）：数值 0 或 1，用以指定各期的付款时间是期初还是期末。

#### 解决方法

例如，某位员工购买了一份保险，现在每月支付 520 元，支付期限为 18 年，收益率为 7%，现计算其购买保险金的现值，具体操作方法如下。

打开素材文件（位置：素材文件 \ 第 10 章 \ 计算现值 .xlsx），选择要存放结果的 B4 单元格，输入公式

【=PV(B3/12,B2*12,B1,,0)】，按【Enter】键，即可得出计算结果，如下图所示。

### 200：使用 NPV 函数计算投资净现值

| 适用版本 | 实用指数 | |
| --- | --- | --- |
| 2010、2013、2016、2019 | ★★★★☆ |  |

#### 使用说明

NPV 函数可以基于一系列将来的收（正值）支（负值）现金流和贴现率，计算一项投资的净现值。NPV 函数的语法为 =NPV(rate, value1,value2,...)，各参数的含义介绍如下。

◎　rate：某一期间的贴现率，为固定值。

◎　value1,value2,...：1~29 个参数，代表支出及收入。

#### 解决方法

例如，一年前初期投资金额为 10 万元，年贴现率为 12%，第一年收益为 20000 元，第二年收益为 55000 元，第三年收益为 72000 元，要计算净现值，具体操作方法如下。

打开素材文件（位置：素材文件\第 10 章\计算净现值 .xlsx），选择要存放结果的 B6 单元格，输入公式【=NPV(B5,B1,B2,B3,B4)】，按【Enter】键，即可得出计算结果，如下图所示。

### 201：使用 NPER 函数计算投资的期数

| 适用版本 | 实用指数 | |
| --- | --- | --- |
| 2010、2013、2016、2019 | ★★★★☆ |  |

#### 使用说明

如果需要基于固定利率及等额分期付款方式，返回某项投资或贷款的期数，可以使用 NPER 函数实现。该函数的语法为 =NPER(rate,pmt,pv,[fv],[type])，各参数的含义介绍如下。

◎　rate（必选）：各期利率。

◎　pmt（必选）：各期还款额。

◎　pv（必选）：现值，即从该项投资或贷款开始计算时已经入账的款项，或一系列未来付款的当前值的累积和。

◎　fv（可选）：未来值，或在最后一次付款后希望得到的现金余额。如果省略 fv，则假设其值为 0（例如，一笔贷款的未来值即为 0）。

◎　type（可选）：数值 0 或 1，用来指定各期的付款时间是期初还是期末。

#### 解决方法

例如，某公司向债券公司借贷 3500 万元，年利率为 8%，每年需要支付 400 万元的还款金额，现在需要计算还清该贷款的年限，具体操作方法如下。

打开素材文件（位置：素材文件\第 10 章\计算投资的期数 .xlsx），选择要存放结果的 B4 单元格，输入公式【=NPER(B3,B2,B1,1)】，按【Enter】键，即可得出计算结果，如下图所示。

## 202：使用 IRR 函数计算一系列现金流的内部收益率

| 适用版本 | 实用指数 |
|---|---|
| 2010、2013、2016、2019 | ★★★★☆ |

### 使用说明

IRR 函数用于计算由数字代表的一组现金流的内部收益率。该函数的语法为 =IRR (values,guess)，各参数的含义介绍如下。

◎ values：为数组或单元格引用，这些单元格包含用来计算内部收益率的数字。

◎ guess：为对 IRR 函数计算结果的估计值。如果忽略，则为 0.1（10%）。

### 解决方法

例如，根据某项投资的年贴现率、投资额以及不同日期中预计的投资回报金额，计算出该投资项目的净现值，具体操作方法如下。

打开素材文件（位置：素材文件\第 10 章\计算一系列现金流的内部收益率 .xlsx），选择要存放结果的 B8 单元格，输入公式【=IRR(B1:B7)】，按【Enter】键，即可得出计算结果，如下图所示。

## 203：使用 CUMIPMT 函数计算两个付款期之间累计支付的利息

| 适用版本 | 实用指数 |
|---|---|
| 2010、2013、2016、2019 | ★★★★★ |

### 使用说明

CUMIPMT 函数用于计算一笔贷款在指定期间累计需要偿还的利息数额。该函数的语法为 =CUMIPMT (rate,nper,pv,start_period,end_period,type)，各参数的含义介绍如下。

◎ rate：贷款利率。

◎ nper：总付款期数。

◎ pv：现值。

◎ start_period：计算中的首期，付款期数从 1 开始计数。

◎ end_period：计算中的末期。

◎ type：付款时间类型。

### 解决方法

例如，某人向银行贷款 50 万元，贷款期限为 12 年，年利率为 9%，现计算此项贷款第一个月所支付的利息，以及第二年所支付的总利息，具体操作方法如下。

**步骤01** 打开素材文件（位置：素材文件\第 10 章\贷款明细表 .xlsx），选择存放第一个月支付利息的 B5 单元格，输入公式【=CUMIPMT (B4/12,B3*12,B2,1,1,0)】，按【Enter】键，得出计算结果，如下图所示。

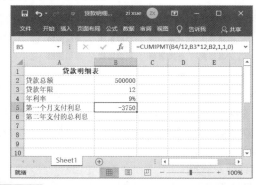

**步骤02** 选择存放第二年支付总利息结果的 B6 单元格，输入公式【=CUMIPMT(B4/12,B3*12,B2,13, 24,0)】，按【Enter】键，即可得出计算结果，如下图所示。

## 204：使用 CUMPRINC 函数计算两个付款期之间累计支付的本金

| 适用版本 | 实用指数 |
|---|---|
| 2010、2013、2016、2019 | ★★★★★ |

### 使用说明

CUMPRINC 函数用于计算一笔贷款在给定期间需要累计偿还的本金数额。CUMPRINC 函数的语法为 =CUMPRINC(rate,nper,pv,start_period,end_period, type)，各参数的含义与 CUMIPMT 函数中各参数的含义相同，此处不再赘述。

### 解决方法

例如，某人向银行贷款 50 万元，贷款期限为 12 年，年利率为 9%，现计算此项贷款第一个月偿还的本金，以及第二年偿还的总本金，具体操作方法如下。

**步骤01** 打开素材文件（位置：素材文件\第 10 章\贷款明细表 1.xlsx），选择存放第一个月偿还本金结果的 B5 单元格，输入公式【=CUMPRINC(B4/12,B3*12,B2,1,1,0)】，按【Enter】键，即可得出计算结果，如下图所示。

**步骤02** 选择存放第二年偿还总本金结果的 B6 单元格，输入公式【=CUMPRINC(B4/12, B3*12,B2,13,24, 0)】，按【Enter】键，即可得出计算结果，如下图所示。

## 205：使用 PMT 函数计算月还款额

| 适用版本 | 实用指数 |
|---|---|
| 2010、2013、2016、2019 | ★★★★☆ |

### 使用说明

PMT 函数可以基于固定利率及等额分期付款方式，计算贷款的每期付款额。PMT 函数的语法为 =PMT(rate,nper,pv,fv,type)，各参数的含义介绍如下。

◎ rate：贷款利率。
◎ nper：该项贷款的付款总数。
◎ pv：现值，或一系列未来付款的当前值的累积和，也称为本金。
◎ fv：未来值。
◎ type：用来指定各期的付款时间是在期初（1）还是期末（0 或省略）。

### 解决方法

例如，某公司因购买写字楼向银行贷款 50 万元，贷款年利率为 8%，贷款期限为 10 年（即 120 个月），现计算每月应偿还的金额，具体操作方法如下。

打开素材文件（位置：素材文件\第 10 章\写字楼贷款计算表 .xlsx），选择要存放结果的 B5 单元格，输入公式【=PMT(B4/12,B3,B2)】，按【Enter】键，即可得出计算结果，如下图所示。

## 206：使用 PPMT 函数计算贷款在给定期间内偿还的本金

| 适用版本 | 实用指数 |
|---|---|
| 2010、2013、2016、2019 | ★★★★☆ |

### 使用说明

使用 PPMT 函数，可以基于固定利率及等额分期付款方式，返回投资在某一给定期间内的本金偿还额。PPMT 函数的语法为 =PPMT(rate,per,nper,pv,fv,type)，各参数的含义介绍如下。

◎ rate（必选）：各期利率。

◎ per（必选）：用于计算其本金数额的期次，且必须介于 1 和付款总期数 nper 之间。

◎ nper（必选）：总投资（或贷款）期，即该项投资（或贷款）的付款总期数。

◎ pv（必选）：现值，或一系列未来付款的当前值的累积和，也称为本金。

◎ fv（可选）：未来值，或在最后一次付款后可以获得的现金余额。如果省略 fv，则假设其值为 0（零），也就是一笔贷款的未来值为 0。

◎ type（可选）：数字 0 或 1，用以指定各期的付款时间是在期初还是期末。

### 解决方法

例如，假设贷款额为 500000 元，贷款期限为 15 年，年利率为 10%，现分别计算贷款第一个月和第二个月需要偿还的本金，具体操作方法如下。

**步骤01** 打开素材文件（位置：素材文件\第10章\贷款明细表 2.xlsx），选择要存放结果的 B5 单元格，输入公式【=PPMT(B4/12,1,B3*12,B2)】，按【Enter】键，即可得出计算结果，如下图所示。

**步骤02** 选择要存放结果的 B6 单元格，输入公式【=PPMT(B4/12,2,B3*12,B2)】，按【Enter】键，

即可得出计算结果，如下图所示。

## 207：使用 IPMT 函数计算贷款在给定期间内支付的利息

| 适用版本 | 实用指数 |
|---|---|
| 2010、2013、2016、2019 | ★★★★☆ |

### 使用说明

如果需要基于固定利率及等额分期付款方式，返回给定期数内对投资的利息偿还，可以通过 IPMT 函数实现。IPMT 函数的语法为：=IPMT(rate,per,nper,pv,fv,type)，各参数的含义介绍如下。

◎ rate：各期利率。

◎ per：用于计算其利息数额的期数，必须介于 1 和付款总期数 nper 之间。

◎ nper：总投资期，即该项投资的付款总期数。

◎ pv：现值，即从该项投资开始计算时已经入账的款项，也称本金。

◎ fv：未来值，或在最后一次付款后希望得到的现金余额。如果省略 fv，则假设其值为 0。

◎ type：数字 0 或 1，用以指定各期的付款时间是在期初还是期末。如果省略，则假设其值为 0。

### 解决方法

例如，贷款 10 万元，年利率为 8%，贷款期数为 1，贷款年限为 3 年，现要分别计算第一个月和最后一年的利息，具体操作方法如下。

**步骤01** 打开素材文件（位置：素材文件\第10章\贷款明细表 3.xlsx），选择要存放结果的 B6 单元格，输入公式【=IPMT(B5/12,B3*3,B4,B2)】，按【Enter】键，即可得出计算结果，如下图所示。

**步骤02** 选择要存放结果的 B7 单元格，输入公式【=IPMT(B5,3,B4,B2)】，按【Enter】键，即可得出计算结果，如下图所示。

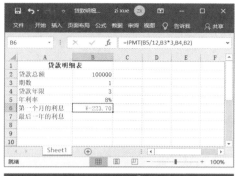

---

### 208：使用 RATE 函数计算年金的各期利率

| 适用版本 | 实用指数 |
|---|---|
| 2010、2013、2016、2019 | ★★★★★ |

#### 使用说明

RATE 函数用于计算年金的各期利率。该函数的语法为 =RATE(nper,pmt,pv,fv,type,guess)，各参数的含义介绍如下。

◎ nper：总投资期。

◎ pmt：各期付款额。

◎ pv：现值。

◎ fv：未来值。

◎ type：用以指定各期的付款时间是在期初（其值为 1），还是期末（其值为 0）。

◎ guess：预期利率。

#### 解决方法

例如，投资总额为 500 万元，每月支付 120000 元，付款期限 5 年，要分别计算月投资利率和年投资利率，具体操作方法如下。

**步骤01** 打开素材文件（位置：素材文件\第10章\投资明细.xlsx），选择要存放结果的 B5 单元格，输入

公式【=RATE(B4*12,B3,B2)】，按【Enter】键，即可得出计算结果，如下图所示。

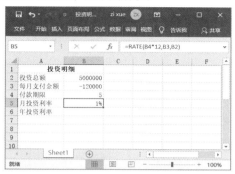

**步骤02** 选择要存放结果的 B6 单元格，输入公式【=RATE(B4*12,B3,B2)*12】，按【Enter】键，即可得出计算结果，根据需要将数字格式设置为百分比，如下图所示。

---

### 209：使用 COUPDAYS 函数计算成交日所在的付息期的天数

| 适用版本 | 实用指数 |
|---|---|
| 2010、2013、2016、2019 | ★★★★★ |

#### 使用说明

如果需要计算包含成交日在内的债券付息期的天数，可以通过 COUPDAYS 函数实现。COUPDAYS 函数的语法为 =COUPDAYS(settlement,maturity,frequency,basis)，各参数的含义介绍如下。

◎ settlement（必选）：证券的结算日，以一串日期表示。证券结算日是在发行日期之后，证券卖给购买者的日期。

◎ maturity（必选）：证券的到期日，以一串日期表示。到期日是证券有效期截止时的日期。

◎ frequency（必选）：每年付息次数。如果按年

支付，则 frequency=1；如果按半年期支付，则 frequency=2；如果按季度支付，则 frequency=4。

◎ basis（可选）：要使用的日计数基准类型。若按照美国（NASD）30/360 为日计数基准，则 basis=0；若按照实际天数/实际天数为日计数基准，则 basis=1；若按照实际天数/360 为日计数基准，则 basis=2；若按照实际天数/365 为日计数基准，则 basis=3；若按照欧洲 30/360 为日计数基准，则 basis=4。

**解决方法**

例如，某债券的成交日为 2020 年 6 月 30 日，到期日为 2020 年 12 月 31 日，按照季度付息，以实际天数/360 为日计数基准，现在需要计算出该债券成交日所在的付息天数，具体操作方法如下。

打开素材文件（位置：素材文件\第 10 章\计算成交日所在的付息期的天数 .xlsx），选择要存放结果的 B5 单元格，输入公式【=COUPDAYS(B1,B2,B3,B4)】，按【Enter】键，即可得出计算结果，如下图所示。

◎ first_interest（必选）：证券的首次计息日。
◎ settlement（必选）：证券的结算日。
◎ rate（必选）：证券的年息票利率。
◎ par（必选）：证券的票面值。如果忽略此参数，则 ACCRINT 函数使用 ¥1,000。
◎ frequency（必选）：年付息次数（1、2、4）。
◎ basis（可选）：要使用的日计数基准类型（0、1、2、3、4）。

**解决方法**

例如，张先生于 2020 年 6 月 18 日购买了价值 100000 元的国库券，该国库券发行日期为 2020 年 3 月 10 日，起息日为 2020 年 10 月 15 日，利率为 25%，按半年付息，以实际天数/360 为日计数基准，现在需要计算出该国库券到期利息额，具体操作方法如下。

打开素材文件（位置：素材文件\第 10 章\计算定期支付利息的有价证券的应计利息 .xlsx），选择要存放结果的 B8 单元格，输入公式【=ACCRINT(B1,B2,B3,B4,B5,B6,B7)】，按【Enter】键，即可得出计算结果，如下图所示。

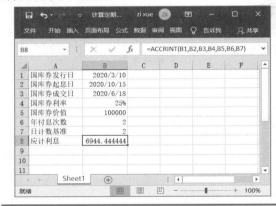

210：使用 ACCRINT 函数计算定期支付利息的有价证券的应计利息

| 适用版本 | 实用指数 |
| --- | --- |
| 2010、2013、2016、2019 | ★★★☆☆ |

**使用说明**

使用 ACCRINT 函数可以计算定期付息的有价证券的应计利息。

ACCRINT 函数的语法为 =ACCRINT(issue, first_interest,settlement,rate,par,frequency, [basis])，各参数的含义介绍如下。

◎ issue（必选）：证券的发行日期。

211：使用 DB 函数计算给定时间内的折旧值

| 适用版本 | 实用指数 |
| --- | --- |
| 2010、2013、2016、2019 | ★★★★★ |

**使用说明**

DB 函数使用固定余额递减法，计算指定期间内某项固定资产的折旧值。该函数的语法为 =DB(cost,salvage,life,period,month)，各参数的含义介绍如下。

- cost：资产原值。
- salvage：资产在折旧期末的价值（也称作资产残值）。
- life：折旧期限（也称作资产的使用寿命）。
- period：需要计算折旧值的期间，period 参数必须使用与 life 参数相同的单位。
- month：第 1 年的月份数，若省略则假设为 12。

**解决方法**

例如，某打印机设备购买时价格为 250000 元，使用了 10 年，最后处理价为 15000 元，现要分别计算该设备第 1 年 5 个月内的折旧值、第 6 年 7 个月内的折旧值及第 9 年 3 个月内的折旧值，具体操作方法如下。

**步骤01** 打开素材文件( 位置: 素材文件\第 10 章\打印机折旧计算 .xlsx )，选择要存放结果的 B5 单元格，输入公式【=DB(B2,B3,B4,1,5)】，按【Enter】键，即可得出计算结果，如下图所示。

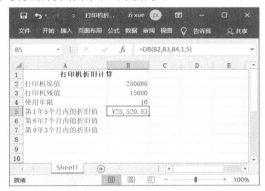

**步骤02** 选择要存放结果的 B6 单元格，输入公式【=DB(B2,B3,B4,6,7)】，按【Enter】键，即可得出计算结果，如下图所示。

**步骤03** 选择要存放结果的 B7 单元格，输入公式【=DB(B2,B3,B4,9,3)】，按【Enter】键，即可得出计算结果，如下图所示。

## 212：使用 SLN 函数计算线性折旧值

| 适用版本 | 实用指数 |
|---|---|
| 2010、2013、2016、2019 | ★★★★★ |

**使用说明**

SLN 函数用于计算某固定资产的每期限线性折旧费。SLN 函数的语法为 =SLN (cost,salvage,life)，各参数的含义介绍如下。

- cost：资产原值。
- salvage：资产在折旧期末的价值。
- life：折旧期限。

**解决方法**

例如，某打印机设备购买时价格为 250000 元，使用了 10 年，最后处理价为 15000 元，现在要分别计算该设备每年、每月和每天的折旧值，具体操作方法如下。

**步骤01** 打开素材文件（位置：素材文件\第 10 章\打印机折旧计算 1.xlsx），选择要存放结果的 B5 单元格，输入公式【=SLN(B2,B3,B4)】，按【Enter】键，即可得出计算结果，如下图所示。

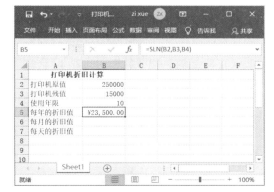

**步骤02** 选择要存放结果的B6单元格，输入公式【=SLN(B2,B3,B4*12)】，按【Enter】键，即可得出计算结果，如下图所示。

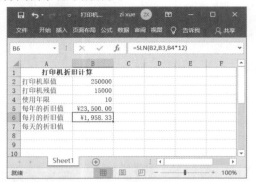

**步骤03** 选择要存放结果的B7单元格，输入公式【=SLN(B2,B3,B4*365)】，按【Enter】键，即可得出计算结果，如下图所示。

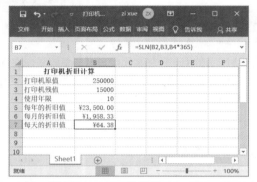

### 213：使用SYD函数按年限计算资产折旧值

| 适用版本 | 实用指数 | |
| --- | --- | --- |
| 2010、2013、2016、2019 | ★★★☆☆ |  |

SYD函数用于计算某项固定资产按年限总和折旧法计算的指定期间的折旧值。该函数的语法为=SYD(cost,salvage,life,per)，各参数的含义介绍如下。

◎ cost：资产原值。

◎ salvage：资产在折旧期末的价值。

◎ life：折旧期限。

◎ per：期间。

例如，某打印机设备购买时价格为250000元，

使用了10年，最后处理价为15000元，现在要分别计算该设备第1年、第5年和第9年的折旧值，具体操作方法如下。

**步骤01** 打开素材文件（位置：素材文件\第10章\打印机折旧计算2.xlsx），选择要存放结果的B5单元格，输入公式【=SYD(B2,B3,B4,1)】，按【Enter】键，即可得出计算结果，如下图所示。

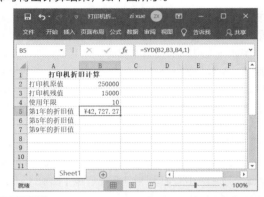

**步骤02** 选择要存放结果的B6单元格，输入公式【=SYD(B2,B3,B4,5)】，按【Enter】键，即可得出计算结果，如下图所示。

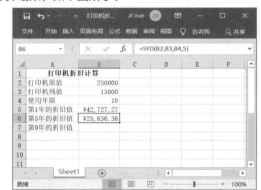

**步骤03** 选择要存放结果的B7单元格，输入公式【=SYD(B2,B3,B4,9)】，按【Enter】键，即可得出计算结果，如下图所示。

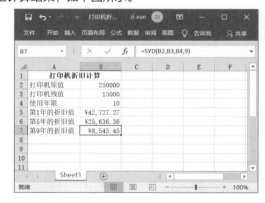

## 214：使用 VDB 函数计算任何时间段的折旧值

| 适用版本 | 实用指数 |
|---|---|
| 2010、2013、2016、2019 | ★★★★★ |

### 使用说明

VDB 函数使用双倍余额递减法或其他指定的方法，计算某固定资产在指定的任何时间内（包括部分时间）的折旧值。VDB 函数的语法为 =VDB(cost,salvage,life,start_period,end_period,factor,no_switch)，各参数的含义介绍如下。

◎ cost：资产原值。

◎ salvage：资产在折旧期末的价值。

◎ life：折旧期限。

◎ start_period：进行折旧计算的起始期间。

◎ end_period：进行折旧计算的截止期间。

◎ factor：余额递减速率（折旧因子）。

◎ no_switch：逻辑值。

### 解决方法

例如，某打印机设备购买时价格为 250000 元，使用了 10 年，最后处理价为 15000 元，现在要分别计算该设备第 52 天的折旧值、第 20 个月与第 50 个月间的折旧值，具体操作方法如下。

**步骤01** 打开素材文件( 位置: 素材文件\第 10 章\打印机折旧计算 3.xlsx )，选择要存放结果的 B5 单元格，输入公式【=VDB(B2,B3,B4*365,0,1)】，按【Enter】键，即可得出计算结果，如下图所示。

**步骤02** 选择要存放结果的 B6 单元格，输入公式【=VDB(B2,B3,B4*12,20,50)】，按【Enter】键，即可得出计算结果，如下图所示。

## 215：使用 DDB 函数按双倍余额递减法计算折旧值

| 适用版本 | 实用指数 |
|---|---|
| 2010、2013、2016、2019 | ★★★☆☆ |

### 使用说明

如果要使用双倍余额递减或其他指定方法，计算一笔资产在给定期间内的折旧值，则可以通过 DDB 函数实现。DDB 函数的语法为 DDB(cost,salvage,life,period,[factor])，各参数的含义介绍如下。

◎ cost（必选）：固定资产原值。

◎ salvage（必选）：资产在折旧期末的价值，此值可以是 0。

◎ life（必选）：固定资产进行折旧计算的周期总数，也称为固定资产的生命周期。

◎ period（必选）：进行折旧计算的期次。period 参数必须使用与 life 参数相同的单位。

◎ factor（可选）：余额递减速率。如果 factor 被省略，则采用默认值 2（双倍余额递减法）。

### 解决方法

例如，某打印机设备购买时价格为 250000 元，使用了 10 年，资产残值为 15000 元，现在分别计算第 1 年、第 2 年及第 5 年的折旧值，具体操作方法如下。

**步骤01** 打开素材文件( 位置: 素材文件\ 第 10 章\打印机折旧计算 4.xlsx )，选择要存放结果的 B5 单元格，输入公式【=DDB (B2,B3,B4,1)】，按【Enter】键，即可得出计算结果，如下图所示。

**步骤02** 选择要存放结果的 B6 单元格，输入公式【=DDB(B2,B3,B4,2)】，按【Enter】键，即可得出计算结果，如下图所示。

步骤03 选择要存放结果的 B7 单元格，输入公式【=DDB(B2,B3,B4,5)】，按【Enter】键，即可得出计算结果，如下图所示。

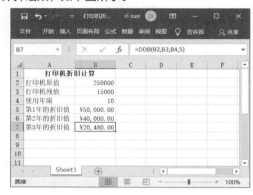

## 10.2 逻辑函数的应用

逻辑函数根据不同条件进行不同处理，条件式中使用比较运算符号指定逻辑式，并用逻辑值表示结果。下面将介绍逻辑函数的使用方法和相关应用。

### 216：使用 IFS 函数多条件判断函数

| 适用版本 | 实用指数 |
|---|---|
| 2019 | ★★★★★ |

#### 使用说明

IFS 函数是 Excel 2019 提供的，用于检查是否满足一个或多个条件，且是否返回与第一个 TRUE 条件对应的值。IFS 函数允许测试最多 127 个不同的条件，可以免去 IF 函数的多层嵌套。该函数的语法为 IFS(logical_test1,value_if_true1,[logical_test2],[value_if_true2],...)。各参数的含义介绍如下。

◎ logical_test1（必选）：表示计算结果为 TRUE 或 FALSE 的任意值或表达式。

◎ value_if_true1（必选）：表示当 logical_test1 的计算结果为 TRUE 时要返回的信息。

#### 解决方法

例如，在考核成绩表中，如果要根据考核总分对考核结果进行优秀、良好、及格和不及格 4 个等级的评判，具体操作方法如下。

#### 温馨提示

使用 IF 函数对本例考核结果进行评判时，需要输入公式【=IF(H3>=60,IF(H3>70,IF(H3>85," 优秀 "," 良好 ")," 及格 ")," 不及格 ")】，才能得出计算结果。

步骤01 打开素材文件（位置：素材文件\第10章\考核成绩表.xlsx），选择 I2 单元格，输入公式【=IFS(H2<60," 不及格 ",H2<70," 及格 ",H2<85," 良好 ",H2>=85," 优秀 ")】，按【Enter】键，即可判断出该员工的考核结果，如下图所示。

步骤02 向下复制公式，对其他员工的考核结果进行判断，如下图所示。

## 217：使用 SWITCH 函数进行匹配

| 适用版本 | 实用指数 | |
| --- | --- | --- |
| 2019 | ★★★★☆ | |

### 使用说明

SWITCH 函数也是 Excel 2019 新增的函数，它是根据表达式计算一个值，并返回与该值所匹配的结果；如果不匹配，就返回可选默认值。

SWITCH 函数的语法为 SWITCH( 表达式 ,value1,result1,[value2,result2],...,[value126, result126],[default])，各参数的含义介绍如下。

◎ 表达式（必选）：表达式的结果与 value*N* 相对应。

◎ value1,result1（必选）：用 value1 与表达式进行比较，如满足条件则返回对应的 result1。至少有 1 组，最多可有 126 组。

◎ default（可选）：当在 value*N* 表达式中没有找到匹配值时，则返回 default 值；当没有对应的 result*N* 表达式时，则标识为 default 参数。

default 必须是函数中的最后一个参数。

### 解决方法

例如，使用 SWITCH 函数在商品信息表中根据"商品信息"列数据返回商品的大小，具体操作方法如下。

**步骤01** 打开素材文件（位置：素材文件 \ 第 10 章 \ 商品信息表 .xlsx），选择 B2 单元格，输入公式【=SWITCH(MID(A2,SEARCH("-", A2)+1,SEARCH ("-",A2,SEARCH("-",A2)+1)-SEARCH("-",A2)-1),"S"," 小 ","M"," 中 ","L"," 大 ","XL"," 超大 ","XXL"," 超特大 ")】，按【Enter】键，即可返回商品对应的型号，如下图所示。

**步骤02** 向下复制公式，计算出其他商品对应的型号，如下图所示。

## 218：使用 AND 函数判断指定的多个条件是否同时成立

| 适用版本 | 实用指数 | |
| --- | --- | --- |
| 2010、2013、2016、2019 | ★★★★★ | |

### 使用说明

AND 函数用于判断多个条件是否同时成立。

如果所有条件成立，则返回 TURE；如果其中任意一个条件不成立，则返回 FLASE。AND 函数的语法为 =AND(logical1,logical2,...)。其中，logical1、logical2,... 是 1~255 个结果为 TURE 或 FLASE 的检测条件，检测内容可以是逻辑值、数组或引用。

**解决方法**

例如，使用 AND 函数判断用户是否能申请公租房，具体操作方法如下。

**步骤01** 打开素材文件（位置：素材文件\第10章\申请公租房 .xlsx），选中要存放结果的 F2 单元格，输入公式【=AND(B2>1, C2>6,D2<3000,E2<13)】，按【Enter】键，即可得出计算结果，如下图所示。

**步骤02** 向下复制公式至 F9 单元格，即可计算出其他用户是否有资格申请公租房，如下图所示。

**温馨提示**

在使用 AND 函数时需要注意，参数（或作为参数的计算结果）必须是逻辑值 TRUE 或 FALSE，或者是结果为包含逻辑值的数组或引用；如果数组或引用参数中包含文本或空白单元格，那么这些值将被忽略；如果指定的单元格区域中未包含逻辑值，那么 AND 函数将返回错误值【#VALUE!】。

## 219：使用 OR 函数判断多个条件中是否至少有一个条件成立

| 适用版本 | 实用指数 |
| --- | --- |
| 2010、2013、2016、2019 | ★★★★★ |

**使用说明**

OR 函数用于判断多个条件中是否至少有一个条件成立。在其参数组中，任何一个参数逻辑值为 TURE，则返回 TURE；若所有参数逻辑值为 FLASE，则返回 FLASE。OR 函数的语法为 OR(logical1,[logical2],...)。其中，logical1,logical2,... 是 1~255 个结果为 TURE 或 FLASE 的检测条件，logical1 是必选的，后续逻辑值是可选的。

**解决方法**

例如，在"新进员工考核表 .xlsx"中，各项考核 >17 分表示达标，现在使用 OR 函数检查员工的考核成绩达标情况，具体操作方法如下。

**步骤01** 打开素材文件（位置：素材文件\第10章\新进员工考核表 .xlsx），选中要存放结果的 F2 单元格，输入公式【=OR(B3>17,C3>17,D3>17,E3>17)】，按【Enter】键，即可得出计算结果，如下图所示。

**步骤02** 向下复制公式至 F13 单元格，即可计算出其他员工的达标情况，如下图所示。

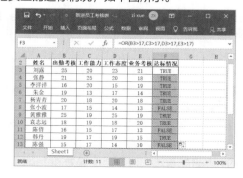

## 220：使用 NOT 函数对逻辑值求反

| 适用版本 | 实用指数 |
|---|---|
| 2010、2013、2016、2019 | ★★★★☆ |

### 使用说明

NOT 函数用于对参数的逻辑值求反：如果逻辑值为 FALSE，NOT 函数返回 TRUE；如果逻辑值为 TRUE，NOT 函数返回 FALSE。NOT 函数的语法为 =NOT(logical)。其中，logical 参数表示可以对其进行真（TRUE）假（FALSE）判断的任何值或表达式。

### 解决方法

例如，在"应聘名单 .xlsx"中，使用 NOT 函数将学历为"大专"的人员淘汰掉（即返回 FALSE），具体操作方法如下。

**步骤01** 打开素材文件（位置：素材文件\第 10 章\应聘名单 .xlsx），选中要存放结果的 F3 单元格，输入函数【=NOT(D3=" 大专 ")】，按【Enter】键，即可得出计算结果，如下图所示。

**步骤02** 向下复制公式至 F9 单元格，即可计算出其他人员的筛选情况，如下图所示。

### 温馨提示

AND、OR 和 NOT 函数单独使用的情况很少，一般与 IF 函数嵌套使用。

## 221：使用 IFERROR 函数对错误结果进行处理

| 适用版本 | 实用指数 |
|---|---|
| 2010、2013、2016、2019 | ★★★★★ |

### 使用说明

IFERROR 函数用于捕获和处理公式中的错误值，如果公式中的计算结果是错误值，则可返回指定的值；否则返回公式的计算结果。IFERROR 函数的语法为 IFERROR(value,value_if_error)。各参数的含义介绍如下。

◎ value（必选）：用于进行检查是否存在错误的公式。

◎ value_if_error（必选）：用于设置公式的计算结果为错误时要返回的值。

### 解决方法

例如，当单价为"无报价"时，得到的总额将显示为错误值，要想让错误值显示为空白，则可以使用 IFERROR 函数指定，具体操作方法如下。

**步骤01** 打开素材文件（位置：素材文件\第 10 章\产品报价单 .xlsx），选中要存放结果的 D2 单元格，输入公式【=IFERROR(B3*C3,"")】，按【Enter】键，即可得出计算结果，如下图所示。

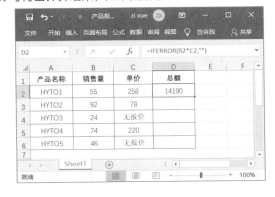

**步骤02** 向下复制公式至 D6 单元格，即可将错误值显示为空白，如下图所示。

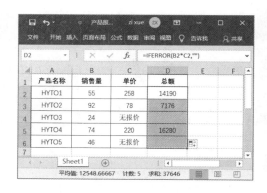

# 第11章
# 文本、日期和时间函数的应用技巧

　　Excel 函数中有一些专门用于处理文本、日期和时间的函数，使用这些函数，可以方便地查找数据中的相关信息。本章将介绍文本、日期和时间函数的应用技巧。

　　下面先来看看以下一些文本、日期和时间函数使用中的常见问题，你是否会处理或已掌握。

　　【√】员工信息登记表记录了员工的身份证号码，想要知道员工的年龄，可以使用哪些函数从身份证号码中提取员工的年龄呢？

　　【√】员工信息登记表中记录了员工的地址信息，怎样从地址信息中提取员工所在的省市？

　　【√】在招聘新员工时，想要录取笔试成绩合格，但同时淘汰工作态度不合格的员工，应该使用哪些函数？

　　【√】想要知道各员工进入公司的年份、月份，应该使用哪些函数？

　　【√】在分析数据时，怎样从记录有开始时间和结束时间的数据中计算出花费的小时数、分钟数和秒数？

　　【√】在制作表格时，使用哪些函数可以快速插入当前的日期和时间？

　　希望通过本章内容的学习，能帮助你解决以上问题，并学会 Excel 文本、日期和时间函数的应用技巧。

## 11.1 文本函数的应用

文本函数主要用于提取文本中的指定内容、转换数据类型等。下面将介绍文本函数的应用技巧。

| 222：使用 CONCATENATE 函数将多个字符串合并到一处 |
| --- |

| 适用版本 | 实用指数 |  |
| --- | --- | --- |
| 2010、2013、2016、2019 | ★★★☆☆ | |

### 使用说明

CONCATENATE 函数用于将多个字符串合并为一个字符串。

CONCATENATE 函数的语法为 =CONCATENATE(text1,[text2],...)。其中，参数 text1,text2,... 是 1~255 个要合并的文本字符串，可以是字符串、数字或单元格引用。如果需要直接输入文本，则需要用双引号括起来，否则将返回错误值。

### 解决方法

例如，要将区号与电话号码合并起来，具体操作方法如下。

**步骤01** 打开素材文件（位置：素材文件\第11章\客户公司联系方式 .xlsx），选中要存放结果的 D3 单元格，输入函数【=CONCATENATE (B3,"-",C3)】，按【Enter】键，即可得到计算结果，如下图所示。

**步骤02** 利用填充功能向下复制公式，即可将其他区号与电话号码合并起来，如下图所示。

| 223：使用 MID 函数从文本指定位置起提取指定个数的字符 |
| --- |

| 适用版本 | 实用指数 |
| --- | --- |
| 2010、2013、2016、2019 | ★★★★★ |

### 使用说明

如果需要从字符串指定的起始位置开始返回指定长度的字符，可以通过 MID 函数实现。MID 函数的语法为 =MID(text,start_num, num_chars)，各参数的含义介绍如下。

◎ text（必选）：包含需要提取字符串的文本、字符串，或是对含有提取字符串单元格的引用。

◎ start_num（必选）：需要提取的第 1 个字符的位置。

◎ num_chars（必选）：需要从第 1 个字符位置开始提取字符的个数。

### 解决方法

例如，要从身份证号码中将出生年月提取出来，具体操作方法如下。

**步骤01** 打开素材文件（位置：素材文件\第11章\员工信息表 .xlsx），选中要存放结果的 E3 单元格，输入公式【=MID(D3,7,8)】，按【Enter】键，即可得到出生年月，如下图所示。

**步骤02** 利用填充功能向下复制公式，即可计算出其他员工的出生年月，如下图所示。

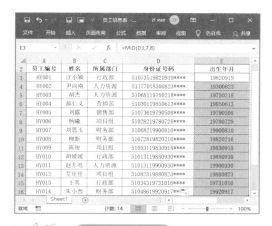

### 温馨提示

使用 MID 函数时需要注意，参数 start_num 的值如果超过了文本长度，就返回空文本；如果 start_num 的值没有超过文本长度，但是 start_num 加上 num_chars 的值超过了文本长度，那么返回从 start_num 开始，到文本最后的字符；如果 start_num 小于 1 或 num_chars（num_bytes）为负数，那么都会返回错误值【#VALUE!】。

### 224：使用 RIGHT 函数从文本右侧提取指定个数的字符

| 适用版本 | 实用指数 |
|---|---|
| 2010、2013、2016、2019 | ★★★★☆ |

#### 使用说明

RIGHT 函数是从一个文本字符串的最后一个字符开始，返回指定个数的字符。RIGHT 函数的语法为 =RIGHT(text,num_chars)，各参数的含义介绍如下。

◎ text（必选）：需要提取字符的文本字符串。

◎ num_chars（可选）：指定需要提取的字符数，如果忽略，则为 1。

#### 解决方法

例如，利用 RIGHT 函数将员工户口地址所在的区提取出来，具体操作方法如下。

**步骤01** 打开素材文件（位置：素材文件 \ 第 11 章 \ 员工档案表 .xlsx），选中要存放结果的 H2 单元格，输入公式【=RIGHT(G2,3)】，按【Enter】键，即可得到计算结果，如下图所示。

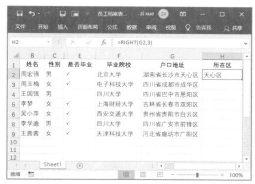

**步骤02** 利用填充功能向下复制公式，即可计算出其他员工的所在区，如下图所示。

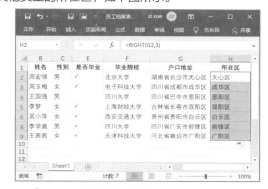

### 温馨提示

使用 RIGHT 函数时，如果参数 num_chars 为 0，RIGHT 函数将返回空文本；如果参数 num_chars 是负数，RIGHT 函数将返回错误值【#VALUE!】；如果参数 num_chars 大于文本总体长度，RIGHT 函数将返回所有文本。

### 225：使用 LEFT 函数从文本左侧提取指定个数的字符

| 适用版本 | 实用指数 |
|---|---|
| 2010、2013、2016、2019 | ★★★★☆ |

#### 使用说明

LEFT 函数用于从一个文本字符串的第一个字符开始，返回指定个数的字符。LEFT 函数的语法为 =LEFT(text,num_chars)，各参数的含义介绍如下。

◎ text（必选）：需要提取字符的文本字符串。

◎ num_chars（可选）：指定需要提取的字符数，如果忽略，则为 1。

示需要比较的第 2 个文本字符串。

**解决方法**

例如，利用 LEFT 函数将提取员工户口所在省，具体操作方法如下。

**步骤01** 打开素材文件（位置：素材文件\第 11 章\员工档案表 1.xlsx），选中要存放结果的 H2 单元格，输入公式【=LEFT(G2,3)】，按【Enter】键，即可得到计算结果，如下图所示。

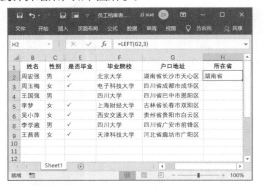

**步骤02** 利用填充功能向下复制函数，即可将所有员工户口所在省提取出来，如下图所示。

| 226：使用 EXACT 函数比较两个字符串是否相同 |
| --- |

| 适用版本 | 实用指数 | |
| --- | --- | --- |
| 2010、2013、2016、2019 | ★★★★★ |  |

**使用说明**

EXACT 函数用于比较两个字符串是否完全相同，如果完全相同则返回 TRUE；如果不同则返回 FALSE。EXACT 函数的语法为 =EXACT(text1,text2)。其中，参数 text1（必选），表示需要比较的第 1 个文本字符串；参数 text2（必选），表

**解决方法**

例如，使用 EXACT 函数比较两个经销商的报价是否一致，具体操作方法如下。

**步骤01** 打开素材文件（位置：素材文件\第 11 章\商品报价 .xlsx），选中要存放结果的 D3 单元格，输入公式【=EXACT(B3,C3)】，按【Enter】键，即可得到计算结果，如下图所示。

**步骤02** 利用填充功能向下复制公式，即可对其他商品的报价进行对比，如下图所示。

| 227：使用 FIND 函数查找指定字符在字符串中的位置 |
| --- |

| | 适用版本 | 实用指数 |
| --- | --- | --- |
|  | 2010、2013、2016、2019 | ★★★★★ |

**使用说明**

FIND 函数可以从文本字符串中查找特定的文本，并且返回查找文本的起始位置，查找时会区分大小写。FIND 函数的语法为 FIND(find_ text,within_ text,[start_num])，各参数的含义介绍如下。

◎ find_text（必选）：表示要查找的文本。

◎ within_text（必选）：表示要查找关键字所在的单元格。

◎ start_num（可选）：表示在 within_text 中开始查找的字符位置，首字符的位置为 1。若省略 start_num，则默认其值为 1。

**解决方法**

例如，在产品描述中查找"GTX1050"字符所在的起始位置，具体操作方法如下。

打开素材文件（位置：素材文件\第 11 章\产品描述 .xlsx），选择 C2 单元格，输入公式【=FIND(B2, A2,1)】，按【Enter】键，即可得到字符的起始位置，如下图所示。

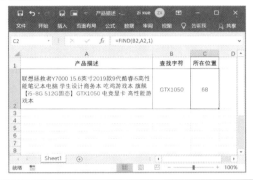

**228：使用 SEARCH 函数模糊查找不确定的内容**

| 适用版本 | 实用指数 |
| --- | --- |
| 2010、2013、2016、2019 | ★★★★☆ |

**使用说明**

SEARCH 函数也用于查找字符在字符串中的位置。与 FIND 函数的用法基本相同，但不同的是，SEARCH 函数可以使用通配符"*"和"?"进行模糊查找不确定的内容。"?"代表任意的单个字符，"*"代表任意的多个字符。SEARCH 函数的语法为 SEARCH(find_text,within_text, [start_num])，各参数的含义介绍如下。

◎ find_text（必选）：表示要查找的文本。

◎ within_text（必选）：表示要查找关键字所在的单元格。

◎ start_num（可选）：表示在 within_text 中开始查找的字符位置，首字符的位置为 1。若省略 start_num，则默认其值为 1。

**解决方法**

例如，使用 SEARCH 函数在产品描述中模糊查找"GTX1050"字符所在的起始位置，具体操作方法如下。

在"产品描述 .xlsx"中选择 C2 单元格，输入公式【=SEARCH("G?",A2,1)】，按【Enter】键，即可得到第一个"G"，也就是"8G"中"G"的起始位置，如下图所示。

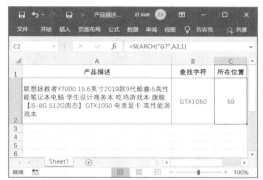

如果要使用 SEARCH 函数模糊查找"GTX1050"字符所在的起始位置，则可以在 C2 单元格中输入公式【=SEARCH("GT?",A2,1)】，按【Enter】键即可，如下图所示。

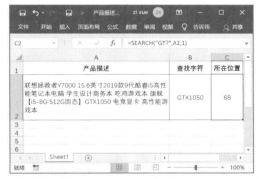

**229：使用 SUBSTITUTE 函数轻松替换文本**

| 适用版本 | 实用指数 |
| --- | --- |
| 2010、2013、2016、2019 | ★★★★☆ |

**使用说明**

SUBSTITUTE 函数用于替换字符串中的指定文本，另外，当字符串中有多个相同的字符时，还可以指定替换第几次出现的字符。SUBSTITUTE 函数的语法为

SUBSTITUTE(text, old_text,new_text,[instance_num])，各参数的含义介绍如下。

◎ text（必选）：表示需要替换其中字符的文本，或者对含有文本（需要替换其中字符）的单元格的引用。

◎ old_text（必选）：表示需要替换的旧文本。

◎ new_text（必选）：表示用于替换old_text中字符的文本。

◎ instance_num（可选）：表示用来指定以new_text替换第几次出现的old_text。若指定了instance_num，则只有满足要求的old_text被替换；否则会将text中出现的每一处old_text都更改为new_text。

**解决方法**

例如，将商品信息中的"上海"更改为"北京"，具体操作方法如下。

**步骤01** 打开素材文件（位置：素材文件\第11章\商品信息更改.xlsx），选中要存放结果的B2单元格，输入公式【=SUBSTITUTE(A2," 上海 "," 北京 ")】，按【Enter】键，即可得到计算结果，如下图所示。

**步骤02** 利用填充功能向下复制函数，即可将商品信息中的"上海"修改为"北京"，没有包含"上海"的商品信息将保持不变，如下图所示。

**230：使用 REPLACE 函数替换指定位置的文本**

| 适用版本 | 实用指数 |
| --- | --- |
| 2010、2013、2016、2019 | ★★★★☆ |

**使用说明**

REPLACE 函数可以使用其他文本字符串并根据所指定的位置替换某文本字符串中的部分文本。如果知道替换文本的位置，但不知道该文本，就可以使用此函数。REPLACE 函数的语法为 REPLACE(old_text,start_num,num_chars, new_text)，各参数的含义介绍如下。

◎ old_text（必选）：表示要替换其部分字符的文本。

◎ start_num（必选）：表示要用 new_text 替换 old_text 中字符的位置。

◎ num_chars（必选）：表示希望 REPLACE 函数使用 new_text 替换 old_text 中字符的个数。

◎ new_text（必选）：表示用于替换 old_text 中字符的文本。

**解决方法**

例如，将身份证号码中代表出生年月的这8个字符用相应个数的"*"代替，具体操作方法如下。

**步骤01** 打开素材文件（位置：素材文件\第11章\员工信息表1.xlsx），选中要存放结果的E3单元格，输入公式【=REPLACE(D3,7,8,"********")】，按【Enter】键，即可得到计算结果，如下图所示。

**步骤02** 利用填充功能向下复制函数，即可将所有员工身份证号码中的出生年月用"*"代替，如下图所示。

231：使用 TEXT 函数转换日期和时间格式

| 适用版本 | 实用指数 |
|---|---|
| 2010、2013、2016、2019 | ★★★★☆ |

使用说明

TEXT 函数可以通过指定的格式代码将数值转换为自己想要的格式，与 Excel 中的自定义数字格式比较相似。TEXT 函数的语法为 TEXT(value,format_text)，各参数的含义介绍如下。

◎ value（必选）：表示数值、计算结果为数值的公式，或对包含数值单元格的引用。

◎ format_text（必选）：表示使用半角双引号括起

来作为文本字符串的数字格式，如 "#,##0.00"。如果需要设置为分数或含有小数点的数字格式，就需要在 format_text 参数中包含占位符、小数点和千位分隔符。

解决方法

例如，在介绍 MID 函数从身份证号码中提取出生年月时，提取到的数据并不是日期格式，不便于查看。使用 TEXT 函数，则可轻松将提取出来的出生日期快速转换为日期数据，具体操作方法如下。

打开素材文件（位置：素材文件 \ 第 11 章 \ 员工信息表 .xlsx），选中要存放结果的 E3 单元格，输入公式【=TEXT(MID(D3,7,8),"00-00-00")】，按【Enter】键，即可得到按指定格式显示的出生年月。向下复制公式至 E16 单元格，即可得到其他员工的出生年月，效果如下图所示。

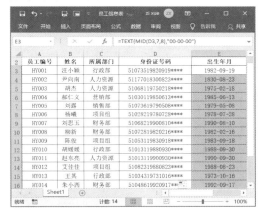

## 11.2 日期与时间函数的应用

日期与时间函数经常用来进行时间的处理，使用该类函数可使办公操作更加简便、快捷。接下来将介绍在日常应用中日期与时间函数的使用方法，如返回年份、返回月份、计算工龄等。

232：使用 YEAR 函数返回年份

| 适用版本 | 实用指数 |
|---|---|
| 2010、2013、2016、2019 | ★★★★☆ |

使用说明

YEAR 函数用于返回日期的年份值，是介于 1900~9999 的数字。YEAR 函数的语法为 =YEAR

(serial_number)。其中，参数 serial_number 为指定的日期。

解决方法

例如，要统计员工进入公司的年份，具体操作方法如下。

步骤01 打开素材文件（位置：素材文件 \ 第 11 章 \ 员工入职时间登记表 .xlsx），选中要存放结果的 C3 单元格，输入公式【=YEAR(B3)】，按【Enter】键，即可得到计算结果，如下图所示。

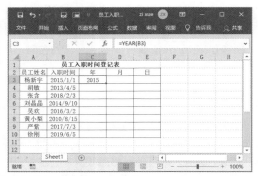

**步骤02** 利用填充功能向下复制公式，即可计算出所有员工的入职年份，如下图所示。

---

**233：使用 MONTH 函数返回月份**

| 适用版本 | 实用指数 |
|---|---|
| 2010、2013、2016、2019 | ★★★★★ |

**使用说明**

MONTH 函数用于返回指定日期中的月份值，是介于 1~12 的数字。该函数的语法为 =MONTH(serial_number)。其中，参数 serial_number 为指定的日期。

**解决方法**

例如，继续上例操作，统计员工进入公司的月份，具体操作方法如下。

**步骤01** 在"员工入职时间登记表 .xlsx"中选中要存放结果的 D3 单元格，输入公式【=MONTH(B3)】，按【Enter】键，即可得到计算结果，如下图所示。

**步骤02** 利用填充功能向下复制公式，即可计算出所有员工的入职月份，如下图所示。

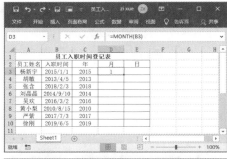

---

**234：使用 DAY 函数返回某天数值**

| 适用版本 | 实用指数 |
|---|---|
| 2010、2013、2016、2019 | ★★★☆☆ |

**使用说明**

DAY 函数用于返回一个月中的第几天的数值，是介于 1~31 的数字。DAY 函数的语法为 =DAY(serial_number)。其中，参数 serial_number 为指定的日期。

**解决方法**

例如，继续上例操作，统计员工进入公司的具体某天，具体操作方法如下。

在"员工入职时间登记表 .xlsx"中选中要存放结果的 E3 单元格，输入公式【=DAY(B3)】，按【Enter】键，再向下复制公式至 E10 单元格，即可计算出所有员工进入公司的具体某天，如下图所示。

## 235：使用 DATEDIF 函数计算两个日期之差

| 适用版本 | 实用指数 | |
|---|---|---|
| 2010、2013、2016、2019 | ★★★★★ |  |

### 使用说明

DATEDIF 函数是 Excel 一个隐藏的函数，主要用于计算两个日期之间的年数、月数或天数。其语法为 DATEDIF(start_date,end_date,unit)，各参数的含义介绍如下。

◎ start_date（必选）：时间段内的第一个日期或开始日期。

◎ end_date（必选）：时间段内的最后一个日期或结束日期。

◎ unit（可选）：所需信息的返回类型，"y" 表示返回时间段中的整年数；"m" 表示返回时间段中的整月数；"d" 表示返回时间段中的天数；"md" 表示返回参数 1 和参数 2 的天数之差，忽略年和月；"ym" 表示返回参数 1 和参数 2 的月数之差，忽略年和日；"yd" 表示返回参数 1 和参数 2 的天数之差，忽略年，按照月、日计算天数。

### 解决方法

例如，计算入职日期到"2020/12/31"这个日期的员工工龄年数，具体操作方法如下。

**步骤01** 打开素材文件（位置：素材文件 \ 第 11 章 \ 员工工资表 .xlsx），选中要存放结果的 F3 单元格，输入公式【=DATEDIF(E3,"2020/12/ 31","Y")】，按【Enter】键，即可得到计算结果，如下图所示。

**步骤02** 利用填充功能向下复制公式，即可计算出所有员工的工龄数，如下图所示。

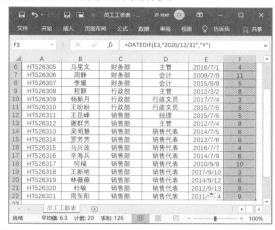

## 236：使用 WEEKDAY 函数返回一周中的第几天的数值

| 适用版本 | 实用指数 | |
|---|---|---|
| 2010、2013、2016、2019 | ★★★☆☆ |  |

### 使用说明

WEEKDAY 函数用于返回某日期为星期几，是一个 1~7 的整数。WEEKDAY 函数的语法为 WEEKDAY(serial_number,[return_type])。其中，参数 serial_number（必选）为一个序列号，代表尝试查找的那一天的日期；参数 return_type（可选）用于确定返回值类型的数字。参数 return_type 的值与其返回数字及对应星期数如下所示。

◎ 若为 1 或忽略：返回数字 1（星期日）到数字 7（星期六）。

◎ 若为 2：返回数字 1（星期一）到数字 7（星期日）。

◎ 若为 3：返回数字 0（星期一）到数字 6（星期日）。

◎ 若为 11：返回数字 1（星期一）到数字 7（星期日）。

◎ 若为 12：返回数字 1（星期二）到数字 7（星期一）。

◎ 若为 13：返回数字 1（星期三）到数字 7（星期二）。

◎ 若为 14：返回数字 1（星期四）到数字 7（星期三）。

◎ 若为 15：返回数字 1（星期五）到数字 7（星期四）。

◎ 若为 16：返回数字 1（星期六）到数字 7（星期五）。

◎ 若为 17：返回数字 1（星期日）到数字 7（星期六）。

### 解决方法

如果要使用 WEEKDAY 函数返回数值，具体操作方法如下。

**步骤01** 打开素材文件（位置：素材文件\第11章\返回一周中的第几天的数值 .xlsx），选中要存放结果的C2 单元格，输入公式【=WEEKDAY(A2,B2)】，按【Enter】键，即可得到计算结果，如下图所示。

**步骤02** 利用填充功能向下复制公式，即可返回其他相应的结果，如下图所示。

---

### 237：使用 EDATE 函数返回指定日期

| 适用版本 | 实用指数 |
| --- | --- |
| 2010、2013、2016、2019 | ★★☆☆☆ |

**使用说明**

EDATE 函数用于返回表示某个日期的序列号，该日期与指定日期相隔（之前或之后）指示的月份数。EDATE 函数的语法为 EDATE(start_date,months)，各参数含义介绍如下。

◎ start_date（必选）：一个代表开始日期的日期。

◎ months（必选）：start_date 之前或之后的月份数。months 为正值将生成未来日期；为负值将生成过去日期。

**解决方法**

如果要使用 EDATE 函数返回日期，具体操作方法如下。

---

**步骤01** 打开素材文件（位置：素材文件 \ 第 11 章 \ 返回指定日期 .xlsx），选中 C2 单元格，输入公式【=EDATE(A2,B2)】，按【Enter】键，即可得到计算结果，如下图所示。

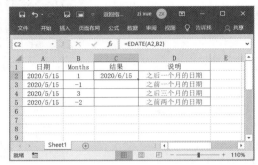

**步骤02** 利用填充功能向下复制公式，即可返回其他相应的结果，如下图所示。

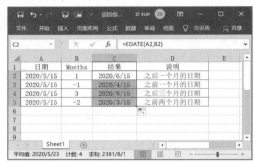

---

### 238：使用 HOUR 函数返回小时数

| 适用版本 | 实用指数 |
| --- | --- |
| 2010、2013、2016、2019 | ★★★★☆ |

**使用说明**

HOUR 函数用于返回时间值的小时数。HOUR 函数的语法为 =HOUR(serial_number)。其中，参数 serial_number（必选）表示一个时间值，其中包含要查找的小时数。

**解决方法**

例如，在"实验记录 .xlsx"中，计算各实验阶段所用的小时数，具体操作方法如下。

**步骤01** 打开素材文件（位置：素材文件 \ 第 11 章 \ 实验记录 .xlsx），选中要存放结果的 D4 单元格，输入公式【=HOUR(C4-B4)】，按【Enter】键，即可计算出第一阶段所用的小时数，如下图所示。

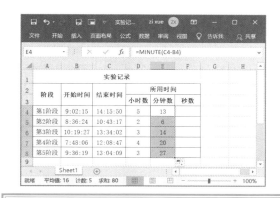

**步骤02** 利用填充功能向下复制公式，即可计算出其他实验阶段所用的小时数，如下图所示。

### 239：使用 MINUTE 函数返回分钟数

| 适用版本 | 实用指数 |
| --- | --- |
| 2010、2013、2016、2019 | ★★★★☆ |

#### 使用说明

MINUTE 函数用于返回时间的分钟数。MINUTE 函数的语法为 =MINUTE(serial_number)。其中，参数 serial_number（必选）表示一个时间值，其中包含要查找的分钟数。

#### 解决方法

例如，继续上例操作，计算各实验阶段所用的分钟数，具体操作方法如下。

在"实验记录 .xlsx"中选中要存放结果的 E4 单元格，输入公式【=MINUTE(C4-B4)】，按【Enter】键，向下复制公式，即可计算出各阶段所用的分钟数，如下图所示。

### 240：使用 SECOND 函数返回秒数

| 适用版本 | 实用指数 |
| --- | --- |
| 2010、2013、2016、2019 | ★★★☆☆ |

#### 使用说明

SECOND 函数用于返回时间值的秒数，返回的秒数为 0~59 的整数。SECOND 函数的语法为 SECOND(serial_number)。其中，参数 serial_number（必选）表示一个时间值，其中包含要查找的秒数。

#### 解决方法

例如，继续上例操作，计算各实验阶段所用的秒数，具体操作方法如下。

在"实验记录 .xlsx"中选中要存放结果的 E4 单元格，输入公式【=SECOND(C4-B4)】，按【Enter】键；向下复制公式，即可计算出各阶段所用的秒数，如下图所示。

## 241：使用 NETWORKDAYS 函数返回两个日期间的全部工作日数

| 适用版本 | 实用指数 |
|---|---|
| 2010、2013、2016、2019 | ★★★★☆ |

### 使用说明

NETWORKDAYS 函数用于计算两个日期之间的工作日天数，工作日不包括周末和专门指定的假期。NETWORKDAYS 函数的语法为 NETWORKDAYS(start_date,end_date,[holidays])，各参数的含义介绍如下。

◎ start_date（必选）：一个代表开始日期的日期。
◎ end_date（必选）：一个代表终止日期的日期。
◎ holidays（可选）：不在工作日历中的一个或多个日期所构成的可选区域。

### 解决方法

例如，在"项目天数统计 .xlsx"中计算各个项目所用工作日天数，具体操作方法如下。

**步骤01** 打开素材文件（位置：素材文件\第11章\项目天数统计 .xlsx），选中要存放结果的 D2 单元格，输入公式【=NETWORKDAYS (B2,C2,$F$2:$F$5)】，按【Enter】键，即可计算出项目 1 所用的工作日天数，如下图所示。

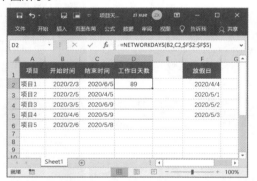

**步骤02** 利用填充功能向下复制公式，计算出其他项目所用的工作日天数，如下图所示。

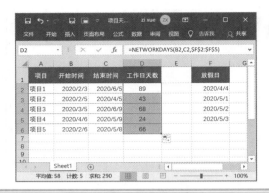

## 242：使用 WORKDAY 函数返回若干工作日之前或之后的日期

| 适用版本 | 实用指数 |
|---|---|
| 2010、2013、2016、2019 | ★★★☆☆ |

### 使用说明

WORKDAY 函数用于返回在某日期（起始日期）之前或之后、与该日期相隔指定工作日的某一日期的日期值。工作日不包括周末和专门指定的假日。WORKDAY 函数的语法为 WORKDAY (start_date,days,[holidays])，各参数的含义介绍如下。

◎ start_date（必选）：一个代表开始日期的日期。
◎ days（必选）：start_date 之前或之后不含周末及节假日的天数。days 为正值时将生成未来日期，为负值时将生成过去日期。
◎ holidays（可选）：一个可选列表，其中包含需要从工作日历中排除的一个或多个日期。该列表可以是包含日期的单元格区域，也可以是由代表日期的序列号所构成的数组常量。

### 解决方法

例如，在"项目表 .xlsx"中计算项目结束时间，具体操作方法如下。

**步骤01** 打开素材文件（位置：素材文件\第11章\项目表 .xlsx），选中要存放结果的 D2 单元格，输入公式【=WORKDAY(B2, C2,$F$2:$F$5)】，按【Enter】键；向下复制公式至 D6 单元格，得到日期序列号，如下图所示。

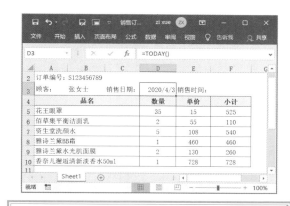

**步骤02** 选择 D2:D6 单元格区域，将其设置为日期格式，即可得到项目的结束日期，效果如下图所示。

---

**243：使用 TODAY 函数显示当前日期**

| 适用版本 | 实用指数 |
| --- | --- |
| 2010、2013、2016、2019 | ★★★★★ |

**使用说明**

TODAY 函数用于返回当前日期，该函数不需要计算参数。

**解决方法**

如果要使用 TODAY 函数显示出当前日期，具体操作方法如下。

打开素材文件（位置：素材文件\第 11 章\销售订单 .xlsx），选择存放结果的 D3 单元格，输入公式【=TODAY()】，按【Enter】键，即可显示当前日期，如下图所示。

---

**244：使用 NOW 函数显示当前日期和时间**

| 适用版本 | 实用指数 |
| --- | --- |
| 2010、2013、2016、2019 | ★★★★☆ |

**使用说明**

NOW 函数用于返回当前日期和时间，该函数不需要计算参数。

**解决方法**

如果要使用 NOW 函数显示出当前日期和时间，具体操作方法如下。

打开素材文件（位置：素材文件\第 11 章\销售订单 .xlsx），选择存放结果的 D3 单元格，输入公式【=NOW()】，按【Enter】键，即可显示当前日期和时间，如下图所示。

# 第 12 章
# 数据的排序、筛选与汇总的应用技巧

完成表格的编辑后，还可以通过 Excel 的排序、筛选和汇总等功能对表格数据进行管理与分析。本章将针对这些功能，介绍一些数据排序、筛选和汇总的应用技巧。

下面先来看看以下一些关于数据排序、筛选与汇总的常见问题，你是否会处理或已掌握。

【√】想将工作表中的数据从高到低或者从低到高排列，你知道如何操作吗？

【√】默认的排序方式是按列排序，如果需要按行排序，应该如何设置吗？

【√】招聘员工时的面试名单，需要随机排序，应该如何操作？

【√】表格制作完成后，如果想要将其中的一项数据筛选出来，知道筛选的方法吗？

【√】工作表中的特殊数据设置了单元格颜色，此时，你知道怎样通过颜色来筛选数据吗？

【√】如果想要筛选的数据有多个条件，你知道怎样筛选吗？

【√】年度汇总表数据量较大，你知道怎样利用分级显示数据吗？

【√】对表格数据进行分类汇总时，能不能按照多个关键字进行汇总？

希望通过本章内容的学习，能帮助你解决以上问题，并学会 Excel 数据的排序、筛选与汇总的应用技巧。

## 12.1 数据排序

在编辑工作表时，可以通过排序功能对表格数据进行排序，从而方便查看和管理数据。下面介绍数据排序的一些常用技巧。

---

**245：按一个关键字快速排序表格数据**

| 适用版本 | 实用指数 |
|---|---|
| 2010、2013、2016、2019 | ★★★★★ |

**使用说明**

使用一个关键字排序，是最简单、最快速，也是最常用的一种排序方法。

使用一个关键字排序是指依据某列的数据规则对表格数据进行升序或降序操作，按升序方式排序时，最小的数据将位于该列的最前端；按降序方式排序时，最大的数据将位于该列的最前端。

**解决方法**

例如，在"员工工资表.xlsx"中按照关键字"实发工资"进行降序排列，具体操作方法如下。

**步骤01** 打开素材文件（位置：素材文件\第12章\员工工资表.xlsx），❶选中【实发工资】列中的任意单元格；❷单击【数据】选项卡【排序和筛选】组中的【降序】按钮，如下图所示。

**步骤02** 此时，工作表中的数据将按照关键字"实发工资"进行降序排列，如下图所示。

---

**246：使用多个关键字排序表格数据**

| 适用版本 | 实用指数 |
|---|---|
| 2010、2013、2016、2019 | ★★★★★ |

**使用说明**

按多个关键字进行排序是指依据多列的数据规则对表格数据进行排序操作。

**解决方法**

例如，在"员工工资表.xlsx"中，以"基本工资"为主关键字，"岗位工资"为次关键字，对表格数据进行排序，具体操作方法如下。

**步骤01** 打开素材文件（位置：素材文件\第12章\员工工资表.xlsx），❶选中数据区域中的任意单元格；❷单击【数据】选项卡【排序和筛选】组中的【排序】按钮，如下图所示。

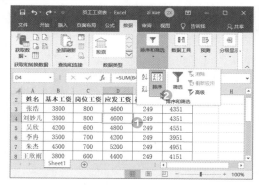

**步骤02** ❶弹出【排序】对话框，在【主要关键字】下拉列表中选择排序关键字，在【排序依据】下拉列表中选择排序依据，在【次序】下拉列表中选择排序方式；❷单击【添加条件】按钮，如下图所示。

**步骤03** ❶使用相同的方法设置次要关键字；❷完成后单击【确定】按钮，如下图所示。

**步骤04** 此时，工作表中的数据将按照关键字"基本工资"进行升序排列，当基本工资相同时，则按照"岗位工资"进行升序排列，如下图所示。

---

**247：让表格中的文本按字母顺序排序**

| 适用版本 | 实用指数 | |
|---|---|---|
| 2010、2013、2016、2019 | ★★★☆☆ | |

**使用说明**

对表格进行排序时，可以让文本数据按照字母顺序进行排序，即按照拼音的首字母进行降序（Z~A 的字母顺序）或升序排序（A~Z 的字母顺序）。

---

**解决方法**

例如，将"员工工资表 .xlsx"中的数据按照关键字"姓名"进行升序排列，具体操作方法如下。

**步骤01** 打开素材文件（位置：素材文件\第 12 章\员工工资表 .xlsx），❶选中【姓名】列中的任意单元格；❷单击【数据】选项卡【排序和筛选】组中的【升序】按钮 ↓，如下图所示。

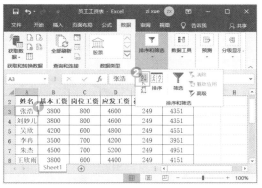

**步骤02** 此时，工作表中的数据将以"姓名"为关键字，并按字母顺序进行升序排列，如下图所示。

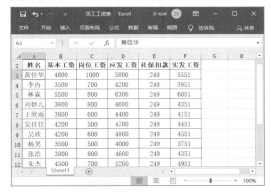

**温馨提示**

在 Excel 中，文本数据的默认排序方式就是按字母顺序排序的。

---

**248：按笔划进行排序**

| 适用版本 | 实用指数 | |
|---|---|---|
| 2010、2013、2016、2019 | ★★★☆☆ | |

**使用说明**

在编辑工资表、员工信息表等类型的表格时，若要以员工姓名为依据进行排序，通常会按字母顺序进行排序。除此之外，还可以按照文本的笔划进行排序，下面就介绍操作方法。

**解决方法**

例如，在"员工信息登记表 .xlsx"的工作表中，要以"姓名"为关键字，并按笔画进行排序，具体操作方法如下。

**步骤01** 打开素材文件（位置：素材文件\第12章\员工信息登记表 .xlsx），❶选中数据区域中的任意单元格；❷单击【数据】选项卡【排序和筛选】组中的【排序】按钮，如下图所示。

**步骤02** ❶弹出【排序】对话框，在【主要关键字】下拉列表中选择【姓名】选项，在【次序】下拉列表中选择【升序】选项；❷单击【选项】按钮，如下图所示。

**步骤03** ❶弹出【排序选项】对话框，在【方法】栏中选中【笔划排序】单选按钮；❷单击【确定】按钮，如下图所示。

**步骤04** 返回【排序】对话框，单击【确定】按钮，在返回的工作表中即可查看排序后的效果，如下图所示。

### 249：按行进行排序

| | 适用版本 | 实用指数 |
| --- | --- | --- |
| | 2010、2013、2016、2019 | ★★★☆☆ |

**使用说明**

默认情况下，对表格数据进行排序时，是按列进行排序的。但是当表格标题是以列的方式进行输入时，若按照默认的排序方向排序则可能无法实现预期的效果，此时就需要按行进行排序了。

**解决方法**

如果要将数据按行进行排序，具体操作方法如下。

**步骤01** 打开素材文件（位置：素材文件\第12章\海尔冰箱销售统计 .xlsx），选中要进行排序的单元格区域，本例中选择 B2:G5 单元格区域，打开【排序】对话框，单击【选项】按钮，如下图所示。

**步骤02** ❶弹出【排序选项】对话框，在【方向】栏中选中【按行排序】单选按钮；❷单击【确定】按钮，如下图所示。

**步骤03** ❶返回【排序】对话框，设置主要关键字、排序依据及次序；❷单击【确定】按钮，如下图所示。

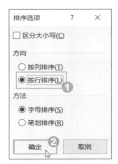

**步骤04** 返回工作表，即可查看排序后的效果，如下图所示。

250：按单元格背景颜色进行排序

| 适用版本 | 实用指数 |
| --- | --- |
| 2010、2013、2016、2019 | ★★★★☆ |

**使用说明**

编辑表格时，若设置了单元格背景颜色，还可以按照设置的单元格背景颜色进行排序。

**解决方法**

例如，在"销售清单.xlsx"中对【品名】列中的数据设置了多种单元格背景颜色。现在要以"品名"为关键字，按照单元格背景颜色进行排序，具体操作方法如下。

**步骤01** 打开素材文件（位置：素材文件\第12章\销售清单.xlsx），❶选中数据区域中的任意单元格，打开【排序】对话框，在【主要关键字】下拉列表中选

择排序关键字，本例中选择【品名】；❷在【排序依据】下拉列表中选择排序依据，本例中选择【单元格颜色】；❸在【次序】下拉列表中选择单元格颜色，在右侧的下拉列表中设置该颜色所处的单元格位置；❹单击【添加条件】按钮，如下图所示。

**步骤02** ❶添加并设置其他关键字的排序参数；❷设置完成后单击【确定】按钮，如下图所示。

**温馨提示**

当要设置的多个排序条件基本相同时，可以在设置好一个条件后，单击【复制条件】按钮来复制前面已经设置好的条件，再在此基础上进行修改。例如，本例中选择设置好的第1个排序条件后，单击【复制条件】按钮，再修改排序颜色，就可以得到第2个和第3个排序条件。

**步骤03** 返回工作表，即可查看排序后的效果，如下图所示。

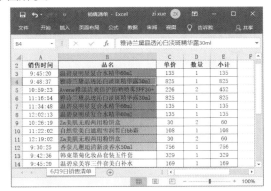

**温馨提示**

也可以按照字体颜色来排序，方法与使用单元格背景颜色排序相同。

## 251：通过自定义序列排序数据

| 适用版本 | 实用指数 |
|---|---|
| 2010、2013、2016、2019 | ★★★☆☆ |

**使用说明**

在对工作表数据进行排序时，如果希望按照指定的字段序列进行排序，则要进行自定义序列排序。

**解决方法**

例如，要将"员工信息登记表.xlsx"的工作表数据按照自定义序列进行排序，具体操作方法如下。

**步骤01** 打开素材文件（位置：素材文件\第12章\员工信息登记表.xlsx），❶选中数据区域中的任意单元格，打开【排序】对话框，在【主要关键字】下拉列表中选择排序关键字；❷在【次序】下拉列表中选择【自定义序列】选项，如下图所示。

**步骤02** ❶弹出【自定义序列】对话框，在【输入序列】文本框中输入排序序列；❷单击【添加】按钮，将其添加到【自定义序列】列表框中；❸单击【确定】按钮，如下图所示。

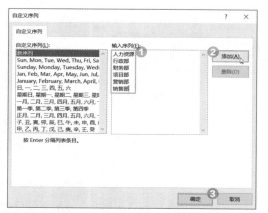

**步骤03** 返回【排序】对话框，单击【确定】按钮，在返回的工作表中即可查看排序后的效果，如下图所示。

## 252：利用排序法制作工资条

| 适用版本 | 实用指数 |
|---|---|
| 2010、2013、2016、2019 | ★★★★☆ |

**使用说明**

在 Excel 中，利用排序功能不仅能对工作表数据进行排序，还能制作一些特殊表格，如工资条等。

**解决方法**

如果要使用工作表制作工资条，具体操作方法如下。

**步骤01** 打开素材文件（位置：素材文件\第12章\6月工资表.xlsx），❶选中复制工资表的标题行；❷选中 A13:I22 单元格区域，进行粘贴操作，如下图所示。

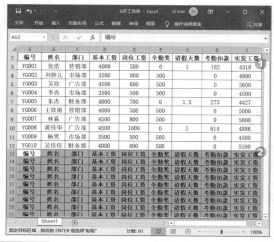

**步骤02** ❶在原始单元格区域右侧添加辅助列，并填充 1~10 的数字；❷在添加了重复标题区域右侧填充 1~9 的数字，如下图所示。

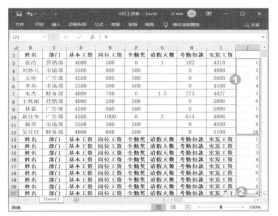

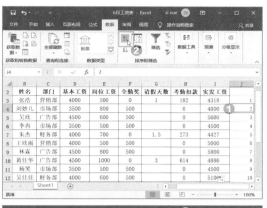

**步骤03** ①在辅助列中选中任意单元格；②单击【数据】选项卡【排序和筛选】组中的【升序】按钮↓↑，如下图所示。

**步骤04** 删除辅助列的数据，完成后的效果如下图所示。

---

## 12.2 数据筛选

在管理工作表数据时，可以通过筛选功能将符合某个条件的数据显示出来，将不符合条件的数据隐藏起来，以便管理与查看数据。

| 253：单条件筛选 |
| --- |

| 适用版本 | 实用指数 |
| --- | --- |
| 2010、2013、2016、2019 | ★★★★★ |

**使用说明**

单条件筛选就是将符合某个条件的数据筛选出来。

**解决方法**

如果要进行单条件筛选，具体操作方法如下。

**步骤01** 打开素材文件（位置：素材文件\第 12 章\销售业绩表 .xlsx），①选中数据区域中的任意单元格；②单击【数据】选项卡【排序和筛选】组中的【筛选】按钮，如下图所示。

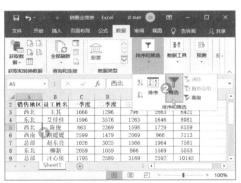

**步骤02** ①进入筛选状态，单击【销售地区】列右侧的下拉按钮；②在弹出的下拉列表中设置筛选条件，本例选中【西北】复选框；③单击【确定】按钮，如下图所示。

**步骤03** 返回工作表，即可看到表格中只显示了【销售地区】为【西北】的数据，且列标题【销售地区】右侧的下拉按钮将变为漏斗形状的按钮，表示【销售地区】为当前数据区域的筛选条件，如下图所示。

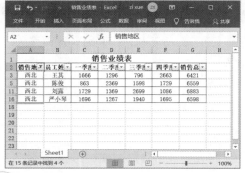

### 254：按数字筛选

| 适用版本 | 实用指数 |
| --- | --- |
| 2010、2013、2016、2019 | ★★★★☆ |

**使用说明**

在制作销售表、员工考核成绩表等类型的工作表时，如果要从庞大的数据中查找排名前几位的记录不是件容易的事，此时可以按数字进行筛选。

**解决方法**

例如，在"销售业绩表.xlsx"的工作表中，将二季度销售成绩排名前5位的数据筛选出来，具体操作方法如下。

📖 **步骤01** 打开素材文件（位置：素材文件\第12章\销售业绩表.xlsx），❶单击【筛选】按钮进入筛选状态，单击【二季度】右侧的下拉按钮▼；❷在弹出的下拉列表中选择【数字筛选】选项；❸在弹出的扩展菜单中选择【前10项】选项，如下图所示。

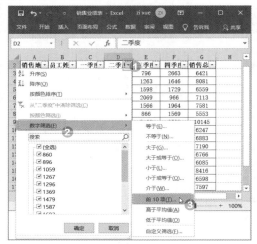

📖 **步骤02** ❶弹出【自动筛选前10个】对话框，在中间的数值框中输入【5】；❷单击【确定】按钮，如下图所示。

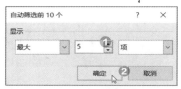

📖 **步骤03** 返回工作表，即可看到只显示了【二季度】销售成绩排名前5位的数据，如下图所示。

📢 **温馨提示**

对数字进行筛选时，选择【数字筛选】选项，在弹出的扩展菜单中选择某个选项，可以筛选出相应的数据，如筛选出等于某个数字的数据、不等于某个数字的数据、大于某个数字的数据、介于某个范围之间的数据等。

## 255：按文本筛选

| 适用版本 | 实用指数 |
|---|---|
| 2010、2013、2016、2019 | ★★★★☆ |

### 使用说明

对文本进行筛选时，可以筛选出等于某个指定文本的数据、以指定内容开头的数据、以指定内容结尾的数据等，灵活掌握这些筛选方式，可以轻松自如地管理表格数据。

### 解决方法

例如，在"员工信息登记表 .xlsx"中，以【开头是】方式筛选出"胡"姓员工的数据，具体操作方法如下。

**步骤01** 打开素材文件（位置：素材文件\第 12 章\员工信息登记表 .xlsx），❶单击【筛选】按钮进入筛选状态，单击【姓名】右侧的下拉按钮▼；❷在弹出的下拉列表中选择【文本筛选】选项；❸在弹出的扩展菜单中选择【开头是】选项，如下图所示。

**步骤02** ❶弹出【自定义自动筛选方式】对话框，在【开头是】右侧的文本框中输入【胡】；❷单击【确定】按钮，如下图所示。

**步骤03** 返回工作表，即可看到表格中只显示了"胡"姓员工的数据，如下图所示。

## 256：按日期进行筛选

| 适用版本 | 实用指数 |
|---|---|
| 2010、2013、2016、2019 | ★★★☆☆ |

### 使用说明

对日期数据进行筛选时，不仅可以按天数进行筛选，还可以按星期进行筛选。

### 解决方法

例如，在"考勤表 .xlsx"中，为了方便后期评定员工的绩效，现在需要将星期六、星期日的日期筛选出来，并设置黄色填充颜色，具体操作方法如下。

**步骤01** 打开素材文件（位置：素材文件\第 12 章\考勤表 .xlsx），❶选中 B2:B23 单元格区域，打开【设置单元格格式】对话框，在【数字】选项卡的【分类】列表框中选择【日期】选项；❷在【类型】列表框中选择【星期三】选项；❸单击【确定】按钮，如下图所示。

**步骤02** ❶返回工作表，进入筛选状态，单击【上班时间】右侧的下拉按钮；❷在弹出的下拉列表中选择【日期筛选】选项；❸在弹出的扩展菜单中选择【等于】选项，如下图所示。

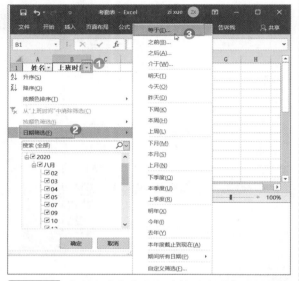

**步骤03** ❶弹出【自定义自动筛选方式】对话框，将第一个筛选条件设置为【等于】，值为【星期六】；❷选中【或】单选按钮；❸将第二个筛选条件设置为【等于】，值为【星期日】；❹单击【确定】按钮，如下图所示。

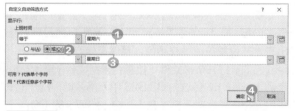

**步骤04** 返回工作表，即可筛选出符合条件的数据，并将其填充为黄色，如下图所示。

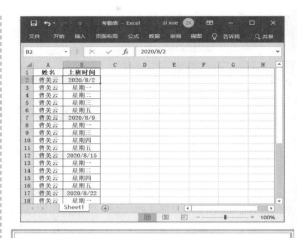

**步骤05** 退出筛选状态，然后选中B2:B23单元格区域，将数字格式设置为日期，如下图所示。

---

## 257：快速按目标单元格的值或特征进行筛选

| 适用版本 | 实用指数 |
| --- | --- |
| 2010、2013、2016、2019 | ★★★★☆ |

**使用说明**

在制作销售表、员工考核成绩表等类型的工作表时，如果要从庞大的数据中查找数据比较困难，此时可以利用目标单元格的值或特征进行快速筛选。

**解决方法**

如果要按目标单元格的值进行筛选，具体操作方法如下。

**步骤01** 打开素材文件（位置：素材文件\第12章\销售业绩表.xlsx），❶选中要作为筛选条件的单元格，右击；❷在弹出的快捷菜单中选择【筛选】命令；❸在弹出的扩展菜单中选择【按所选单元格的值筛选】命令，如下图所示。

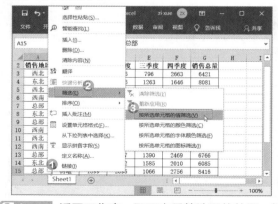

**步骤02** 返回工作表，即可查看筛选后的效果，如

下图所示。

## 258：在自动筛选时让日期不按年、月、日分组

| 适用版本 | 实用指数 | |
|---|---|---|
| 2010、2013、2016、2019 | ★★★☆☆ | |

### 使用说明

默认情况下，对日期数据进行筛选时，日期是按年、月、日进行分组显示的。如果希望按天数对日期数据进行筛选，则要设置让日期不按年、月、日分组。

### 解决方法

如果要按天数对日期数据进行筛选，具体操作方法如下。

**步骤01** 打开素材文件（位置：素材文件\第12章\数码产品销售清单.xlsx），❶打开【Excel选项】对话框，在【高级】选项卡【此工作簿的显示选项】栏中取消选中【使用"自动筛选"菜单分组日期】复选框；❷单击【确定】按钮，如下图所示。

**步骤02** ❶返回工作表，进入筛选状态，单击【收银日期】列右侧的下拉按钮，在弹出的下拉列表中可以看到日期按天显示，此时可以根据需要设置筛选

条件；❷单击【确定】按钮，如下图所示。

**步骤03** 返回工作表，即可查看筛选效果，如下图所示。

## 259：在文本筛选中使用通配符进行模糊筛选

| 适用版本 | 实用指数 | |
|---|---|---|
| 2010、2013、2016、2019 | ★★★★☆ | |

### 使用说明

筛选数据时，如果不能明确指定筛选的条件时，可以使用通配符进行模糊筛选。常见的通配符有"？"和"＊"，其中"？"代表单个字符，"＊"代表任意多个连续的字符。

### 解决方法

如果要使用通配符进行模糊筛选，具体操作方法如下。

**步骤01** 打开素材文件（位置：素材文件\第12章\销售清单.xlsx），❶选中数据区域中的任意单元格，进入筛选状态，单击【品名】列右侧的下拉按钮 ▾；❷在弹出的下拉列表中选择【文本筛选】选项；❸在打开的扩展菜单中选择【自定义筛选】选项，如下图所示。

**步骤02** ❶弹出【自定义自动筛选方式】对话框，设置筛选条件，本例中在第一个下拉列表中选择【等于】选项，在右侧文本框中输入【雅*】；❷单击【确定】按钮即可，如下图所示。

**步骤03** 返回工作表，即可查看筛选效果，如下图所示。

260：使用搜索功能进行筛选

| 适用版本 | 实用指数 | |
| --- | --- | --- |
| 2010、2013、2016、2019 | ★★★★☆ |  |

**使用说明**

当工作表中数据非常庞大时，可以通过搜索功能简化筛选过程，从而提高工作效率。

**解决方法**

例如，在"数码产品销售清单1.xlsx"的工作表中，通过搜索功能快速将"商品描述"为"联想一体机 C340 G2030T 4G50GVW-D8(BK)(A)"的数据筛选出来，具体操作方法如下。

**步骤01** 打开素材文件（位置：素材文件\第12章\数码产品销售清单1.xlsx），进入筛选状态，单击【商品描述】列右侧的下拉按钮 ▾，在弹出的下拉列表的列表框中可以看到众多条件选项，如下图所示。

**步骤02** ❶在搜索框中输入搜索内容，若确切的商品描述记得并不清楚，只需输入"联想"；❷此时将自动显示符合条件的搜索结果，根据需要设置筛选条件，本例中只选中【联想一体机 C340 G2030T 4G50GVW-D8(BK)(A)】复选框；❸单击【确定】按钮，如下图所示。

**步骤03** 返回工作表，即可查看到只显示了【商品描述】为【联想一体机 C340 G2030T 4G50GVW-D8(BK)(A)】的数据，如下图所示。

261：按单元格颜色进行筛选

| 适用版本 | 实用指数 |
| --- | --- |
| 2010、2013、2016、2019 | ★★★☆☆ |

### 使用说明

编辑表格时，若设置了单元格背景颜色、字体颜色或条件格式等格式时，还可以按照颜色对数据进行筛选。

### 解决方法

如果要按单元格颜色进行筛选,具体操作方法如下。

**步骤01** 打开素材文件（位置：素材文件\第 12 章\销售清单 .xlsx），❶进入筛选状态，单击【品名】列右侧的下拉按钮；❷在弹出的下拉列表中选择【按颜色筛选】选项；❸在弹出的扩展菜单中选择要筛选的颜色，如下图所示。

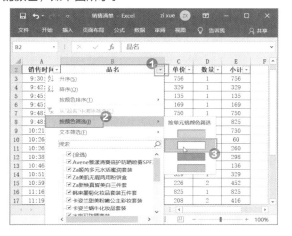

**步骤02** 返回工作表，即可查看筛选效果，如下图所示。

262：使用多个条件进行高级筛选

| 适用版本 | 实用指数 |
| --- | --- |
| 2010、2013、2016、2019 | ★★★★★ |

### 使用说明

当要对表格数据进行多条件筛选时，用户通常会按照常规方法依次设置筛选条件。如果需要设置的筛选字段较多，且条件比较复杂，通过常规方法就会比较麻烦，而且还易出错，此时便可以通过高级筛选进行筛选。

### 解决方法

如果要在工作表中进行高级筛选，具体操作方法如下。

**步骤01** 打开素材文件( 位置: 素材文件\第 12 章\销售业绩表 .xlsx )，❶在数据区域下方创建一个筛选的条件；❷选择数据区域内的任意单元格；❸单击【数据】选项卡【排序和筛选】组中的【高级】按钮，如下图所示。

**步骤02** ❶弹出【高级筛选】对话框，选中【将筛选结果复制到其他位置】单选按钮；❷【列表区域】中自动设置了参数区域（若有误，需手动修改），将光标插入点定位在【条件区域】参数框中，在工作表中拖动鼠标选择参数区域；❸在【复制到】参数框中设置筛选结果要放置的起始单元格；❹单击【确定】按钮，如下图所示。

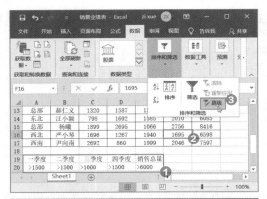

**步骤03** 返回工作表，即可看到筛选结果，如下图所示。

温馨提示

在【高级筛选】对话框的【方式】栏中选中【在原有区域显示筛选结果】单选按钮，则直接将筛选结果显示在原数据区域。

263：将筛选结果复制到其他工作表中

| 适用版本 | 实用指数 |
|---|---|
| 2010、2013、2016、2019 | ★★★★☆ |

使用说明

对数据进行高级筛选时，默认会在原数据区域中显示筛选结果，如果希望将筛选结果显示到其他工作表，可以参考下面介绍的方法。

解决方法

如果要将筛选结果显示到其他工作表，具体操作方法如下。

**步骤01** 打开素材文件（位置：素材文件\第12章\销售业绩表.xlsx），在数据区域下方创建一个筛选的约束条件，如下图所示。

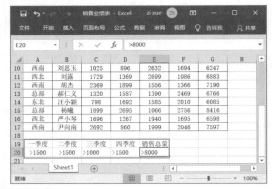

**步骤02** ❶新建一个名为【筛选结果】的工作表，并切换到该工作表；❷选中任意单元格；❸单击【数据】选项卡【排序和筛选】组中的【高级】按钮，如下图所示。

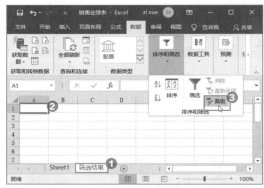

**步骤03** ❶弹出【高级筛选】对话框，选中【将筛选结果复制到其他位置】单选按钮；❷分别在【列表区域】和【条件区域】参数框中设置参数区域；❸在【复制到】参数框中设置筛选结果要放置的起始单元格；❹单击【确定】按钮，如下图所示。

**步骤04** 返回工作表，即可在【筛选结果】工作表中查看筛选结果，如下图所示。

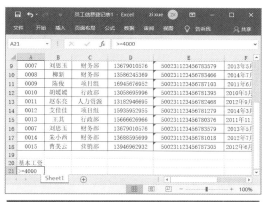

## 264：高级筛选不重复的记录

| 适用版本 | 实用指数 |
|---|---|
| 2010、2013、2016、2019 | ★★★★☆ |

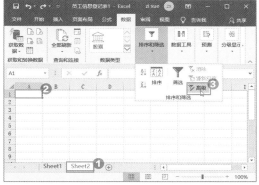

 **使用说明**

通过高级筛选功能筛选数据时，还可以对工作表中的数据进行过滤，保证字段或工作表中没有重复的值。

**解决方法**

如果要在工作表中进行高级筛选，具体操作方法如下。

**步骤01** 打开素材文件（位置：素材文件\第12章\员工信息登记表 1.xlsx），在数据区域下方创建一个筛选的约束条件，如下图所示。

**步骤02** ❶新建一张工作表【Sheet2】，并切换到该工作表；❷选中任意单元格；❸单击【数据】选项卡【排序和筛选】组中的【高级】按钮，如下图所示。

**步骤03** ❶弹出【高级筛选】对话框，设置筛选的相关参数；❷选中【选择不重复的记录】复选框；❸单击【确定】按钮，如下图所示。

**步骤04** 返回工作表，将在【Sheet2】工作表中显示筛选结果，对各列调整合适的列宽，如下图所示。

## 12.3 数据汇总与合并计算

对表格数据进行分析处理的过程中，利用 Excel 提供的分类汇总功能，可以将表格中的数据进行分类，然后再把性质相同的数据汇总到一起，使其结构更清晰。另外，使用合并计算功能也可以对数据进行汇总操作。下面介绍数据汇总与合并计算的技巧。

### 265：创建分类汇总

| 适用版本 | 实用指数 |
|---|---|
| 2010、2013、2016、2019 | ★★★★★ |

#### 使用说明

分类汇总是指根据指定的条件对数据进行分类，并计算各分类数据的汇总值。

在进行分类汇总前，应先以需要进行分类汇总的字段为关键字进行排序，以避免无法达到预期的汇总效果。

#### 解决方法

例如，在"家电销售情况.xlsx"中，以【商品类别】为分类字段，对销售额进行求和汇总，具体操作方法如下。

**步骤01** 打开素材文件（位置: 素材文件\第12章\家电销售情况.xlsx），❶在【商品类别】列中选中任意单元格；❷单击【数据】选项卡【排序和筛选】组中的【升序】按钮 ↓ 进行排序，如下图所示。

**步骤02** ❶选择数据区域中的任意单元格；❷单击【数据】选项卡【分级显示】组中的【分类汇总】按钮，如下图所示。

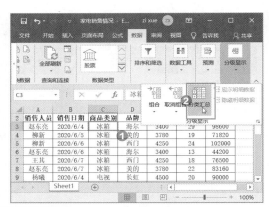

**步骤03** ❶弹出【分类汇总】对话框，在【分类字段】下拉列表中选择要进行分类汇总的字段，本例中选择【商品类别】；❷在【汇总方式】下拉列表中选择需要的汇总方式，本例中选择【求和】选项；❸在【选定汇总项】列表框中设置要进行汇总的项目，本例中选中【销售额】复选框；❹单击【确定】按钮，如下图所示。

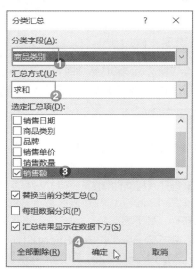

**步骤04** 返回工作表，工作表数据完成分类汇总。分类汇总后，工作表左侧会出现一个分级显示栏，通过分级显示栏中的分级显示符号可以分级查看相应的表格数据，如下图所示。

| 1 2 3 | | A | B | C | D | E | F | G |
|---|---|---|---|---|---|---|---|
| | 15 | | | 电视 汇总 | | | | 466000 |
| | 16 | 刘思玉 | 2020/6/4 | 空调 | 格力 | 4300 | 32 | 137600 |
| | 17 | 郝仁义 | 2020/6/5 | 空调 | 美的 | 3200 | 18 | 57600 |
| | 18 | 胡杰 | 2020/6/6 | 空调 | 格力 | 4300 | 27 | 116100 |
| | 19 | 刘思玉 | 2020/6/6 | 空调 | 美的 | 3200 | 14 | 44800 |
| | 20 | 胡杰 | 2020/6/7 | 空调 | 格力 | 4300 | 24 | 103200 |
| | 21 | 郝仁义 | 2020/6/7 | 空调 | 美的 | 3200 | 17 | 54400 |
| | 22 | | | 空调 汇总 | | | | 513700 |
| | 23 | 汪小颖 | 2020/6/4 | 洗衣机 | 海尔 | 3750 | 19 | 71250 |
| | 24 | 汪小颖 | 2020/6/5 | 洗衣机 | 美的 | 3120 | 16 | 49920 |
| | 25 | 艾佳佳 | 2020/6/6 | 洗衣机 | 海尔 | 3750 | 27 | 101250 |
| | 26 | 刘露 | 2020/6/6 | 洗衣机 | 美的 | 3120 | 30 | 93600 |
| | 27 | 刘露 | 2020/6/7 | 洗衣机 | 海尔 | 3750 | 21 | 78750 |
| | 28 | | | 洗衣机 汇总 | | | | 394770 |
| | 29 | | | 总计 | | | | 1850750 |

266：将汇总项显示在数据上方

| 适用版本 | 实用指数 |
|---|---|
| 2010、2013、2016、2019 | ★★★★☆ |

### 使用说明

默认情况下，对表格数据进行分类汇总后，汇总项显示在数据下方。根据操作需要，可以将汇总项显示在数据上方。

### 解决方法

例如，要对销售额进行求和汇总，并将汇总项显示在数据上方，具体操作方法如下。

**步骤01** 打开素材文件（位置：素材文件\第12章\家电销售情况.xlsx），以【销售日期】为关键字，对表格数据进行升序排列，如下图所示。

| 2 | A | B | C | D | E | F | G | H |
|---|---|---|---|---|---|---|---|---|
| | 销售人员 | 销售日期 | 商品类别 | 品牌 | 销售单价 | 销售数量 | 销售额 | |
| 3 | 赵东亮 | 2020/6/4 | 冰箱 | 海尔 | 3400 | 29 | 98600 | |
| 4 | 杨曦 | 2020/6/4 | 电视 | 长虹 | 4500 | 20 | 90000 | |
| 5 | 杨曦 | 2020/6/4 | 电视 | 索尼 | 3600 | 34 | 122400 | |
| 6 | 刘思玉 | 2020/6/4 | 空调 | 格力 | 4300 | 32 | 137600 | |
| 7 | 汪小颖 | 2020/6/4 | 洗衣机 | 海尔 | 3750 | 19 | 71250 | |
| 8 | 柳新 | 2020/6/4 | 冰箱 | 美的 | 3780 | 19 | 71820 | |
| 9 | 胡媛媛 | 2020/6/4 | 电视 | 康佳 | 2960 | 20 | 59200 | |
| 10 | 郝仁义 | 2020/6/5 | 空调 | 美的 | 3200 | 18 | 57600 | |
| 11 | 胡杰 | 2020/6/5 | 空调 | 格力 | 4300 | 27 | 116100 | |
| 12 | 汪小颖 | 2020/6/5 | 洗衣机 | 美的 | 3120 | 16 | 49920 | |
| 13 | 艾佳佳 | 2020/6/5 | 洗衣机 | 海尔 | 3750 | 27 | 101250 | |
| 14 | 柳新 | 2020/6/6 | 冰箱 | 西门 | 4250 | 24 | 102000 | |
| 15 | 赵东亮 | 2020/6/6 | 冰箱 | 海尔 | 3400 | 13 | 44200 | |
| 16 | 杨曦 | 2020/6/6 | 电视 | 长虹 | 4500 | 28 | 126000 | |

**步骤02** ❶选择数据区域中的任意单元格，打开【分类汇总】对话框，在【分类字段】下拉列表中选择【销售日期】选项；❷在【汇总方式】下拉列表中选择【求

和】选项；❸在【选定汇总项】列表框中选中【销售额】复选框；❹取消选中【汇总结果显示在数据下方】复选框；❺单击【确定】按钮，如下图所示。

**步骤03** 返回工作表，即可看到表格数据以【销售日期】为分类字段，对销售额进行了求和汇总，且汇总项显示在数据上方，如下图所示。

| 1 2 3 | | A | B | C | D | E | F | G |
|---|---|---|---|---|---|---|---|---|
| | 2 | 销售人员 | 销售日期 | 商品类别 | 品牌 | 销售单价 | 销售数量 | 销售额 |
| | 3 | | | 总计 | | | | 1850750 |
| | 4 | | 2020/6/4 汇总 | | | | | 519850 |
| | 5 | 赵东亮 | 2020/6/4 | 冰箱 | 海尔 | 3400 | 29 | 98600 |
| | 6 | 杨曦 | 2020/6/4 | 电视 | 长虹 | 4500 | 20 | 90000 |
| | 7 | 杨曦 | 2020/6/4 | 电视 | 索尼 | 3600 | 34 | 122400 |
| | 8 | 刘思玉 | 2020/6/4 | 空调 | 格力 | 4300 | 32 | 137600 |
| | 9 | 汪小颖 | 2020/6/4 | 洗衣机 | 海尔 | 3750 | 19 | 71250 |
| | 10 | | 2020/6/5 汇总 | | | | | 455890 |
| | 11 | 柳新 | 2020/6/5 | 冰箱 | 美的 | 3780 | 19 | 71820 |
| | 12 | 胡媛媛 | 2020/6/5 | 电视 | 康佳 | 2960 | 20 | 59200 |
| | 13 | 郝仁义 | 2020/6/5 | 空调 | 美的 | 3200 | 18 | 57600 |
| | 14 | 胡杰 | 2020/6/5 | 空调 | 格力 | 4300 | 27 | 116100 |
| | 15 | 汪小颖 | 2020/6/5 | 洗衣机 | 美的 | 3120 | 16 | 49920 |
| | 16 | 艾佳佳 | 2020/6/5 | 洗衣机 | 海尔 | 3750 | 27 | 101250 |

267：对表格数据进行嵌套分类汇总

| 适用版本 | 实用指数 |
|---|---|
| 2010、2013、2016、2019 | ★★★★★ |

### 使用说明

对表格数据进行分类汇总时，如果希望对某一关键字段进行多项不同汇总方式的汇总，可以通过嵌套分类汇总方式实现。

### 解决方法

例如，在"员工信息表.xlsx"中以【部门】为分类字段，先对【缴费基数】进行求和汇总，再对【年龄】

进行平均值汇总，具体操作方法如下。

**步骤01** 打开素材文件（位置：素材文件\第12章\员工信息表.xlsx），以【部门】为关键字，对表格数据进行升序排列，如下图所示。

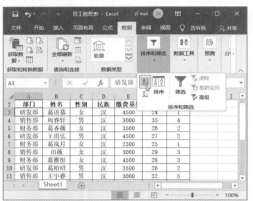

**步骤02** ❶选择数据区域中的任意单元格；❷单击【数据】选项卡【分级显示】组中的【分类汇总】按钮，如下图所示。

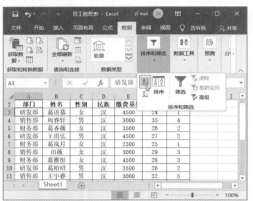

**步骤03** ❶打开【分类汇总】对话框，在【分类字段】下拉列表中选择【部门】选项；❷在【汇总方式】下拉列表中选择【求和】选项；❸在【选定汇总项】列表框中选中【缴费基数】复选框；❹单击【确定】按钮，如下图所示。

**步骤04** 返回工作表，即可看到以【部门】为分类字段，对【缴费基数】进行求和汇总后的效果，如下图所示。

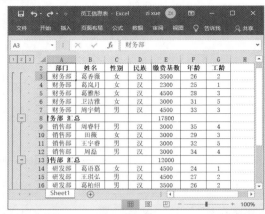

**步骤05** ❶选择数据区域中的任意单元格，打开【分类汇总】对话框，在【分类字段】下拉列表中选择【部门】选项；❷在【汇总方式】下拉列表中选择【平均值】选项；❸在【选定汇总项】列表框中选中【年龄】复选框；❹取消选中【替换当前分类汇总】复选框；❺单击【确定】按钮，如下图所示。

**步骤06** 返回工作表，即可查看嵌套汇总的最终效果，如下图所示。

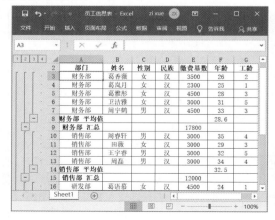

## 268：对表格数据进行多字段分类汇总

| 适用版本 | 实用指数 |
|---|---|
| 2010、2013、2016、2019 | ★★★★★ |

### 使用说明

在对数据进行分类汇总时，一般是按单个字段对数据进行分类汇总。如果需要按多个字段对数据进行分类汇总，只需按照分类次序多次执行分类汇总操作即可。

### 解决方法

例如，在"员工信息表 .xlsx"中，先以【部门】为分类字段，对【年龄】进行平均值汇总，再以【性别】为分类字段，对【年龄】进行平均值汇总，具体操作方法如下。

**步骤01** 打开素材文件（位置：素材文件\第 12 章\员工信息表 .xlsx），❶选中数据区域中的任意单元格，打开【排序】对话框，设置排序条件；❷单击【确定】按钮，如下图所示。

**步骤02** 返回工作表，即可查看排序后的效果，如下图所示。

| | A | B | C | D | E | F | G | H |
|---|---|---|---|---|---|---|---|---|
| 2 | 部门 | 姓名 | 性别 | 民族 | 缴费基数 | 年龄 | 工龄 | |
| 3 | 财务部 | 周宇鹤 | 男 | 汉 | 4500 | 33 | 3 | |
| 4 | 财务部 | 葛香薇 | 女 | 汉 | 3500 | 26 | 2 | |
| 5 | 财务部 | 葛岚月 | 女 | 汉 | 2300 | 25 | 1 | |
| 6 | 财务部 | 葛雅彤 | 女 | 汉 | 4500 | 28 | 3 | |
| 7 | 财务部 | 卫洁雅 | 女 | 汉 | 3000 | 31 | 5 | |
| 8 | 销售部 | 周春轩 | 男 | 汉 | 3000 | 35 | 4 | |
| 9 | 销售部 | 王宇睿 | 男 | 汉 | 3000 | 32 | 5 | |
| 10 | 销售部 | 周磊 | 男 | 汉 | 3000 | 34 | 4 | |
| 11 | 销售部 | 田薇 | 女 | 汉 | 3000 | 29 | 3 | |
| 12 | 研发部 | 王琪弘 | 男 | 汉 | 4500 | 27 | 2 | |
| 13 | 研发部 | 葛柏绍 | 男 | 汉 | 3500 | 26 | 2 | |
| 14 | 研发部 | 卫杰清 | 男 | 汉 | 3000 | 28 | 4 | |
| 15 | 研发部 | 周旭 | 男 | 汉 | 3000 | 29 | 2 | |
| 16 | 研发部 | 田峻泽 | 男 | 汉 | 3500 | 27 | 2 | |
| 17 | 研发部 | 葛语慕 | 女 | 汉 | 4500 | 24 | 1 | |

**步骤03** ❶选择数据区域中的任意单元格，打开【分类汇总】对话框，在【分类字段】下拉列表中选择【部

门】选项；❷在【汇总方式】下拉列表中选择【平均值】选项；❸在【选定汇总项】列表框中选中【年龄】复选框；❹单击【确定】按钮，如下图所示。

**步骤04** 返回工作表，即可看到以【部门】为分类字段，对【年龄】进行平均值汇总后的效果，如下图所示。

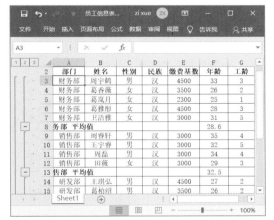

**步骤05** ❶选择数据区域中的任意单元格，打开【分类汇总】对话框，在【分类字段】下拉列表中选择【性别】选项；❷在【汇总方式】下拉列表中选择【平均值】选项；❸在【选定汇总项】列表框中选中【年龄】复选框；❹取消选中【替换当前分类汇总】复选框；❺单击【确定】按钮，如下图所示。

**步骤06** 返回工作表，即可看到依次以【部门】【性别】为分类字段，对【年龄】进行平均值汇总后的效果，如下图所示。

| | 部门 | 姓名 | 性别 | 民族 | 缴费基数 | 年龄 | 工龄 |
|---|---|---|---|---|---|---|---|
| 2 | | | | | | | |
| 3 | 财务部 | 周宇鹤 | 男 | 汉 | 4500 | 33 | 3 |
| 4 | | | 男 平均值 | | | 33 | |
| 5 | 财务部 | 葛香薇 | 女 | 汉 | 3500 | 26 | 2 |
| 6 | 财务部 | 葛岚月 | 女 | 汉 | 2300 | 25 | 1 |
| 7 | 财务部 | 葛雅彤 | 女 | 汉 | 4500 | 28 | 3 |
| 8 | 财务部 | 卫洁雅 | 女 | 汉 | 3000 | 31 | 5 |
| 9 | | | 女 平均值 | | | 27.5 | |
| 10 | 财务部 平均值 | | | | | 28.6 | |
| 11 | 销售部 | 周睿轩 | 男 | 汉 | 3000 | 35 | 4 |
| 12 | 销售部 | 王宇睿 | 男 | 汉 | 3000 | 32 | 5 |
| 13 | 销售部 | 周磊 | 男 | 汉 | 3000 | 34 | 4 |
| 14 | | | 男 平均值 | | | 33.6667 | |
| 15 | 销售部 | 田薇 | 女 | 汉 | 3000 | 29 | 3 |
| 16 | | | 女 平均值 | | | 29 | |
| 17 | 销售部 平均值 | | | | | 32.5 | |
| 18 | 研发部 | 王琪弘 | 男 | 汉 | 4500 | 27 | 2 |
| 19 | 研发部 | 葛柏绍 | 男 | 汉 | 3500 | 26 | 2 |
| 20 | 研发部 | 卫杰靖 | 男 | 汉 | 3000 | 28 | 4 |
| 21 | 研发部 | 周旭 | 男 | 汉 | 3000 | 29 | 2 |
| 22 | 研发部 | 田峻泽 | 男 | 汉 | 3500 | 27 | 2 |
| 23 | | | 男 平均值 | | | 27.4 | |
| 24 | 研发部 | 葛语慕 | 女 | 汉 | 4500 | 24 | 1 |
| 25 | 研发部 | 卫君 | 女 | 汉 | 3500 | 30 | 6 |
| 26 | | | 女 平均值 | | | 27 | |
| 27 | 研发部 平均值 | | | | | 27.2857 | |
| 28 | 总计 平均值 | | | | | 29 | |

## 269：复制分类汇总结果

| 适用版本 | 实用指数 |
|---|---|
| 2010、2013、2016、2019 | ★★★☆☆ |

### 使用说明

对工作表数据进行分类汇总后，可以将汇总结果复制到新工作表中进行保存。根据操作需要，可以将包含明细数据在内的所有内容进行复制，也可以只复制不含明细数据的汇总结果。

### 解决方法

例如，要复制不含明细数据的汇总结果，具体操作方法如下。

**步骤01** 打开素材文件（位置：素材文件\第12章\家电销售情况1.xlsx），在创建了分类汇总的工作表中，通过左侧的分级显示栏调整要显示的内容，本例中单击③按钮，隐藏明细数据，如下图所示。

**步骤02** ❶隐藏明细数据后选中数据区域；❷在【开始】选项卡的【编辑】组中单击【查找和选择】按钮；❸在弹出的下拉列表中选择【定位条件】选项，如下图所示。

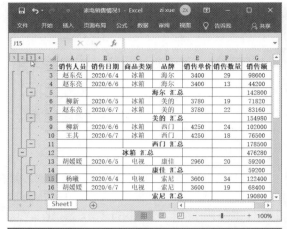

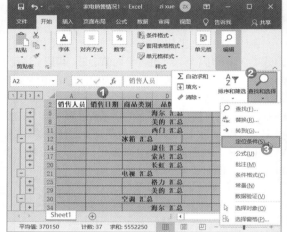

### 温馨提示

若要将包含明细数据在内的所有内容进行复制，则选中数据区域后直接进行复制→粘贴操作即可。

**步骤03** ❶弹出【定位条件】对话框，选中【可见单元格】单选按钮；❷单击【确定】按钮，如下图所示。

**步骤04** 即可选择汇总数据，直接按【Ctrl+C】组合键进行复制，如下图所示。

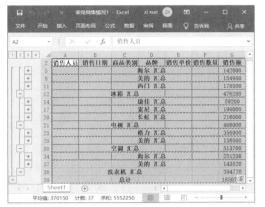

**步骤05** 新建一张工作表，在其中按【Ctrl+V】组合键，执行粘贴操作，如下图所示。

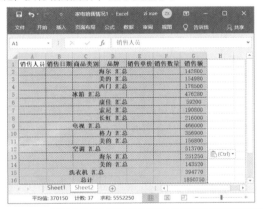

270：分页存放汇总结果

| 适用版本 | 实用指数 | |
| --- | --- | --- |
| 2010、2013、2016、2019 | ★★★★☆ |  |

**使用说明**

如果希望将分类汇总后的每组数据进行分页打印操作，可以通过设置分页汇总来实现。

**解决方法**

如果要将分类汇总分页存放，具体操作方法如下。

**步骤01** 打开素材文件（位置：素材文件\第12章\家电销售情况.xlsx），将【品牌】按升序排列，如下图所示。

**步骤02** ❶打开【分类汇总】对话框，设置分类汇总的相关条件；❷选中【每组数据分页】复选框；

❸单击【确定】按钮，如下图所示。

**步骤03** 经过以上操作后，在每组汇总数据的后面会自动插入分页符，切换到【分页预览】视图，可以查看最终效果，如下图所示。

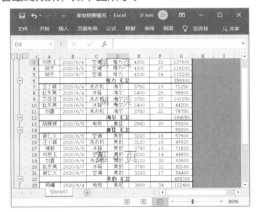

271：删除分类汇总

| 适用版本 | 实用指数 | |
| --- | --- | --- |
| 2010、2013、2016、2019 | ★★★☆☆ |  |

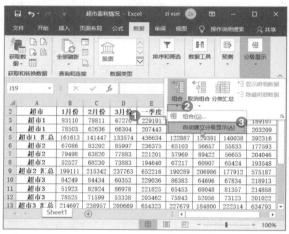

## 使用说明

对表格数据进行分类汇总后，如果需要恢复到汇总前的状态，可以将设置的分类汇总删除。

## 解决方法

如果要删除分类汇总，具体操作方法如下。

选择数据区域中的任意单元格，打开【分类汇总】对话框，单击【全部删除】按钮即可，如下图所示。

**步骤01** 打开素材文件（位置：素材文件\第12章\超市盈利情况.xlsx），❶在数据区域中选中任意单元格；❷在【数据】选项卡单击【分级显示】组中的【组合】下拉按钮 ；❸在弹出的下拉列表中选择【自动建立分级显示】选项，如下图所示。

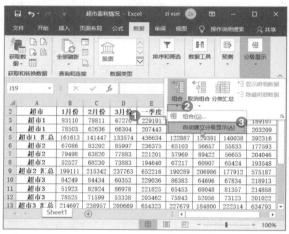

**步骤02** 经过以上操作，Excel 会从汇总公式中自动判断分级的位置，从而自动生成分级显示的样式，如下图所示。

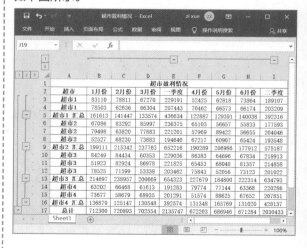

---

272：自动建立组分级显示

| 适用版本 | 实用指数 |
|---|---|
| 2010、2013、2016、2019 | ★★★★☆ |

## 使用说明

对于行列数较多、字段类别含多个层次的数据表，可以使用分级显示功能创建多个层次的、带有大纲结构的显示样式。

如果在数据表中设置了汇总行或列，并对数据应用了求和或其他汇总方式，那么便可以通过分级显示功能自动分级显示数据。

## 解决方法

例如，在"超市盈利情况.xlsx"中，使用公式计算出了各个超市小计、季度小计及总计，如下图所示。

现在要在该表格中自动创建分级显示，具体操作方法如下。

## 273：隐藏 / 显示明细数据

| 适用版本 | 实用指数 | |
|---|---|---|
| 2010、2013、2016、2019 | ★★★★☆ |  |

### 使用说明

对表格数据建立分级显示，其目的就是为了方便查看数据，根据操作需要，用户可以对明细数据进行隐藏或显示操作。

### 解决方法

如果想要隐藏或显示明细数据，具体操作方法如下。

**步骤01** 打开素材文件（位置：素材文件 \ 第 12 章 \ 资产类科目表 .xlsx），单击分级显示按钮 `1`，只显示一级数据，隐藏所有明细数据，如下图所示。

**步骤02** 单击分级显示按钮 `2`，只显示一级和二级数据，隐藏二级以下的明细数据，如下图所示。

**步骤03** 单击 `-` 按钮，可以隐藏当前组中的明细数据，其他组的数据明细没有变化，如下图所示。

**步骤04** 单击 `+` 按钮，可以展开当前组中的明细数据，其他组的数据明细没有变化，如下图所示。

### 知识拓展

除了上述操作方法之外，还可以通过功能区对明细数据进行隐藏 / 显示操作。例如，在本例的表格中，在三级数据 A17:D20 区域中选中任意单元格，然后单击【分级显示】组中的【隐藏明细数据】按钮，即可将 A17:D20 单元格区域中的明细数据隐藏起来；将 A17:D20 单元格区域中的明细数据隐藏起来后，在它的上级数据 A16:D16 单元格区域中选中任意单元格，单击【分级显示】组中的【显示明细数据】按钮，即可将 A17:D20 单元格区域中的明细数据显示出来。

## 274：将表格中的数据转换为列表

| 适用版本 | 实用指数 | |
|---|---|---|
| 2010、2013、2016、2019 | ★★★★★ |  |

**使用说明**

在编辑表格时，可以将表格中指定的数据转换为列表，从而方便数据的管理与分析。

**解决方法**

如果要将数据转换为列表，具体操作方法如下。

**步骤01** 打开素材文件（位置：素材文件\第12章\家电销售情况 .xlsx），❶选中要转换为列表的数据区域（可以是部分数据区域），本例中选择 A2:G24 单元格区域；❷单击【插入】选项卡【表格】组中的【表格】按钮，如下图所示。

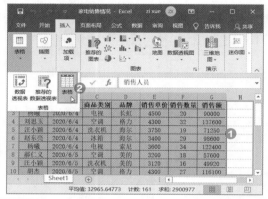

**步骤02** 弹出【创建表】对话框，单击【确定】按钮，如下图所示。

**步骤03** 返回工作表，即可看到将数据区域转换为列表后的效果，如下图所示。

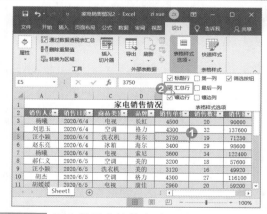

**知识拓展**

如果要将列表转换为表格区域，可以选择列表中的任意单元格，然后切换到【表格工具/设计】选项卡，在【工具】组中单击【转换为区域】按钮，在弹出提示框中单击【是】按钮即可。

275：对列表中的数据进行汇总

| 适用版本 | 实用指数 |
| --- | --- |
| 2010、2013、2016、2019 | ★★★★★ |

**使用说明**

在列表中，通过汇总行功能，可以非常方便地对列表中的数据进行汇总计算，如求和、求平均值、求最大值、求最小值等。

**解决方法**

如果要对列表进行汇总，具体操作方法如下。

**步骤01** 打开素材文件（位置：素材文件\第12章\家电销售情况 2.xlsx），❶选中列表区域中的任意单元格；❷在【表格工具/设计】选项卡【表格样式选项】组中选中【汇总行】复选框，如下图所示。

**知识拓展**

对列表进行汇总后，若要取消汇总，直接在【表格样式选项】组中取消选中【汇总行】复选框即可。

**步骤02** 列表的最底端将自动添加汇总行，并显示汇总结果，如下图所示。

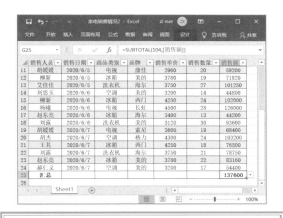

## 276：更改汇总行的计算函数

| 适用版本 | 实用指数 |
|---|---|
| 2010、2013、2016、2019 | ★★★★★ |

### 使用说明

对列表中的数据进行汇总时，默认采用求和汇总方式，可以根据操作需要更改汇总计算方式。

### 解决方法

例如，要将汇总方式更改为求最大值，具体操作方法如下。

**步骤01** 继续上例操作，在"家电销售情况 2.xlsx"中，❶选中汇总项单元格，单击右侧的下拉按钮 ▼；❷在弹出的下拉列表中选择需要的汇总方式即可，本例中选择【最大值】方式，如下图所示。

**步骤02** 选择完成后，汇总行即可显示所选数据，如下图所示。

## 277：对单张工作表进行合并计算

| 适用版本 | 实用指数 |
|---|---|
| 2010、2013、2016、2019 | ★★★★☆ |

### 使用说明

合并计算是指将多张相似格式的工作表或数据区域，按指定的方式进行自动匹配计算。如果所有数据在同一张工作表中，则可以在此工作表中进行合并计算。

### 解决方法

如果要对工作表中的数据进行合并计算，具体操作方法如下。

**步骤01** 打开素材文件（位置：素材文件\第12章\家电销售汇总.xlsx），❶选中汇总数据要存放的起始单元格；❷单击【数据】选项卡【数据工具】组中的【合并计算】按钮，如下图所示。

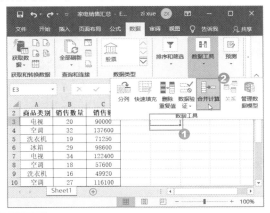

**步骤02** ❶弹出【合并计算】对话框，在【函数】下拉列表中选择汇总方式，如【求和】；❷将光标插

入点定位到【引用位置】参数框，在工作表中拖动鼠标选择参与计算的数据区域；❸完成选择后，单击【添加】按钮，将选择的数据区域添加到【所有引用位置】列表框中；❹在【标签位置】栏中勾选【首行】和【最左列】复选框；❺单击【确定】按钮，如下图所示。

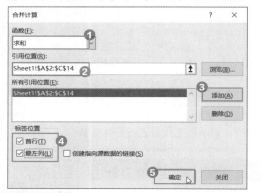

**步骤03** 返回工作表，即可完成合并计算，如下图所示。

---

### 278：对多张工作表进行合并计算

| 适用版本 | 实用指数 |
| --- | --- |
| 2010、2013、2016、2019 | ★★★★★ |

**使用说明**

在制作销售报表、汇总报表等类型的表格时，经常需要对多张工作表的数据进行合并计算，以便更好地查看数据。

**解决方法**

如果要对多张工作表数据进行合并计算，具体操作方法如下。

---

**步骤01** 打开素材文件( 位置: 素材文件\第12章\家电销售年度汇总 .xlsx )，❶在要存放结果的工作表中选中汇总数据要存放的起始单元格；❷单击【数据】选项卡【数据工具】组中的【合并计算】按钮，如下图所示。

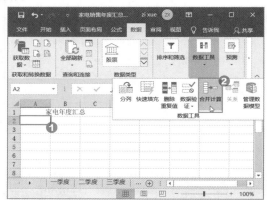

**步骤02** ❶弹出【合并计算】对话框，在【函数】下拉列表中选择汇总方式，如【求和】；❷将光标插入点定位到【引用位置】参数框，如下图所示。

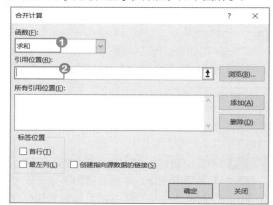

**步骤03** ❶单击参与计算的工作表的标签；❷在工作表中拖动鼠标选择参与计算的数据区域，如下图所示。

**步骤04** 完成选择后，单击【添加】按钮，将选择的数据区域添加到【所有引用位置】列表框中，如下图所示。

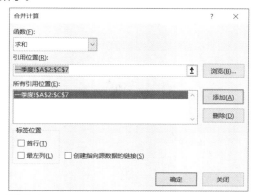

**步骤05** ❶参照上述方法，添加其他需要参与计算的数据区域；❷选中【首行】和【最左列】复选框；❸单击【确定】按钮，如下图所示。

**步骤06** 返回工作表，完成对多张工作表的合并计算，如下图所示。

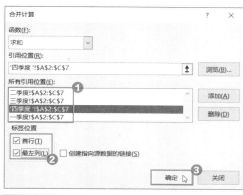

# 第 13 章
# 数据的分析与预测技巧

在编辑工作表时，灵活地使用条件格式、分析预测等技巧，可以快速对表格中的数据进行分析和查看。本章将介绍相关的技巧，帮助用户更好地管理数据。

下面先来看看以下一些数据分析、汇总中的常见问题，你是否会处理或已掌握。

【√】在分析销量表时，想要突出显示符合特定条件的单元格，知道使用哪种方法吗？

【√】想要把数据形象地表现出来，可以将不同范围的值用不同的符号标示出来吗？

【√】为某件商品商定了利润目标，如果要达到这个目标，需要在成本上加价多少才能达到目标，应该如何计算呢？

【√】你知道怎样制作九九乘法表吗？

【√】在银行进行贷款时，你知道哪些贷款方式最划算吗？

希望通过本章内容的学习，能帮助你解决以上问题，并学会 Excel 更多的数据分析与预测技巧。

## 13.1 使用条件格式分析数据

条件格式是指当单元格中的数据满足某个设定的条件时，系统自动将其以设定的格式显示出来，从而使表格数据更加直观。本节将介绍条件格式的一些操作技巧，如突出显示符合特定条件的单元格、突出显示高于或低于平均值的数据等。

### 279：突出显示符合特定条件的单元格

| 适用版本 | 实用指数 |
| --- | --- |
| 2010、2013、2016、2019 | ★★★★★ |

#### 使用说明

在编辑工作表时，可以使用条件格式让符合特定条件的单元格数据突出显示出来，以便更好地查看工作表数据。

#### 解决方法

如果要将符合特定条件的单元格突出显示，具体操作方法如下。

🔖 **步骤01** 打开素材文件(位置：素材文件\第13章\销售清单.xlsx)，❶选择要设置条件格式的B3:B25单元格区域；❷在【开始】选项卡的【样式】组中单击【条件格式】按钮；❸在弹出的下拉列表中选择【突出显示单元格规则】选项；❹在弹出的扩展菜单中选择条件，本例中选择【文本包含】选项，如下图所示。

🔖 **步骤02** ❶弹出【文本中包含】对话框，设置具体条件及显示方式；❷单击【确定】按钮即可，如下图所示。

🔖 **步骤03** 返回工作表，即可看到设置后的效果，如下图所示。

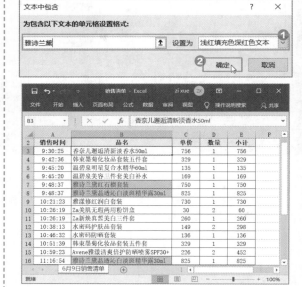

#### 知识拓展

如果要清除设置了包含条件格式的单元格区域，可单击【条件格式】按钮，在弹出的下拉列表中选择【清除规则】选项，在弹出的扩展菜单中选择【清除所选单元格的规则】选项即可。

### 280：突出显示高于或低于平均值的数据

| 适用版本 | 实用指数 |
| --- | --- |
| 2016、2019 | ★★★★★ |

#### 使用说明

利用条件格式展现数据时，可以将高于或低于平均值的数据突出显示出来。

#### 解决方法

如果要突出显示高于或低于平均值的数据，具体操作方法如下。

**步骤01** 打开素材文件( 位置: 素材文件\第13章\员工销售表 .xlsx )，❶选中要设置条件格式的 E3:E12 单元格区域；❷单击【开始】选项卡【样式】组中的【条件格式】按钮；❸在弹出的下拉列表中选择【最前 / 最后规则】选项；❹在弹出的扩展菜单中选择【低于平均值】选项，如下图所示。

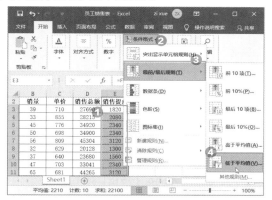

**步骤02** ❶弹出【低于平均值】对话框，在【针对选定区域，设置为】下拉列表中选择需要的单元格格式；❷单击【确定】按钮，如下图所示。

💡 **知识拓展**

Excel 2016 之前的版本，应在【条件格式】下拉列表中选择【项目选取规则】选项，然后在弹出的扩展菜单中选择所需命令。

**步骤03** 返回工作表，即可看到低于平均值的数据以所设置的格式突出显示出来，如下图所示。

---

| 281：突出显示排名前几位的数据 |
| :---: |

| 适用版本 | 实用指数 |
| :---: | :---: |
| 2013、2016、2019 | ★★★★★ |

🌀 **使用说明**

对表格数据进行处理分析时，如果希望在工作表中突出显示排名靠前的数据，可以通过条件格式轻松实现。

🌀 **解决方法**

例如，要将销售总额排名前 3 位的数据突出显示出来，具体操作方法如下。

**步骤01** 打开素材文件( 位置: 素材文件\第13章\员工销售表 .xlsx )，❶选中要设置条件格式的 D3:D12 单元格区域；❷单击【开始】选项卡【样式】组中的【条件格式】按钮；❸在弹出的下拉列表中选择【最前 / 最后规则】选项；❹在弹出的扩展菜单中选择【前 10 项】选项，如下图所示。

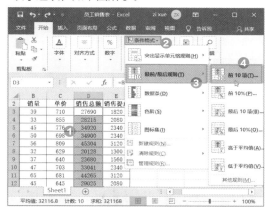

**步骤02** ❶弹出【前 10 项】对话框，在微调框中将值设置为【3】，然后在【设置为】下拉列表中选择需要的格式；❷单击【确定】按钮，如下图所示。

**步骤03** 返回工作表，即可看到突出显示了销售总额排名前 3 位的数据，如下图所示。

 **知识拓展**

在 Excel 2010 版本中，操作略有区别，选择【项目选取规则】选项后，在弹出的扩展菜单中需要选择【值最大的 10 项】选项，在弹出的【10个最大的项】对话框中进行设置即可。

---

## 282：突出显示重复数据

| 适用版本 | 实用指数 |
|---|---|
| 2010、2013、2016、2019 | ★★★★★ |

 **使用说明**

在制作表格时，为了方便查看和管理数据，可以通过条件格式设置突出显示重复值。

**解决方法**

例如，要将表格中重复的姓名标记出来，具体操作方法如下。

📢 **温馨提示**

在工作表中应用条件格式后，若要将其清除，可以先选中设置了包含条件格式的单元格区域，单击【开始】选项卡【样式】组中的【条件格式】按钮，在弹出的下拉列表中选择【清除规则】选项，在弹出的扩展菜单中选择【清除所选单元格的规则】选项即可。若在扩展菜单中选择【清除整个工作表的规则】选项，可以清除当前工作表中所有的条件格式。

📄 **步骤01** 打开素材文件（位置：素材文件\第 13 章\职员招聘报名表 .xlsx），❶选中要设置条件格式 A3:A15

---

单元格区域；❷单击【开始】选项卡【样式】组中的【条件格式】按钮；❸在弹出的下拉列表中选择【突出显示单元格规则】选项；❹在弹出的扩展菜单中选择【重复值】选项，如下图所示。

📄 **步骤02** ❶弹出【重复值】对话框，设置重复值的显示格式；❷单击【确定】按钮，如下图所示。

📄 **步骤03** 返回工作表，即可看到系统突出显示了重复姓名的数据，如下图所示。

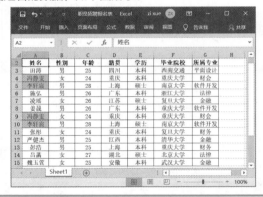

---

## 283：用不同颜色显示不同范围的值

| 适用版本 | 实用指数 |
|---|---|
| 2010、2013、2016、2019 | ★★★★☆ |

 **使用说明**

Excel 提供了色阶功能，通过该功能，可以在单元格区域中以双色渐变或三色渐变直观显示数据，帮助用户了解数据的分布和变化。

如果要以不同颜色显示单元格不同范围的数据，具体操作方法如下。

打开素材文件（位置：素材文件 \ 第 13 章 \ 员工销售表 .xlsx），❶选中 E3:E12 单元格区域；❷单击【开始】选项卡【样式】组中的【条件格式】按钮；❸在弹出的下拉列表中选择【色阶】选项；❹在弹出的扩展菜单中选择一种双色渐变方式的色阶样式即可，如下图所示。

284：使用数据条表示不同级别的工资

| 适用版本 | 实用指数 |
| --- | --- |
| 2010、2013、2016、2019 | ★★★★☆ |

在编辑工作表时，为了能一目了然地查看数据的大小情况，可以通过数据条功能实现。

例如，使用数据条表示不同级别人员的工资，具体操作方法如下。

**步骤01** 打开素材文件（位置: 素材文件\第 13 章\各级别职员工资总额对比 .xlsx），在 C3 单元格中输入公式【=B3】，然后利用填充功能向下复制公式，如下图所示。

**步骤02** ❶选中 C3:C9 单元格区域，单击【开始】选项卡【样式】组中的【条件格式】按钮；❷在弹出的下拉列表中选择【数据条】选项；❸在弹出的扩展菜单中选择需要的数据条样式，如下图所示。

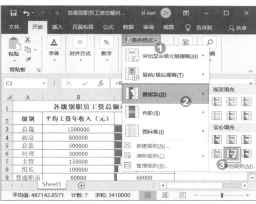

**步骤03** 返回工作表，即可看到所选区域添加了数据条效果，如下图所示。

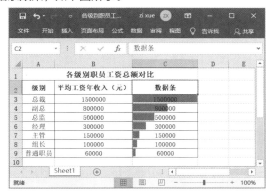

285：让数据条不显示单元格数值

| 适用版本 | 实用指数 |
| --- | --- |
| 2010、2013、2016、2019 | ★★★★☆ |

在编辑工作表时，为了能一目了然地查看数据的大小情况，可以通过数据条功能实现。而使用数据条

显示单元格数值后，还可以根据操作需要，设置让数据条不显示单元格数值。

**解决方法**

让数据条不显示单元格数值的具体操作方法如下。

**步骤01** 继续上例操作，❶在打开的"各级别职员工资总额对比 .xlsx"中选中 C3:C9 单元格区域，单击【开始】选项卡【样式】组中的【条件格式】下拉按钮；❷在弹出的下拉列表中选择【管理规则】选项，如下图所示。

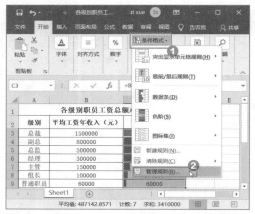

**步骤02** ❶弹出【条件格式规则管理器】对话框，在列表框中选中【数据条】选项；❷单击【编辑规则】按钮，如下图所示。

**步骤03** ❶弹出【编辑格式规则】对话框，在【编辑规则说明】栏中选中【仅显示数据条】复选框；❷单击【确定】按钮，如下图所示。

**步骤04** 返回【条件格式规则管理】对话框，单击【确定】按钮，在返回的工作表中即可查看效果，如下图所示。

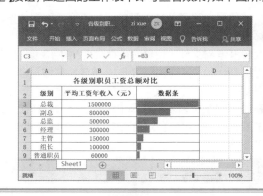

---

**286：用图标集把考核成绩等级形象地表示出来**

| 适用版本 | 实用指数 |
|---|---|
| 2010、2013、2016、2019 | ★★★★★ |

**使用说明**

图标集用于对数据进行注释，并可以按值的大小将数据分为 3~5 个类别，每个图标代表一个数据范围。

**解决方法**

例如，为了方便查看员工考核成绩，通过图标集进行标识，具体操作方法如下。

**步骤01** 打开素材文件（位置：素材文件\第 13 章\新进员工考核表 .xlsx），❶选择 B4:E14 单元格区域；❷单击【开始】选项卡【样式】组中的【条件格式】按钮；❸在弹出的下拉列表中选择【图标集】选项；❹在弹出的扩展菜单中选择图标集样式，如下图所示。

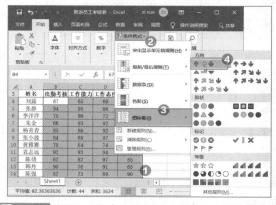

**步骤02** 返回工作表，即可查看设置后的效果，如下图所示。

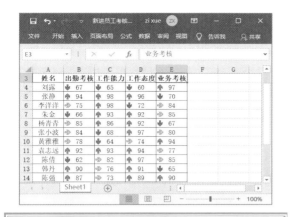

287：调整条件格式的优先级

| 适用版本 | 实用指数 |
|---|---|
| 2010、2013、2016、2019 | ★★★★★ |

**使用说明**

Excel 允许对同一个单元格区域设置多个条件格式，当同一个单元格区域存在多个条件格式规则时，如果规则之间不冲突，则全部规则都有效，将同时显示在单元格中；如果两个条件格式规则发生冲突，则会执行优先级高的规则。

例如，在下图中，B4:B14 单元格区域内，分别使用了数据条和图标集两种条件格式，因为两种格式的规则都不冲突，所以两个规则都得以应用；C4:C14 单元格区域中依次设置了【突出显示单元格规则】中的大于 90 的值、【项目选取规则】中的显示前 3 个值，所以这两个规则发生冲突，只显示了优先级高的条件格式。

对单元格区域添加多个条件格式后，可以通过【条件格式规则管理器】对话框调整它们的优先级。

**解决方法**

如果要在工作表中调整规则的优先级，具体操作方法如下。

**步骤01** 打开素材文件( 位置: 素材文件\ 第13章\新进员工考核表 1.xlsx )，❶选择 C4:C11 单元格区域中的任意单元格，打开【条件格式规则管理器】对话框，在列表框中选择需要调整优先级的规则；❷通过单击【上移】▲ 或【下移】▼ 按钮进行调整；❸单击【确定】按钮即可，如下图所示。

**步骤02** 返回工作表，即可查看设置后的效果，如下图所示。

288：只在不合格的单元格上显示图标集

| 适用版本 | 实用指数 |
|---|---|
| 2010、2013、2016、2019 | ★★★★☆ |

**使用说明**

在使用图标集时，默认会为选择的单元格区域都添加上图标。如果想要在特定的某些单元格上添加图标集，可以使用公式来实现。

**解决方法**

如果需要只在不合格的单元格上显示图标集，具体操作方法如下。

**步骤01** 打开素材文件( 位置: 素材文件\第13章\行业资格考试成绩表 .xlsx )，❶选中 B3:D16 单元格区域；❷单击【开始】选项卡【样式】组中的【条件格式】按钮；❸在弹出的下拉列表中选择【新建规则】选项，如下图所示。

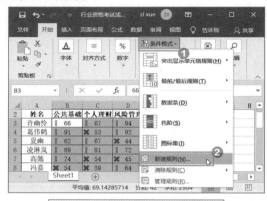

择【公式：=B3>=60】选项，保证其优先级最高，选中右侧的【如果为真则停止】复选框；❷单击【确定】按钮，如下图所示。

**步骤02** ❶弹出【新建格式规则】对话框，在【选择规则类型】列表框中选择【基于各自值设置所有单元格的格式】选项；❷在【编辑规则说明】列表框中，在【基于各自值设置所有单元格的格式】栏的【格式样式】下拉列表中选择【图标集】选项；❸在【图标样式】下拉列表中选择一种打叉的样式；❹在【根据以下规则显示各个图标】栏中设置等级参数，其中第1个【值】参数框可以输入大于60的任意数字，第2个【值】参数框必须输入【60】；❺相关参数设置完成后单击【确定】按钮，如下图所示。

**步骤03** ❶返回工作表，保持B3:D16单元格区域的选中状态，单击【开始】选项卡【样式】组中的【条件格式】按钮；❷在弹出的下拉列表中选择【新建规则】选项，如下图所示。

**步骤04** ❶弹出【新建格式规则】对话框，在【选择规则类型】列表框中选择【使用公式确定要设置格式的单元格】选项；❷在【为符合此公式的值设置格式】文本框中输入公式【=B3>=60】；❸不设置任何格式，直接单击【确定】按钮，如下图所示。

**步骤05** ❶保持B3:D16单元格区域的选中状态，弹出【条件格式规则管理器】对话框，在列表框中选

**步骤06** 返回工作表，即可看到只有不及格的成绩才有打叉的图标标记，而及格的成绩没有图标集，也没有改变格式，如下图所示。

## 289：利用条件格式突出显示双休日

| 适用版本 | 实用指数 |
|---|---|
| 2010、2013、2016、2019 | ★★★★★ |

### 使用说明

编辑工作表时，我们还可以通过条件格式来突出显示双休日。

### 解决方法

如果要利用条件格式来突出显示双休日，具体操作方法如下。

**步骤01** 打开素材文件( 位置: 素材文件\第13章\备忘录 .xlsx )，❶选择要设置条件格式的 A3:A33 单元格区域；❷单击【开始】选项卡【样式】组中的【条件格式】按钮；❸在弹出的下拉列表中选择【新建规则】选项，如下图所示。

**步骤02** ❶弹出【新建格式规则】对话框，在【选择规则类型】列表框中选择【使用公式确定要设置格式的单元格】选项；❷在【为符合此公式的值设置格式】文本框中输入公式【=WEEKDAY($A3,2)>5】；❸单击【格式】按钮，如下图所示。

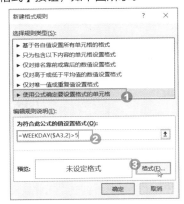

**步骤03** ❶弹出【设置单元格格式】对话框，根据需要设置显示方式，本例中在【填充】选项卡的【背景色】栏中选择绿色；❷单击【确定】按钮，如下图所示。

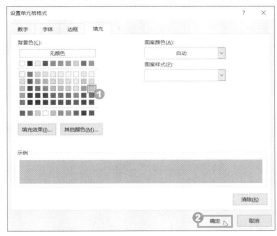

**步骤04** 返回【新建格式规则】对话框，单击【确定】按钮，返回工作表，即可看到双休日的单元格以绿色背景进行显示，如下图所示。

## 290：用不同颜色区分奇数行和偶数行

| 适用版本 | 实用指数 |
|---|---|
| 2010、2013、2016、2019 | ★★★★☆ |

### 使用说明

在制作表格时，有时为了美化表格，需要分别对奇数行和偶数行设置不同的填充颜色，此时可以通过条件格式进行设置。

### 解决方法

如果要通过条件格式分别为奇数行和偶数行设置填充颜色，具体操作方法如下。

**步骤01** 打开素材文件（位置：素材文件\第13章\行业资格考试成绩表.xlsx），❶选中A2:D16单元格区域，打开【新建格式规则】对话框，选择【使用公式确定要设置格式的单元格】选项；❷在【为符合此公式的值设置格式】文本框中输入公式【=MOD(ROW(),2)】；❸单击【格式】按钮，如下图所示。

**步骤02** ❶弹出【设置单元格格式】对话框，在【填充】选项卡的【背景色】栏中选择需要的颜色；❷单击【确定】按钮，如下图所示。

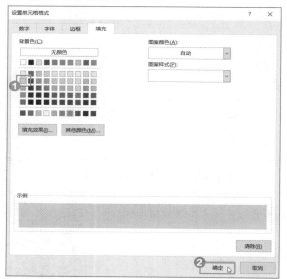

**步骤03** 返回【新建格式规则】对话框，单击【确定】按钮，返回工作表，即可发现奇数行填充了所设置的颜色，如下图所示。

**步骤04** ❶选中A2:D16单元格区域，打开【新建格式规则】对话框，在【选择规则类型】列表框中选择【使用公式确定要设置格式的单元格】选项；❷在【为符合此公式的值设置格式】文本框中输入公式【=MOD(ROW(),2)=0】；❸再设置需要的格式；❹最后单击【确定】按钮，如下图所示。

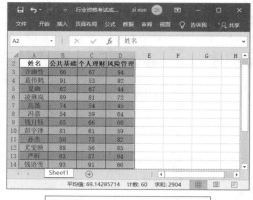

**步骤05** 返回工作表，即可发现偶数行填充了所设置的颜色，如下图所示。

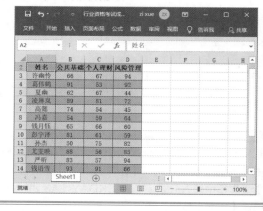

### 291：标记特定年龄段的人员

| 适用版本 | 实用指数 | |
| --- | --- | --- |
| 2010、2013、2016、2019 | ★★★★☆ |  |

**使用说明**

编辑工作表时，通过条件格式，还可以将特定年龄段的人员标记出来。

## 解决方法

例如，要将年龄在 25~32 岁的职员标记出来，具体操作方法如下。

**步骤01** 打开素材文件（位置：素材文件\第 13 章\员工信息登记表 .xlsx），❶选中 A3:H17 单元格区域，打开【新建格式规则】对话框，在【选择规则类型】列表框中选择【使用公式确定要设置格式的单元格】选项；❷在【为符合此公式的值设置格式】文本框中输入公式【=AND($G3>=25, $G3<=32)】；❸单击【格式】按钮，如下图所示。

**步骤02** ❶弹出【设置单元格格式】对话框，在【填充】选项卡的【背景色】栏中选择需要的颜色；❷单击【确定】按钮，如下图所示。

**步骤03** 返回【新建格式规则】对话框，单击【确定】按钮，返回工作表，即可查看效果，如下图所示。

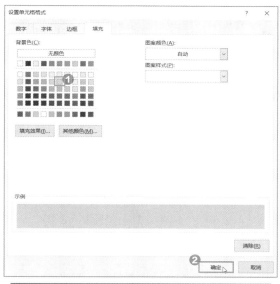

## 13.2 数据预测分析

在编辑表格的过程中，还可以使用模拟分析功能对表格数据进行预测分析，下面将介绍预测分析数据的相关技巧。

| 292：进行单变量求解 |
| --- |

| 适用版本 | 实用指数 | |
| --- | --- | --- |
| 2010、2013、2016、2019 | ★★★★★ |  |

## 使用说明

单变量求解就是求解具有一个变量的方程，它通过调整可变单元格中的数值，使之按照给定的公式得出目标单元格中的目标值。

## 解决方法

例如，假设某款手机的进价为 2750 元，销售费用为 30 元，要计算销售利润在不同情况下的加价百分比，具体操作方法如下。

**步骤01** 打开素材文件（位置: 素材文件\第 13 章\单变量求解 .xlsx），在工作表中选中 B4 单元格，输入公式【=B1*B2−B3】，然后按【Enter】确认，如下图所示。

**步骤02** ❶选中 B4 单元格；❷单击【数据】选项卡【预测】组中的【模拟分析】按钮；❸在弹出的下拉列表中选择【单变量求解】选项，如下图所示。

**步骤03** ❶弹出【单变量求解】对话框，在【目标值】单元格中输入理想的利润值，本例输入【500】；❷在【可变单元格】中输入【$B$2】；❸单击【确定】按钮，如下左图所示。

**步骤04** 弹出【单变量求解状态】对话框，单击【确定】按钮，如下右图所示。

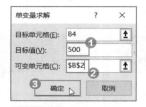

**步骤05** 返回工作表，即可计算出销售利润为500元时的加价百分比，如下图所示。

### 293：使用方案管理器

| 适用版本 | 实用指数 |
|---|---|
| 2010、2013、2016、2019 | ★★★★★ |

**使用说明**

单变量求解只能解决具有一个未知变量的问题，如果要解决包括较多可变因素的问题，或者要在几种假设分析中找到最佳执行方案，可以用方案管理器来实现。

**解决方法**

例如，假设某玩具的成本为246元，销售数量为10，加价百分比为40%，销售费用为38元，在成本、加价百分比及销售费用各不相同，销售数量不变的情况下，计算毛利情况，具体操作方法如下。

**步骤01** 打开素材文件（位置：素材文件\第13章\方案管理器.xlsx），❶在工作表中选中B5单元格；❷单击【数据】选项卡【预测】组中的【模拟分析】按钮；❸在弹出的下拉列表中选择【方案管理器】选项，如下图所示。

**步骤02** 弹出【方案管理器】对话框，单击【添加】按钮，如下图所示。

**步骤03** ❶弹出【添加方案】对话框，在【方案名】文本框中输入方案名，如【方案一】；❷在【可变单元格】文本框中输入【$B$1,$B$3,$B$4】；❸单击【确定】按钮，如下图所示。

**步骤04** ❶弹出【方案变量值】对话框，分别设置可变单元格的值，如【238】【0.35】和【30】；❷单击【确定】按钮，如下图所示。

**步骤05** ❶返回【方案管理器】对话框，参照上述操作步骤，添加其他方案；❷单击【摘要】按钮，如下图所示。

**步骤06** ❶弹出【方案摘要】对话框，选中【方案摘要】单选按钮；❷在【结果单元格】文本框中输入【B5】；❸单击【确定】按钮，如下图所示。

**步骤07** 返回工作表，即可看到系统自动创建了一张名为【方案摘要】的工作表，如下图所示。

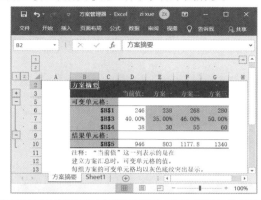

294：使用单变量模拟运算表分析数据

| 适用版本 | 实用指数 |
| --- | --- |
| 2010、2013、2016、2019 | ★★★★☆ |

**使用说明**

在 Excel 中，可以使用模拟运算表分析数据。通过模拟运算表，可以在给出一个或两个变量的可能取值时，查看某个目标值的变化情况。根据使用变量的多少，可以分为单变量和双变量两种。下面先介绍单变量模拟运算表的使用。

**解决方法**

例如，假设某人向银行贷款 50 万元，借款年限为 15 年，每年还款期数为 1 期，现在计算不同年利率下的等额还款金额，具体操作方法如下。

**步骤01** 打开素材文件（位置：素材文件\第13章\单变量模拟运算表 .xlsx），选中 F2 单元格，输入公式【=PMT(B2/D2,E2,-A2)】，按【Enter】键得出计算结果，如下图所示。

**步骤02** 选中 B5 单元格，输入公式【=PMT(B2/D2,E2,−A2)】，按【Enter】键得出计算结果，如下图所示。

**步骤03** ❶选中 B4:F5 单元格区域；❷单击【数据】选项卡【预测】组中的【模拟分析】按钮；❸在弹出的下拉列表中选择【模拟运算表】选项，如下图所示。

**步骤04** ❶弹出【模拟运算表】对话框，将光标插入点定位到【输入引用行的单元格】参数框，在工作表中选择要引用的单元格；❷单击【确定】按钮，如下图所示。

**步骤05** 进行上述操作后，即可计算出不同年利率下的等额还款额，如下图所示。

## 295：使用双变量模拟运算表分析数据

| 适用版本 | 实用指数 |
| --- | --- |
| 2010、2013、2016、2019 | ★★★★☆ |

**使用说明**

使用单变量模拟运算表时，只能解决一个输入变量对一个或多个公式计算结果的影响问题。如果想要查看两个变量对公式计算结果的影响，则需使用双变量模拟运算表。

**解决方法**

例如，假设借款年限为 15 年，年利率为 6.5%，每年还款期数为 1，现在要计算不同借款金额和不同还款期数下的等额还款额，具体操作方法如下。

**步骤01** 打开素材文件（位置：素材文件\第13章\双变量模拟运算表.xlsx），选中 F2 单元格，输入公式【=PMT(B2/D2,E2,−A2)】，按【Enter】键得出计算结果，如下图所示。

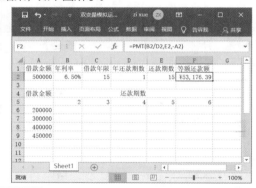

**步骤02** 选中 A5 单元格，输入公式【=PMT(B2/D2,E2,−A2)】，按【Enter】键得出计算结果，如下图所示。

**步骤03** ❶选中 A5:F9 单元格区域；❷单击【数据】选项卡【预测】组中的【模拟分析】按钮；❸在弹出的下拉列表中选择【模拟运算表】选项，如下图所示。

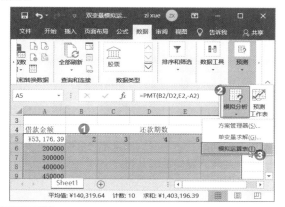

**步骤04** ❶弹出【模拟运算表】对话框，将光标插入点定位到【输入引用行的单元格】参数框，在工作表中选择要引用的单元格；❷在【输入引用列的单元格】参数框中选择要引用的单元格；❸单击【确定】按钮，如下图所示。

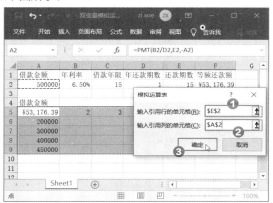

**步骤05** 即可在工作表中计算出不同借款金额和不同还款期数下的等额还款额，如下图所示。

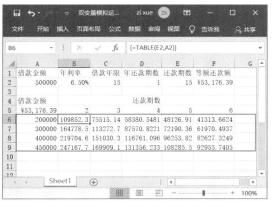

---

| 296：使用模拟运算表制作九九乘法表 | |
| --- | --- |

| 适用版本 | 实用指数 |
| --- | --- |
| 2010、2013、2016、2019 | ★★★★★ |

**使用说明**

在实际应用中，使用模拟运算表还可以制作九九乘法表。

**解决方法**

如果要使用模拟运算表制作九九乘法表，具体操作方法如下。

**步骤01** 在新工作簿工作表中的 B1:J1 和 A2:A10 单元格区域中输入数字 1~9，然后设置相应的格式和边框，选中 A1 单元格，输入公式【=IF(A11>A12,"",A11&"×"&A12&"="&A11*A12)】，按【Enter】键进行确认，如下图所示。

**步骤02** ❶选中 A1:J10 单元格区域，打开【模拟运算表】对话框，分别在【输入引用行的单元格】和【输入引用列的单元格】参数框中设置引用参数；❷单击【确定】按钮，如下图所示。

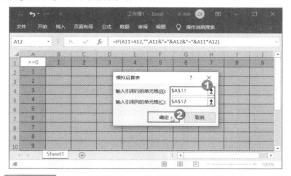

**步骤03** 返回工作表，即可查看九九乘法表的初始效果，如下图所示。

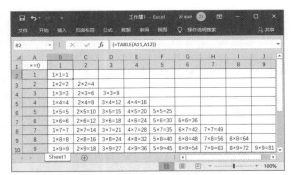

**步骤04** ❶选中 A1 单元格，打开【设置单元格格式】对话框，在【数字】选项卡的【分类】列表框中选择【自定义】选项；❷在【类型】文本框中输入【;;;】；❸单击【确定】按钮，如下图所示。

### 温馨提示

执行本步操作，是为了隐藏 A1 单元格中的内容，从而使九九乘法表更加简洁。

**步骤05** 返回工作表，完成九九乘法表的制作，在 B2:J10 单元格区域中，选中任意单元格，编辑栏显示的公式都是【{=TABLE(A11,A12)}】。九九乘法表的最终效果如下图所示。

---

## 297：使用方案管理器分析贷款方式

| 适用版本 | 实用指数 | |
| --- | --- | --- |
| 2010、2013、2016、2019 | ★★★★☆ | |

### 使用说明

在进行房屋贷款时，通常会重点考虑等额还款或等本还款方式。此外，贷款在 5 年期以下的利率与 5 年期以上的利率有所不同，也是用户会考虑的因素之一。这时使用方案管理器，可以非常方便地以不同的贷款方式作为分析对象进行对比分析。

### 解决方法

例如，以 45 万元的公积金贷款为例，5 年期以下的年利率假定为 5.5%，5 年期以上的年利率假定为 6.2%，现在分别以 5 年还款、20 年还款以及等本还款、等额还款 4 种方式进行分析比较，具体操作方法如下。

**步骤01** 打开素材文件（位置：素材文件\第 13 章\房屋贷款方式分析.xlsx），在 A5 单元格中输入公式【=IF(D2=" 等额 ",PMT(A2/12,C2*12,−B2,,)*C2*12−B2,(B2*C2*12+B2)/2* A2/12)】，在 B5 单元格中输入公式【=A5/B2】，在 C5 单元格中输入公式【=A5/C2】，如下图所示。

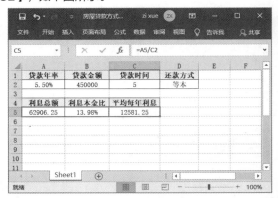

**步骤02** 分别为工作表中的单元格定义名称，如下图所示。

**步骤03** 打开【方案管理器】对话框，单击【添加】按钮，如下图所示。

**步骤04** ❶弹出【编辑方案】对话框，在【方案名】文本框中输入【等额 5 年期】；❷在【可变单元格】参数框中设置参数【$A$2,$C$2: $D$2】；❸单击【确定】按钮，如下图所示。

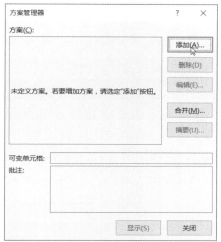

**步骤05** ❶弹出【方案变量值】对话框,分别设置可变单元格的值;❷单击【确定】按钮,如下图所示。

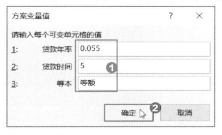

**步骤06** 返回【方案管理器】对话框,即可看到添加了【等额 5 年期】方案,如下图所示。

**步骤07** 通过单击【添加】按钮,依次添加其他 3 个方案,其中,【可变单元格】的参数依然是【$A$2,$C$2: $D$2】。各个方案的名称及变量取值如下图所示。

| | 等额5年期 | 等本5年期 | 等额20年期 | 等本20年期 |
|---|---|---|---|---|
| 贷款年率 | 0.055 | 0.055 | 0.062 | 0.062 |
| 贷款时间 | 5 | 5 | 20 | 20 |
| 还款方式 | 等额 | 等本 | 等额 | 等本 |

**步骤08** 完成添加后,【方案管理器】对话框的【方案】列表框中将显示所有方案,单击【摘要】按钮,如下图所示。

**步骤09** ❶弹出【方案摘要】对话框,在【报表类型】栏中选中【方案摘要】单选按钮;❷在【结果单元格】参数框中设置参数【$A$5: $C$5】;❸单击【确定】按钮,如下图所示。

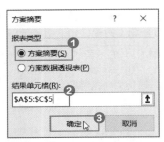

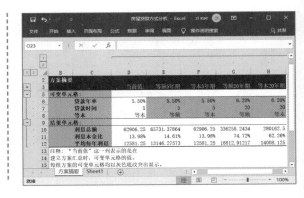

**步骤10** 返回工作表，即可看到系统自动创建了一张名为【方案摘要】的工作表，如下图所示。

# 第 14 章
# 使用图表分析数据的技巧

图表是重要的数据分析工具。通过图表，可以非常直观地诠释工作表数据，并能清楚地显示数据间的细微差异及变化情况，从而使用户能更好地分析数据。本章主要针对图表功能，给读者介绍一些操作技巧。

下面先来看看以下一些图表制作中的常见问题，你是否会处理或已掌握。

【√】创建了图表后，才发现图表并不能很好地体现数据，是否需要删除重建呢？

【√】制作了一张饼图，想要将一部分饼图突出显示，如何将一部分饼图分离？

【√】图表中原引用的数据源错误，能不能直接对图表的数据源进行更改呢？

【√】在对男女人数进行分析时，图表中的人物图标是怎样添加的呢？

【√】在图表中分析数据时，怎样添加辅助线？

【√】为工作表中的数据创建了迷你图之后，为了能显示重点，怎样将重要数据突出显示？

希望通过本章内容的学习，能帮助你解决以上问题，并学会 Excel 图表制作与应用技巧。

## 14.1 图表的创建与编辑

在 Excel 中，用户可以很轻松地创建各种类型的图表。完成图表的创建后，还可以根据需要进行编辑和修改，以便让图表更直观地表现工作表数据。

### 298：根据数据创建图表

| 适用版本 | 实用指数 |
|---|---|
| 2010、2013、2016、2019 | ★★★★★ |

#### 使用说明

创建图表的方法非常简单，只需选择要创建为图表的数据区域，然后选择需要的图表样式即可。在选择数据区域时，根据需要用户可以选择整个数据区域，也可以选择部分数据区域。

#### 解决方法

例如，为部分数据源创建一个柱形图，具体操作方法如下。

**步骤01** 打开素材文件（位置：素材文件\第14章\上半年销售情况 .xlsx），❶选择要创建为图表的数据区域；❷单击【插入】选项卡【图表】组中图表类型对应的按钮，本例中单击【插入柱形图或条形图】按钮 ▮▮-；❸在弹出的下拉列表中选择需要的柱形图样式，如下图所示。

**步骤02** 通过上述操作后，将在工作表中插入一个图表，鼠标指针指向该图表边缘时，鼠标指针会呈状，此时按住鼠标左键不放并拖动鼠标，可以移动图表的位置，如下图所示。

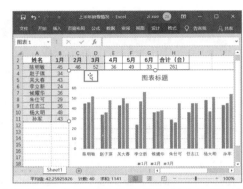

### 299：使用推荐图表功能快速创建图表

| 适用版本 | 实用指数 |
|---|---|
| 2016、2019 | ★★★★★ |

#### 使用说明

当不知道表格数据使用什么类型的图表合适时，可以使用 Excel 提供的推荐图表功能，自动根据选择的数据，推荐合适的图表。

#### 解决方法

例如，使用推荐图表功能创建图表的具体操作方法如下。

**步骤01** 打开素材文件（位置：素材文件\第14章\上半年销售情况 .xlsx），❶选择要创建为图表的数据区域；❷单击【插入】选项卡【图表】组中的【推荐的图表】按钮，如下图所示。

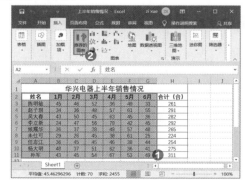

**步骤02** ❶打开【插入图表】对话框,在【推荐的图表】选项卡中显示了一些能很好地展示数据的图表,选择需要的图表;❷单击【确定】按钮,如下图所示。

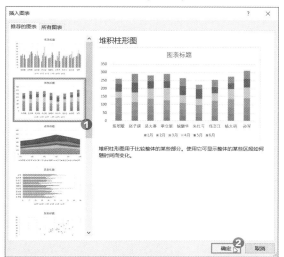

**步骤03** 即可在工作表中插入选择的图表,效果如下图所示。

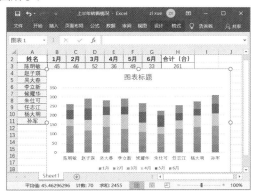

300:更改已创建图表的类型

| 适用版本 | 实用指数 |
|---|---|
| 2010、2013、2016、2019 | ★★★★★ |

创建图表后,若图表的类型不符合用户的需求,则可以更改图表的类型。

例如,将柱形图更改为折线图类型的图表,具体操作方法如下。

**步骤01** 打开素材文件(位置:素材文件\第14章\上半年销售情况1.xlsx),❶选中图表;❷单击【图表工具/设计】选项卡【类型】组中的【更改图表类型】按钮,如下图所示。

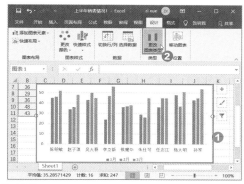

**步骤02** ❶弹出【更改图表类型】对话框,在【所有图表】选项卡中左侧的列表中选择【折线图】选项;❷在右侧预览栏上方选择需要的折线图样式,并在下方显示所选样式的预览效果;❸单击【确定】按钮即可,如下图所示。

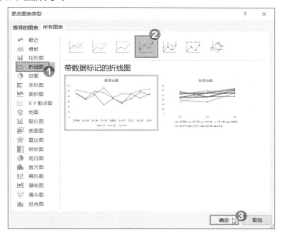

**步骤03** 通过上述操作后,所选图表将更改为折线图,如下图所示。

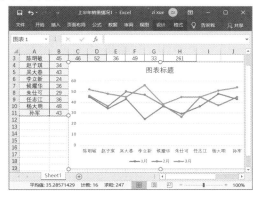

## 301：在一个图表中使用多个图表类型

| 适用版本 | 实用指数 |
|---|---|
| 2013、2016、2019 | ★★★★☆ |

### 使用说明

若图表中包含多个数据系列，还可以为不同的数据系列设置不同的图表类型。

### 解决方法

例如，要对某一个数据系列使用折线图类型的图表，具体操作方法如下。

**步骤01** 打开素材文件（位置：素材文件\第14章\上半年销售情况.xlsx），❶选择 A2:H11 单元格区域；❷单击【插入】选项卡【图表】组中的【查看所有图表】按钮 ，如下图所示。

**步骤02** ❶弹出【插入图表】对话框，在【所有图表】选项卡的左侧列表中选择【组合图】选项；❷在右侧需要更改样式的系列右侧的下拉列表中选择该系列数据的图表样式；❸单击【确定】按钮，如下图所示。

**步骤03** 返回工作表，即可查看插入的组合图表，如下图所示。

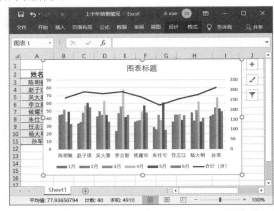

## 302：在图表中增加数据系列

| 适用版本 | 实用指数 |
|---|---|
| 2010、2013、2016、2019 | ★★★★★ |

### 使用说明

在创建图表时，若只是选择了部分数据进行创建操作，则在后期操作过程中，还可以在图表中增加数据系列。

### 解决方法

如果要在图表中增加数据系列，具体操作方法如下。

**步骤01** 打开素材文件（位置：素材文件\第14章\上半年销售情况1.xlsx），❶选中图表；❷单击【图表工具/设计】选项卡【数据】组中的【选择数据】按钮，如下图所示。

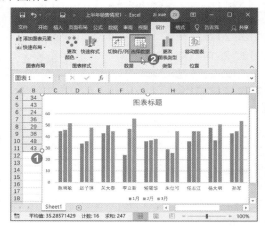

**步骤02** 弹出【选择数据源】对话框，单击【图例项】选项组中的【添加】按钮，如下图所示。

**步骤03** ❶打开【编辑数据系列】名称，在【系列名称】参数框中输入要添加的系列名称所在的单元格；❷在【系列值】参数框中输入要添加系列的数值所在的单元格区域；❸单击【确定】按钮，如下图所示。

**步骤04** 返回【选择数据源】对话框，在【图例项】列表框中显示出添加的数据系列，单击【确定】按钮，如下图所示。

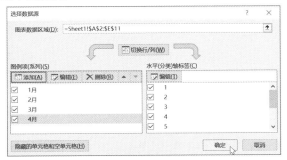

**步骤05** 返回工作表，即可看到图表中已添加了"4月"数据系列，如下图所示。

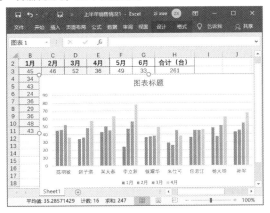

### 303：更改图表的数据源

| 适用版本 | 实用指数 |
| --- | --- |
| 2010、2013、2016、2019 | ★★★★★ |

**使用说明**

创建图表后，如果发现数据源选择错误，还可以根据操作需要更改图表的数据源。

**解决方法**

如果要更改图表的数据源，具体操作方法如下。

**步骤01** 打开素材文件（位置：素材文件\第14章\上半年销售情况1.xlsx），选中图表，打开【选择数据源】对话框，单击【图表数据区域】右侧的按钮 ↑，如下图所示。

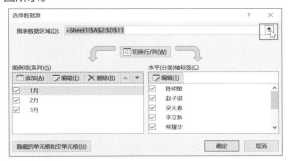

**步骤02** 在工作表中重新选择数据区域，完成后单击【选择数据源】对话框中的按钮，如下图所示。

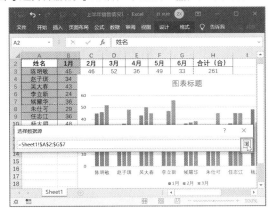

**步骤03** 返回【选择数据源】对话框，单击【确定】按钮，返回工作表，即可看到图表中已经更改了数据源，如下图所示。

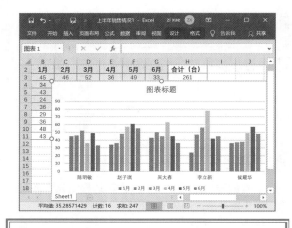

## 304：分离饼形图扇区

| 适用版本 | 实用指数 |
|---|---|
| 2010、2013、2016、2019 | ★★★☆☆ |

### 使用说明

在工作表中创建饼形图表后，所有的数据系列都是一个整体。根据操作需要，可以将饼图中的某扇区分离出来，以便突出显示该数据。

### 解决方法

如果要将饼形图的扇区分离，具体操作方法如下。

**步骤01** 打开素材文件（位置：素材文件\第14章\文具销售统计.xlsx），❶在图表中选择要分离的扇区；❷右击，在弹出的快捷菜单中选择【设置数据系列格式】选项，如下图所示。

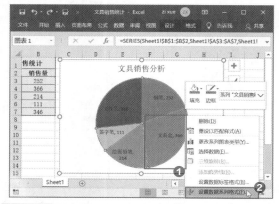

**步骤02** 打开【设置数据点格式】窗格，在【系列选项】栏中拖动【点分离】滑块，调整扇区分离的大小，如下图所示。

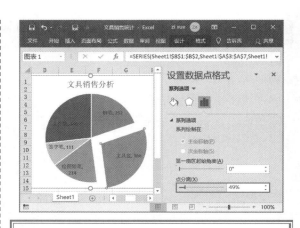

## 305：设置饼图的标签值类型

| 适用版本 | 实用指数 |
|---|---|
| 2010、2013、2016、2019 | ★★★★★ |

### 使用说明

在饼图类型的图表中，将数据标签显示出来后，默认显示的是具体数值，为了让饼图更加形象直观，可以将数值设置成百分比形式。

### 解决方法

例如，要将数据标签的值设置成百分比形式，具体操作方法如下。

**步骤01** ❶打开素材文件（位置：素材文件\第14章\文具销售统计1.xlsx），选中图表；❷单击【图表工具/设计】选项卡【图表布局】组中的【添加图表元素】按钮；❸在弹出的下拉菜单中选择【数据标签】选项；❹在弹出的扩展菜单中选择数据标签的位置，本例选择【最佳匹配】选项，如下图所示。

**步骤02** 即可为图表数据系列添加数据标签,选择图表中的数据标签,右击,在弹出的快捷菜单中选择【设置数据标签格式】命令,如下图所示。

### 知识拓展

在选择图表后,在图表旁边会出现【图表元素】按钮 ➕,单击该按钮,在打开的菜单中将鼠标指针指向【数据标签】选项,单击右侧出现的按钮 ▶,在弹出的下拉列表中选择【更多选项】选项也可以打开【设置数据标签格式】窗格。使用相同的方法,还可以打开其他图表元素的设置窗格。

**步骤03** 打开【设置数据标签格式】窗格,默认显示【标签选项】栏中内容,在【标签包括】列表中选中【类别名称】和【百分比】复选框,取消选中【值】复选框,即可看到图表中的数据标签以百分比显示,效果如下图所示。

| 306:设置纵坐标的刻度值 |
| --- |

| 适用版本 | 实用指数 | |
| --- | --- | --- |
| 2010、2013、2016、2019 | ★★★★☆ |  |

### 使用说明

创建柱形图、折线图等类型的图表后,在图表左侧

显示的是纵坐标轴,并根据数据源中的数值显示刻度。根据操作需要,用户可以自定义坐标轴刻度值的大小。

### 解决方法

如果要设置纵坐标的刻度值,具体操作方法如下。

**步骤01** 打开素材文件(位置:素材文件\第 14 章\上半年销售情况 1.xlsx ), ❶选中图表中的纵坐标轴; ❷右击,在弹出的快捷菜单中选择【设置坐标轴格式】选项,如下图所示。

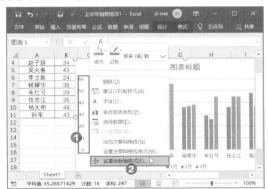

**步骤02** ❶打开【设置坐标轴格式】窗格,在【坐标轴选项】栏中设置刻度值参数;❷单击【关闭】按钮 × 即可,如下图所示。

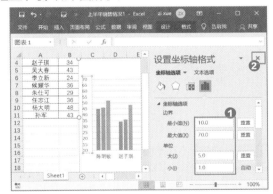

**步骤03** 返回工作表中,即可看到更改纵坐标轴刻度后的图表效果,如下图所示。

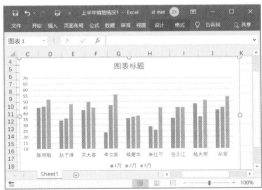

## 307：将图表移到其他工作表中

| 适用版本 | 实用指数 |
|---|---|
| 2010、2013、2016、2019 | ★★★☆☆ |

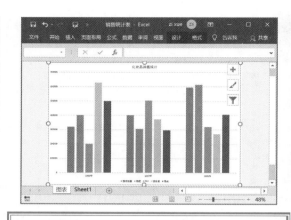

### 使用说明

默认情况下，创建的图表会显示在数据源所在的工作表内；根据操作需要，还可以将图表移到其他工作表中。

### 解决方法

例如，要将图表移到新建的【图表】工作表中，具体操作方法如下。

**步骤01** 打开素材文件（位置：素材文件\第14章\销售统计表.xlsx），❶选中图表；❷单击【图表工具/设计】选项卡【位置】组中的【移动图表】按钮，如下图所示。

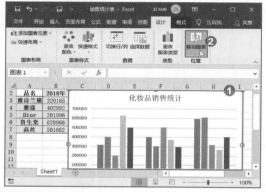

**步骤02** ❶弹出【移动图表】对话框，选择图表位置，本例选中【新工作表】单选按钮，并在右侧的文本框中输入新工作表的名称；❷单击【确定】按钮，如下图所示。

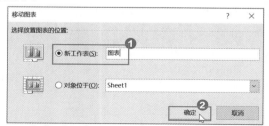

**步骤03** 通过上述操作后，即可新建一个名为【图表】的工作表，并将图表移动到该工作表中，如下图所示。

## 308：切换图表的行列显示方式

| 适用版本 | 实用指数 |
|---|---|
| 2010、2013、2016、2019 | ★★★★☆ |

### 使用说明

创建图表后，还可以对图表统计的行列方式进行随意切换，以便用户更好地查看和比较数据。

### 解决方法

如果要切换图表的行列显示方式，具体操作方法如下。

**步骤01** 打开素材文件（位置：素材文件\第14章\销售统计表.xlsx），❶选中图表；❷单击【图表工具/设计】选项卡【数据】组中的【切换行/列】按钮，如下图所示。

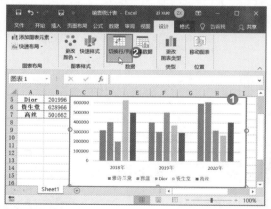

**步骤02** 通过上述操作后，即可切换图表的行列显示方式，如下图所示。

## 309：使用图标填充图表数据系列

| 适用版本 | 实用指数 |
|---|---|
| 2019 | ★★★★☆ |

### 使用说明

在 Excel 2019 中提供了图标功能，在其中提供了很多图标。在对图表进行美化时，就可以使用相关的图标对图片数据系列进行填充，使图表更加形象。

### 解决方法

例如，对公司各部门男女人数进行分析时，就使用男图标和女图标分别填充到图表相应的数据系列中，具体操作方法如下。

**步骤01** 打开素材文件（位置：素材文件\第 14 章\各部门人数分析表 .xlsx），单击【插入】选项卡【插图】组中的【图标】按钮，如下图所示。

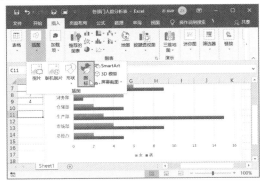

**步骤02** ❶打开【插入图标】对话框，在左侧列出了很多图标类型，选择需要的图标类型，如【人】；❷在右侧选择需要的图标；❸单击【插入】按钮，如

下图所示。

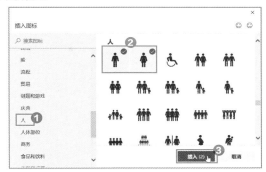

**步骤03** 即可在工作表中插入选择的图标，选择代表男性的图标，设置图标颜色，如下图所示。

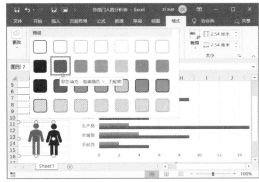

**步骤04** 使用相同的方法设置代表女性的图标的效果，复制蓝色人物图标，选择图表中代表男性的数据系列，按【Ctrl+V】组合键粘贴，使用图标填充数据系列，如下图所示。

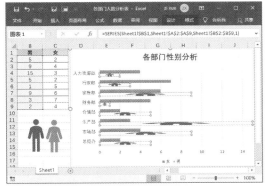

**步骤05** 打开【设置数据系列格式】窗格，将填充方式设置为【层叠】，这样人物图标将以正常的比例填充到数据系列中，如下图所示。

**步骤06** 使用同样的方法，将男性图标填充到图表的另外一个数据系列中，调整填充方式为【层叠】，然后将图表调整到合适的大小，图表效果如下图所示。通过人物图标对比，就能清楚地知道各部门男女之间人数的差距，如下图所示。

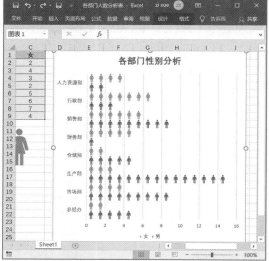

## 310：设置图表背景

| 适用版本 | 实用指数 |
|---|---|
| 2010、2013、2016、2019 | ★★★☆☆ |

### 使用说明

创建图表后，还可以对其设置背景，以便让图表更加美观。

### 解决方法

例如，要为图表设置图片背景，具体操作方法如下。

**步骤01** 打开素材文件（位置：素材文件\第14章\销售统计表 .xlsx），右击图表，在弹出的快捷菜单中选择【设置图表区域格式】选项，如下图所示。

**步骤02** ❶打开【设置图表区格式】窗格，在【图表

选项】栏中，单击【填充】选项将其展开；❷选择背景填充方式，本例选中【图片或纹理填充】单选按钮；❸单击【插入】按钮，如下图所示。

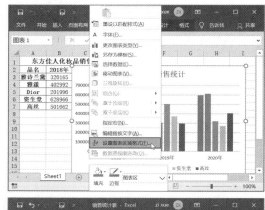

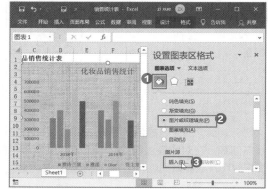

**步骤03** 打开【插入图片】对话框，选择图片来源，这里选择【来自文件】选项，如下图所示。

**步骤04** ❶弹出【插入图片】对话框，选择需要作为背景的图片；❷单击【插入】按钮，如下图所示。

**步骤05** 操作完成后，即可为图表添加图片背景，如下图所示。

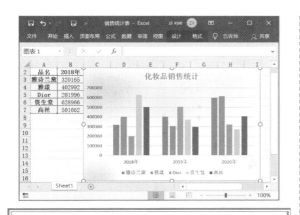

311：制作动态图表

| 适用版本 | 实用指数 |
| --- | --- |
| 2010、2013、<br>2016、2019 | ★★★★★ |

**使用说明**

当需要在同一个图表中单独对多个数据系列进行分析时，可以通过制作动态图表来实现。

**解决方法**

例如，制作动态图表对各月份的产品销量进行分析，具体操作方法如下。

**步骤01** 打开素材文件（位置：素材文件\第14章\汽车销量统计表.xlsx），❶在 I1 单元格中输入参照的行数，如输入【1】；❷选择任意一个空白单元格，单击【开发工具】选项卡【控件】组中的【插入】按钮；❸在弹出的下拉列表中选择【表单控件】栏中的【组合框（窗体控件）】选项，如下图所示。

**步骤02** 此时鼠标指针将变成 ➕ 形状，在工作表空白区域拖动鼠标绘制组合框表单控件，在绘制的控件

上右击，在弹出的快捷菜单中选择【设置控件格式】选项，如下图所示。

**步骤03** ❶打开【设置对象格式】对话框，选择【控制】选项卡；❷在【数据源区域】文本框中输入要引用的单元格列数据，这里输入【$A$3:$A$14】；❸在【单元格链接】文本框中输入要参照的数据所在的单元格，这里输入【$I$1】；❹在【下拉显示项数】文本框中输入下拉列表选择项数，如输入【12】；❺单击【确定】按钮，如下图所示。

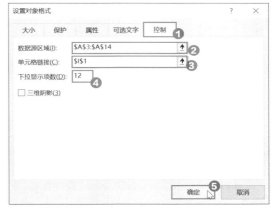

**步骤04** ❶在工作表中单击控件下拉按钮 ▼；❷在弹出的下拉列表框中选择相应的选项，如选择【1月】选项，如下图所示。

**步骤05** ❶选择 A2 单元格；❷单击【公式】选项卡【定义的名称】组中的【定义名称】按钮，如下图所示。

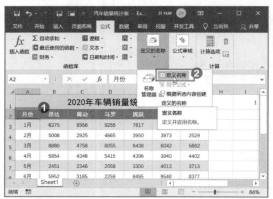

**步骤06** ❶打开【新建名称】对话框，在【名称】文本框中将自动显示【月份】；❷在【引用位置】文本框中输入公式【=OFFSET(Sheet1!$A$2,Sheet1!$I$1,0)】；❸单击【确定】按钮，如下图所示。

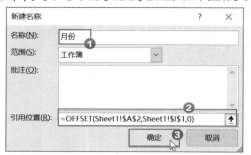

**步骤07** 返回【名称管理器】对话框，在其中可以查看到新建的名称，再单击【新建】按钮，如下图所示。

**步骤08** ❶打开【新建名称】对话框，在【名称】文本框中输入【数据】；❷在【引用位置】文本框中输入公式【=OFFSET(Sheet1!$A$2,Sheet1!$I$1,1,1,6)】；❸单击【确定】按钮，如下图所示。

**步骤09** ❶选择需要创建图表的区域，单击【插入】选项卡【图表】组中的【插入柱形图或条形图】按钮；

❷在弹出的下拉列表中选择【簇状柱形图】选项，如下图所示。

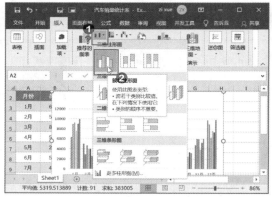

**步骤10** 选择图表，单击【设计】选项卡【数据】组中的【选择数据】按钮，如下图所示。

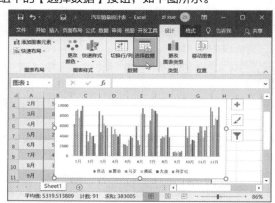

**步骤11** 打开【选择数据源】对话框，单击【切换行/列】按钮，如下图所示。

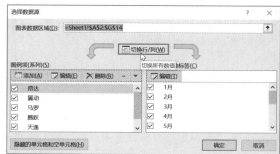

**步骤12** ❶即可调换图例项和水平（分类）轴标签的位置，在【图例项】列表框中选择【2月】；❷单击列表框上方的【删除】按钮，如下图所示。

**步骤13** ❶即可删除图例项【2月】，使用相同的方法删除其他多余的图例项，选择唯一一个图例项；❷单击【编辑】按钮，如下图所示。

**步骤14** ❶打开【编辑数据系列】对话框，在【系列名称】文本框中输入公式【=Sheet1! 月份】；❷在【系列值】文本框中输入公式【=Sheet1! 数据】；❸单击【确定】按钮，如下图所示。

**温馨提示**

【月份】和【数据】是前面定义的单元格名称，所以，在编辑数据系列时，直接引用名称即可。

**步骤15** 返回【选择数据源】对话框，单击【确定】按钮，返回工作表中，即可查看更改数据系列后的效果，单击组合框控件右侧的下拉按钮🔽，在弹出的下拉列表框中选择【2月】选项，如下图所示。

**步骤16** 图表中将显示 2 月相关的产品销售数据，如下图所示。

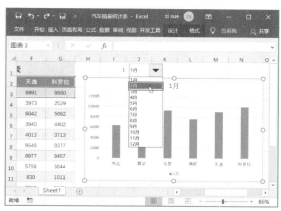

**312：将图表保存为模板**

| 适用版本 | 实用指数 |
| --- | --- |
| 2010、2013、2016、2019 | ★★★★☆ |

**使用说明**

对于制作好的图表，可以将其保存为模板，下次再制作类似的图表时，直接调用修改即可。

**解决方法**

例如，将工作表中的图表保存为模板，具体操作方法如下。

**步骤01** 打开素材文件（位置: 素材文件\第14章\销售统计表 3.xlsx），选择图表，右击，在弹出的快捷菜单中选择【另存为模板】选项，如下图所示。

**步骤02** 打开【保存图表模板】对话框，保持默认的图标保存位置不变，设置保存名称，单击【保存】按钮，如下图所示。

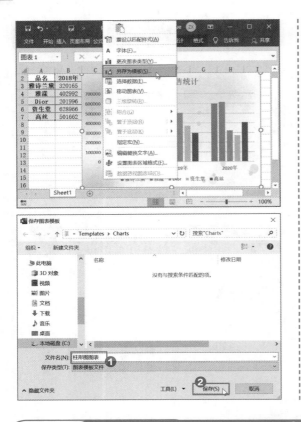

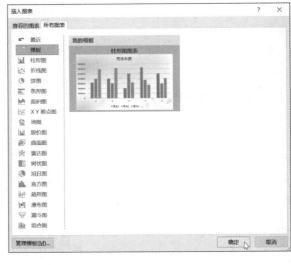

**步骤03** 保存好后，在【插入图表】对话框【所有图表】选项卡【模板】选项中将显示保存的图表模板，如下图所示。

## 14.2 添加辅助线分析数据

为了帮助用户分析图表中显示的数据，可以利用 Excel 的分析功能，在二维堆积图、柱形图、折线图等类型的图表中添加分析线，如趋势线、误差线、折线等。接下来就介绍这些辅助线的添加方法。

| 313：在图表中添加趋势线 |  |
| --- | --- |
| **适用版本** | **实用指数** |
| 2010、2013、2016、2019 | ★★★★★ |

 **使用说明**

创建图表后，为了能更加直观地对系列中的数据变化趋势进行分析与预测，可以为数据系列添加趋势线。

**解决方法**

如果要为数据系列添加趋势线，具体操作方法如下。

**步骤01** ❶打开素材文件（位置：素材文件\第14章\销售统计表.xlsx），选中图表；❷单击【图表工具/设计】选项卡【图表布局】组中的【添加图表元素】

按钮；❸弹出的下拉菜单中选择【趋势线】选项；❹在弹出的扩展菜单中选择趋势线类型，本例选择【线性】选项，如下图所示。

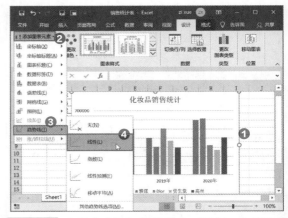

**步骤02** ❶弹出【添加趋势线】对话框，在列表中选择要添加趋势线的系列，本例选择【雅漾】选项；❷单击【确定】按钮，如下图所示。

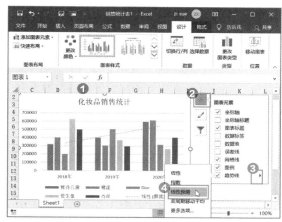

**步骤03** 返回工作表中，即可看到趋势线已经添加，如下图所示。

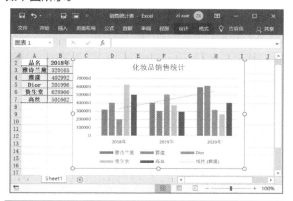

**步骤03** 返回工作表，即可查看更改趋势线后的效果，如下图所示。

---

314：更改趋势线类型

| 适用版本 | 实用指数 |
|---|---|
| 2010、2013、2016、2019 | ★★★★☆ |

**使用说明**

添加趋势线后，还可以根据操作需要更改趋势线的类型。

**解决方法**

如果要更改趋势线的类型，具体操作方法如下。

**步骤01** ❶打开素材文件（位置：素材文件\第 14 章\销售统计表 1.xlsx），选中图表；❷单击【图表元素】按钮 ✚；❸在弹出的【图表元素】列表中单击【趋势线】右侧的 ▶ 按钮；❹在弹出的扩展菜单中选择需要更改的趋势线类型，本例选择【线性预测】选项，如下图所示。

**步骤02** ❶打开【添加趋势线】对话框，选择需要添加趋势线的系列；❷单击【确定】按钮，如下图所示。

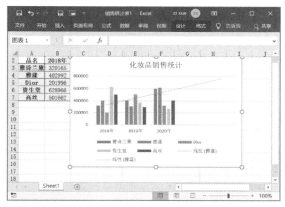

---

315：给图表添加误差线

| 适用版本 | 实用指数 |
|---|---|
| 2010、2013、2016、2019 | ★★★★☆ |

**使用说明**

误差线通常用于统计或科学计数法数据中，以显示相对序列中的每个数据标记的潜在误差或不确定度。

可查看误差线效果，如下图所示。

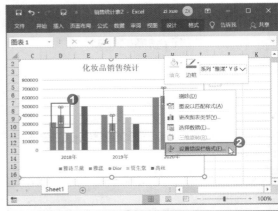

### 解决方法

如果要为数据系列添加误差线，具体操作方法如下。

打开素材文件（位置：素材文件\第14章\销售统计表.xlsx），❶选中要添加误差线的数据系列；❷打开【图表元素】列表，选中【误差线】复选框即可，如下图所示。

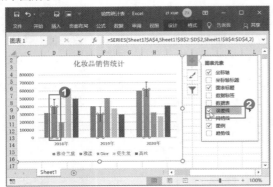

### 温馨提示

如果要为所有数据系列添加误差线，则直接选择图表，再执行添加误差线的操作即可。

### 316：更改误差线类型

| 适用版本 | 实用指数 |
| --- | --- |
| 2010、2013、2016、2019 | ★★★☆☆ |

### 使用说明

添加误差线后，还可以根据操作需要更改误差线的类型。

### 解决方法

如果要将数据系列的误差线的类型更改为负偏差，具体操作方法如下。

**步骤01** 打开素材文件（位置：素材文件\第14章\销售统计表2.xlsx），❶选中误差线；❷右击，在弹出的快捷菜单中选择【设置错误栏格式】选项，如下图所示。

**步骤02** 打开【设置误差线格式】窗格，在【误差线选项】栏中选择需要的误差线类型及其垂直误差线方向，本例选中【负偏差】单选按钮，在工作表中即

### 317：为图表添加折线

| 适用版本 | 实用指数 |
| --- | --- |
| 2010、2013、2016、2019 | ★★★☆☆ |

### 使用说明

为了辅助用户更加清晰地分析图表数据，可以为图表添加折线。折线包括系列线、垂直线和高低点连线3种，不同的图表类型可以添加不同的折线。

◎ 系列线：连接不同数据系列之间的折线，一般用于二维堆积条形图、二维堆积柱形图、复合饼图、复合条饼图等。

◎ 垂直线：连接水平轴与数据系列之间的折线，一般用于面积图、折线图等。

◎ 高低点连线：连接不同数据系列的对应数据点之间的折线，一般在包含两个或两个以上的数据系列的二维折线图中显示。

## 解决方法

下面，先在工作表中创建一个二维堆积柱形图，再添加系列线，具体操作方法如下。

**步骤01** 打开素材文件（位置：素材文件\第 14 章\销售业绩 .xlsx），选中 A2:D10 数据区域，插入二维堆积柱形图，插入图表后的效果如下图所示。

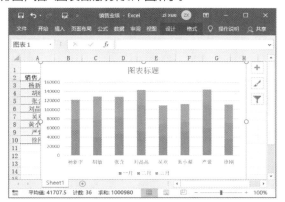

**步骤02** ❶选中图表；❷在【图表工具 / 设计】选项卡【图表布局】组中单击【添加图表元素】按钮；❸在弹出的下拉列表中选择【线条】选项；❹在弹出的扩展菜单中选择【系列线】选项即可，如下图所示。

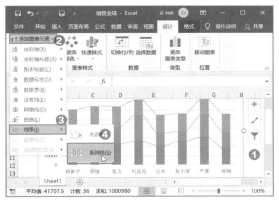

318：在图表中添加涨 / 跌柱线

| 适用版本 | 实用指数 |
| --- | --- |
| 2010、2013、2016、2019 | ★★★☆☆ |

## 使用说明

对于双变量变化趋势线，可以看出彼此独立的变化趋势，想要得到两个变量之间的相关性，就需要使用涨 / 跌柱线。

## 解决方法

如果在图表中添加涨/跌柱线，具体操作方法如下。

**步骤01** 打开素材文件（位置：素材文件\第 14 章\销售统计表 4.xlsx），❶选中图表；❷在【图表工具 / 设计】选项卡【图表布局】组中单击【添加图表元素】按钮；❸在弹出的下拉列表中选择【涨 / 跌柱线】选项；❹在弹出的扩展菜单中选择【涨 / 跌柱线】选项即可，如下图所示。

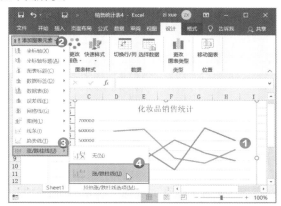

**步骤02** 图表中即可添加涨 / 跌柱线，白柱线表示涨柱，黑柱线表示跌柱，如下图所示。

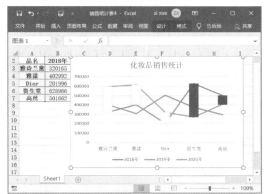

319：在图表中筛选数据

| 适用版本 | 实用指数 |
| --- | --- |
| 2010、2013、2016、2019 | ★★★★☆ |

## 使用说明

创建图表后，还可以通过图表筛选器功能对图表数据进行筛选，将需要查看的数据筛选出来，从而帮助用户更好地查看与分析数据。

## 解决方法

要在图表中筛选数据，具体操作方法如下。

**步骤01** ❶打开素材文件（位置：素材文件\第14章\销售统计表.xlsx），选中图表；❷单击右侧的【图表筛选器】按钮 ▽，如下图所示。

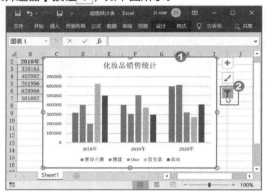

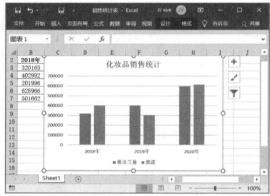

**步骤02** ❶打开筛选窗格，在【数值】选项卡的【系列】栏中选中要显示的数据系列；❷在【类别】栏中选中要显示的数据类别，这里保持默认设置；❸单击【应用】按钮，如下图所示。

**步骤03** 返回工作表，即可看到筛选后的数据，如下图所示。

## 14.3 迷你图的创建与编辑技巧

迷你图是显示于单元格中的一个微型图表，可以直观地反映数据系列中的变化趋势，接下来就介绍相关的操作技巧。

| 320：创建迷你图 | |
| --- | --- |
| **适用版本** | **实用指数** |
| 2010、2013、2016、2019 | ★★★★★ |

## 使用说明

Excel提供了折线、柱形和盈亏3种类型的迷你图，用户可以根据操作需要进行选择。

## 解决方法

例如，要在单元格中插入折线图类型的迷你图，具体操作方法如下。

**步骤01** 打开素材文件（位置：素材文件\第14章\销售业绩1.xlsx），❶选中要显示迷你图的单元格；❷在【插入】选项卡的【迷你图】组中选择要插入的迷你图类型，本例单击【折线】按钮，如下图所示。

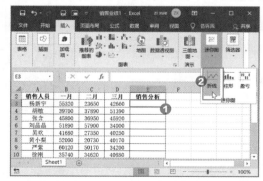

**步骤02** ❶弹出【创建迷你图】对话框，在【数据范围】参数框中设置迷你图的数据源；❷单击【确定】按钮，

如下图所示。

**步骤03** 返回工作表，即可看到当前单元格创建了迷你图，如下图所示。

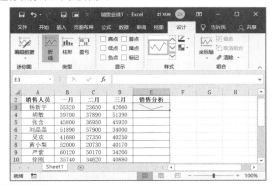

**步骤04** 向下复制至 E10 单元格，即可制作出其他迷你图，效果如下图所示。

---

321：一次性创建多个迷你图

| 适用版本 | 实用指数 |
|---|---|
| 2010、2013、2016、2019 | ★★★★★ |

 **使用说明**

在创建迷你图时会发现，若逐个创建，会显得非常烦琐，为了提高工作效率，可以一次性创建多个迷你图。

---

**解决方法**

例如，要一次性创建多个柱形图类型的迷你图，具体操作方法如下。

**步骤01** 打开素材文件（位置：素材文件\第 14 章\销售业绩 1.xlsx），❶选中要显示迷你图的多个单元格；❷在【插入】选项卡的【迷你图】组中选择【柱形】选项，如下图所示。

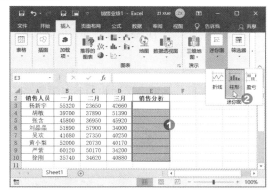

**步骤02** ❶弹出【创建迷你图】对话框，在【数据范围】参数框中设置迷你图的数据源；❷单击【确定】按钮，如下图所示。

**步骤03** 返回工作表，即可看到所选单元格中创建了迷你图，如下图所示。

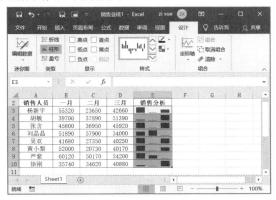

## 322：更改迷你图的数据源

| 适用版本 | 实用指数 |
|---|---|
| 2010、2013、2016、2019 | ★★★☆☆ |

### 使用说明

创建迷你图后，还可以根据操作需要更改数据源。

### 解决方法

如果要更改迷你图中的数据源，具体操作方法如下。

**步骤01** 打开素材文件（位置：素材文件\第14章\销售业绩2.xlsx），❶选择要更改数据源的迷你图；❷在【迷你图工具/设计】选项卡【迷你图】组中单击【编辑数据】按钮，如下图所示。

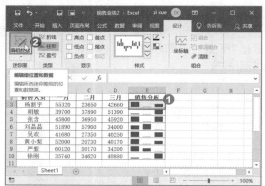

**步骤02** ❶弹出【编辑迷你图】对话框，在【数据范围】参数框中设置数据源；❷单击【确定】按钮即可，如下图所示。

### 知识拓展

选择多个迷你图，在【迷你图工具/设计】选项卡的【组合】组中单击【组合】按钮，可以将其组合成一组迷你图。此后，选中组中的任意一个迷你图，便可同时对这个组中所有的迷你图进行编辑操作，如更源数据、更改迷你图类型等。

此外，一次性创建的多个迷你图默认为一组迷你图，选中组中的任意一个迷你图，单击【取消组合】按钮，可以将它们拆分成单个的迷你图。

## 323：更改迷你图类型

| 适用版本 | 实用指数 |
|---|---|
| 2010、2013、2016、2019 | ★★★★☆ |

### 使用说明

为了使图表更好地表现指定的数据，可以根据需要更改迷你图的类型。

### 解决方法

例如，要将柱形图类型更改为折线图类型的迷你图，具体操作方法如下。

**步骤01** 打开素材文件（位置：素材文件\第14章\销售业绩2.xlsx），❶选择要更改类型的迷你图（可以是一个，也可以是多个）；❷在【迷你图工具/设计】选项卡【类型】组中单击【折线】按钮，如下图所示。

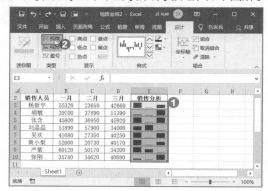

**步骤02** 所选对象即可更改为折线图类型的迷你图，如下图所示。

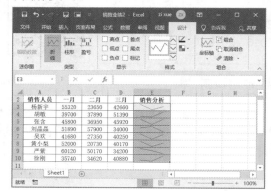

## 324：突出显示迷你图中的重要数据节点

| 适用版本 | 实用指数 |
|---|---|
| 2010、2013、2016、2019 | ★★★☆☆ |

迷你图提供了显示高点、低点、首点等数据节点的功能，通过该功能，可以在迷你图上标示出需要强调的数据值。

**解决方法**

例如，将迷你图的高点和低点值突出显示出来，具体操作方法如下。

打开素材文件（位置：素材文件\第14章\销售业绩 3.xlsx），❶选中需要编辑的迷你图；❷在【迷你图工具/设计】选项卡【显示】组中选中某个复选框便可显示相应的数据节点，本例选中【高点】和【低点】复选框，迷你图中即可突出显示最高值和最低值的数据节点，如下图所示。

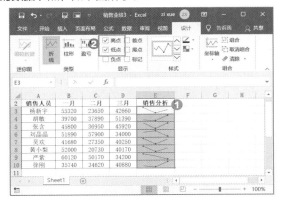

## 325：对迷你图设置标记颜色

| 适用版本 | 实用指数 |
|---|---|
| 2010、2013、2016、2019 | ★★★☆☆ |

**使用说明**

为了使迷你图更加直观，还可以通过迷你图标记颜色功能，分别对高点、低点、首点等数据节点设置不同的颜色。

**解决方法**

例如，要分别对迷你图中高点、低点设置不同的颜色，具体操作方法如下。

**步骤01** 打开素材文件（位置：素材文件\第14章\销售业绩 4.xlsx），❶选中需要编辑的迷你图；❷单击【迷你图工具/设计】选项卡【样式】组中的【标记颜色】按钮；❸在弹出的下拉列表中选择【高点】选项；❹在弹出的扩展菜单中为高点选择颜色，如下图所示。

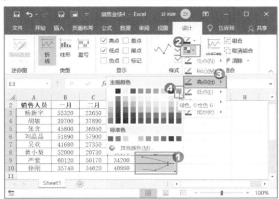

**步骤02** ❶保持迷你图的选中状态，单击【迷你图工具/设计】选项卡【样式】组中【标记颜色】按钮；❷在弹出的下拉列表中选择【低点】选项；❸在弹出的扩展菜单中为低点选择颜色，如下图所示。

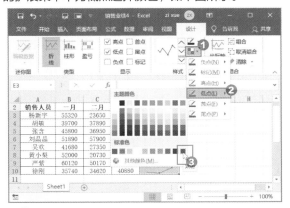

**知识拓展**

在【样式】组中，单击【迷你图颜色】右侧的下拉按钮▼，在弹出的下拉列表中可以为迷你图设置颜色；若单击列表框中的按钮，可以在弹出的下拉列表中使用迷你图样式，从而快速为迷你图进行美化操作，包括迷你图颜色、数据节点颜色设置。

**步骤03** 此时，迷你图中的高点和低点分别以不同的颜色进行显示，如下图所示。

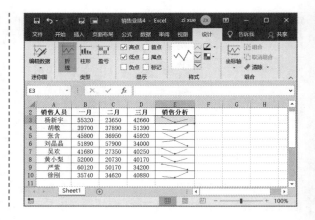

# 第 15 章
# 数据透视表与数据透视图的应用技巧

在 Excel 中，数据透视表和数据透视图是具有强大分析功能的工具。当表格中有大量数据时，利用数据透视表和数据透视图可以更加直观地查看数据，并且能够方便地对数据进行对比和分析。本章将针对数据透视表和数据透视图介绍一些实用操作技巧。

下面先来看看以下一些数据透视表和数据透视图的常见问题，你是否会处理或已掌握。

【√】每次创建了数据透视表之后都需要再添加内容和格式，能否创建一个带有内容和格式的数据透视表呢？

【√】创建了数据透视表后，能否在数据透视表中筛选数据？

【√】如果数据源中的数据发生了改变，数据透视表中的数据能否随之更改？

【√】使用切片器筛选数据既方便又简单，如何将切片器插入数据透视表中？

【√】为了更直观地查看数据，能否使用数据透视表中的数据创建数据透视图？

【√】创建了数据透视图后，能否在数据透视图中筛选数据？

希望通过本章内容的学习，能帮助你解决以上问题，并学会 Excel 数据透视表和数据透视图的操作技巧。

## 15.1 数据透视表的应用

数据透视表可以从数据库中产生一个动态汇总表格，从而可以快速地对工作表中大量数据进行分类汇总分析。下面介绍数据透视表的相关操作技巧。

326：快速创建数据透视表

| 适用版本 | 实用指数 |
| --- | --- |
| 2013、2016、2019 | ★★★★★ |

### 使用说明

数据透视表具有强大的交互性，通过简单的布局改变，可以全方位、多角度、动态地统计和分析数据，并从大量数据中提取有用信息。

数据透视表的创建是一项非常简单的操作，只需连接到一个数据源并输入报表的位置即可。

### 解决方法

如果要在工作表中创建数据透视表，具体操作方法如下。

**步骤01** ❶打开素材文件（位置：素材文件\第15章\销售业绩表.xlsx），选中要作为数据透视表数据源的单元格区域；❷单击【插入】选项卡【表格】组中的【数据透视表】按钮，如下图所示。

**步骤02** ❶弹出【创建数据透视表】对话框，此时在【请选择要分析的数据】栏中自动选中【选择一个表或区域】单选按钮，且在【表/区域】参数框中自动设置了数据源。在【选择放置数据透视表的位置】栏中选中【现有工作表】单选按钮；❷在【位置】参

数框中设置放置数据透视表的起始单元格；❸单击【确定】按钮，如下图所示。

### 知识拓展

在 Excel 2010 中创建数据透视表的操作略有不同，选择数据区域后，在【插入】选项卡【表格】组中单击【数据透视表】下方的下拉按钮 ，在弹出的下拉列表中选择【数据透视表】选项，在弹出的【创建数据透视表】对话框中进行设置即可。

**步骤03** 目标位置将自动创建一个空白数据透视表，并自动打开【数据透视表字段】窗格，如下图所示。

**步骤04** 在【数据透视表字段】窗格的【选择要添加到报表的字段】列表框中，选中某字段名称的复选框，所选字段名称会自动添加到【在以下区域间拖动字段】栏中相应的位置，同时数据透视表中也会添加相应的字段名称和内容，如下图所示。

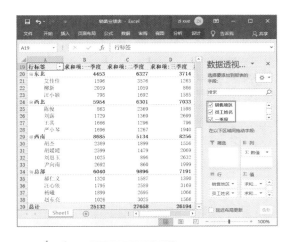

**温馨提示**

在数据透视表以外单击任意空白单元格，可以退出数据透视表的编辑状态。

---

327：创建带内容、格式的数据透视表

| 适用版本 | 实用指数 |
|---|---|
| 2010、2013、2016、2019 | ★★★★★ |

**使用说明**

通过上述操作方法，只能创建空白的数据透视表。根据操作需要，还可以直接创建带内容并包含格式的数据透视表。

 **解决方法**

如果要创建带内容、格式的数据透视表，具体操作方法如下。

**步骤01** 打开素材文件（位置：素材文件\第15章\销售业绩表 .xlsx），❶选中要作为数据透视表数据源的单元格区域；❷单击【插入】选项卡【表格】组中的【推荐的数据透视表】按钮，如下图所示。

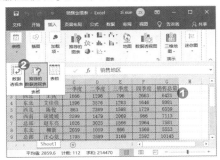

**步骤02** ❶弹出【推荐的数据透视表】对话框，在左侧窗格中选择某个透视表样式后，右侧窗格中可以预览透视表效果；❷单击【确定】按钮，如下图所示。

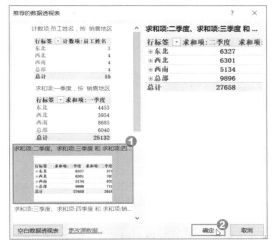

**步骤03** 操作完成后，即可新建一张工作表并在该工作表中创建数据透视表，如下图所示。

---

328：重命名数据透视表

| 适用版本 | 实用指数 |
|---|---|
| 2010、2013、2016、2019 | ★★★★★ |

**使用说明**

默认情况下，数据透视表以"数据透视表 1""数据透视表 2"……的形式自动命名，根据操作需要，用户可以对其进行重命名操作。

**解决方法**

如果要对数据透视表进行重命名操作，具体操作方法如下。

选中数据透视表中的任意单元格，在【数据透视

表工具 / 分析】选项卡【数据透视表】组的【数据透视表名称】文本框中直接输入新名称即可，如下图所示。

---

### 329：更改数据透视表的数据源

| 适用版本 | 实用指数 |
|---|---|
| 2010、2013、2016、2019 | ★★★★★ |

#### 使用说明

创建数据透视表后，还可以根据需要更改数据透视表中的数据源。

#### 解决方法

如果要对数据透视表的数据源进行更改，具体操作方法如下。

**步骤01** 打开素材文件（位置：素材文件\第15章\销售业绩表 1.xlsx），❶选中数据透视表中的任意单元格；❷单击【数据透视表工具 / 分析】选项卡【数据】组中的【更改数据源】下拉按钮 ▼；❸在弹出的下拉列表中选择【更改数据源】选项，如下图所示。

**步骤02** ❶弹出【更改数据透视表数据源】对话框，

---

在【表 / 区域】参数框设置新的数据源；❷单击【确定】按钮即可，如下图所示。

#### 温馨提示

如果通过拖动表格来选择数据区域，【更改数据透视表数据源】对话框将更改为【移动数据透视表】对话框，操作方法与之相同。

---

### 330：添加或删除数据透视表字段

| 适用版本 | 实用指数 |
|---|---|
| 2010、2013、2016、2019 | ★★★★★ |

#### 使用说明

创建数据透视表后，还可以根据需要添加和删除数据透视表字段。

#### 解决方法

如果要添加和删除数据透视表字段，具体操作方法如下。

打开素材文件（位置：素材文件\第15章\销售业绩表 1.xlsx），❶选中数据透视表中的任意单元格；❷在【数据透视表字段】窗格的【选择要添加到报表的字段】列表框中，选中需要添加的字段复选框即可添加字段，取消选中需要删除的字段复选框即可删除字段，如下图所示。

#### 知识拓展

创建数据透视表后，若没有自动打开【数据透视表字段】窗格，或者不小心将该窗格关闭掉了，可以选中数据透视表中的任意单元格，切换到【数据透视表工具 / 分析】选项卡，然后单击【显示】组中的【字段列表】按钮，即可将其显示出来。

## 331：查看数据透视表中的明细数据

| 适用版本 | 实用指数 |
|---|---|
| 2010、2013、2016、2019 | ★★★★☆ |

### 使用说明

创建数据透视表后，数据透视表将直接对数据进行汇总，在查看数据时，若希望查看某一项的明细数据，可以按下面的操作实现。

### 解决方法

如果要查看数据透视表中的明细数据，具体操作方法如下。

**步骤01** 打开素材文件（位置：素材文件\第 15 章\销售业绩表 1.xlsx），❶选择要查看明细数据的项目，右击；❷在弹出的快捷菜单中选择【显示详细信息】选项，如下图所示。

**步骤02** 自动新建一张新工作表，并在其中显示选择项目的全部详细信息，如下图所示。

## 332：更改数据透视表字段位置

| 适用版本 | 实用指数 |
|---|---|
| 2010、2013、2016、2019 | ★★★☆☆ |

### 使用说明

创建数据透视表后，当添加需要显示的字段时，系统会自动指定它们的归属（即放置行或列）。

根据操作需要，可以调整字段的放置位置，如指定放置到行、列或报表筛选器。需要解释的是，报表筛选器就是一种大的分类依据和筛选条件，将一些字段放置到报表筛选器，可以更加方便地查看数据。

### 解决方法

创建数据透视表后如果要调整字段位置，具体操作方法如下。

**步骤01** 打开素材文件（位置：素材文件\第 15 章\家电销售情况.xlsx），选中数据区域后，创建数据透视表，并显示字段【销售人员】【商品类别】【品牌】【销售单价】，如下图所示。

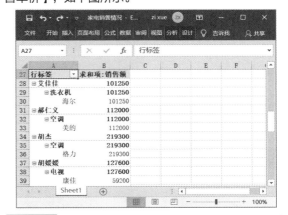

**步骤02** ❶创建好数据透视表后，发现表格数据非

常凌乱，此时就需要调整字段位置。在【数据透视表字段】窗格的【选择要添加到报表的字段】列表框中，右击【商品类别】字段选项；❷在弹出的快捷菜单中选择【添加到列标签】选项，如下图所示。

**步骤03** ❶右击【品牌】字段选项；❷在弹出的快捷菜单中选择【添加到报表筛选】选项，如下图所示。

**步骤04** 通过上述操作后，数据透视表中的数据变得清晰明了，如下图所示。

333：在数据透视表中筛选数据

| 适用版本 | 实用指数 |
|---|---|
| 2010、2013、2016、2019 | ★★★★★ |

---

**使用说明**

创建好数据透视表后，还可以通过筛选功能，筛选出需要查看的数据。

**解决方法**

如果要在数据透视表中筛选数据，具体操作方法如下。

**步骤01** 打开素材文件（位置：素材文件\第15章\家电销售情况1.xlsx），❶单击【品牌】右侧的下拉按钮；❷在弹出的下拉列表中选择要筛选的品牌，如【海尔】；❸单击【确定】按钮，如下图所示。

**步骤02** 此时，数据透视表中将只显示品牌为【海尔】的销售情况，如下图所示。

**温馨提示**

在下拉列表中先选中【选择多项】复选框，下拉列表中的选项会变成复选选项，此时用户可以选择多个条件。

334：更改数据透视表的汇总方式

| 适用版本 | 实用指数 |
|---|---|
| 2010、2013、2016、2019 | ★★★★★ |

默认情况下，数据透视表中的数值是按照求和方式进行汇总的。根据操作需要，可以指定数值的汇总方式，如计算平均值、最大值、最小值等。

**解决方法**

例如，在数据透视表中，希望对数值以求平均值方式进行汇总，具体操作方法如下。

**步骤01** 打开素材文件（位置：素材文件\第15章\家电销售情况 1.xlsx），❶在数据透视表中，选择要更改汇总方式列的任意单元格；❷单击【数据透视表工具 / 分析】选项卡【活动字段】组中的【字段设置】按钮，如下图所示。

**步骤02** ❶弹出【值字段设置】对话框，在【计算类型】列表框中选择汇总方式，本例中选择【平均值】选项；❷单击【确定】按钮，如下图所示。

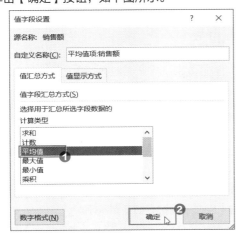

**步骤03** 返回工作表，该字段的数值即可以求平均值方式进行汇总，如下图所示。

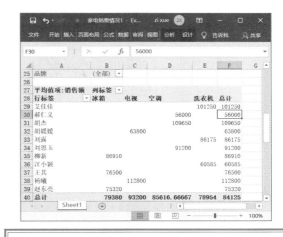

### 335：利用多个数据源创建数据透视表

| 适用版本 | 实用指数 |
| --- | --- |
| 2010、2013、2016、2019 | ★★★★☆ |

通常情况下，用于创建数据透视表的数据源是一张数据列表，但在实际工作中，有时需要利用多张数据列表作为数据源来创建数据透视表，这时便可通过多重合并计算数据区域的方法创建数据透视表。

**解决方法**

例如，在"员工工资汇总表 .xlsx"中，包含了 4月、5月和 6月 3张工作表，并记录了工资支出情况，如下图所示。

现在要根据这 3张工作表中的数据，创建一个数据透视表，具体操作方法如下。

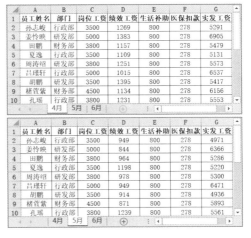

**步骤01** 打开素材文件（位置：素材文件\第15章\员工工资汇总表.xlsx），❶在任意一张工作表中（如【4月】）依次按【Alt+D+P】组合键，弹出【数据透视表和数据透视图向导 -- 步骤1（共3步）】对话框，选中【多重合并计算数据区域】和【数据透视表】单选按钮；❷单击【下一步】按钮，如下图所示。

**步骤02** ❶弹出【数据透视表和数据透视图向导 -- 步骤2a（共3步）】对话框，选中【创建单页字段】单选按钮；❷单击【下一步】按钮，如下图所示。

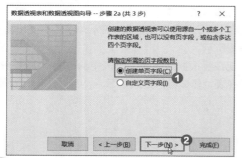

 **知识拓展**

若需经常使用【数据透视表和数据透视图向导】对话框来创建数据透视表，可以将相应的按钮添加到快速访问工具栏，方法为打开【Excel选项】对话框，切换到【快速访问工具栏】选项卡，【在从下列位置选择命令】下拉列表中选择【不在功能区中的命令】选项，在列表框中找到【数据透视表和数据透视图向导】命令进行添加即可。

**步骤03** ❶弹出【数据透视表和数据透视图向导－第2b步，共3步】对话框，在【选定区域】参数框中，选择【4月】工作表中的数据区域作为数据源；❷单击【添加】按钮，如下图所示。

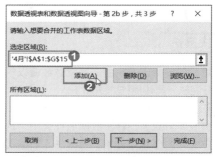

**步骤04** 所选数据区域添加到了【所有区域】列表框中，如下图所示。

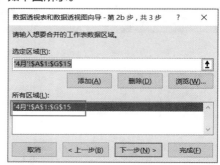

**步骤05** ❶使用相同的方法，将【5月】和【6月】工作表中的数据列表区域添加到【所有区域】列表框中；❷单击【下一步】按钮，如下图所示。

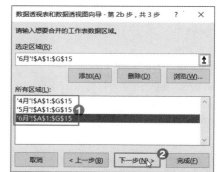

**步骤06** ❶弹出【数据透视表和数据透视图向导 -- 步骤3（共3步）】对话框，选中【新工作表】单选按钮；❷单击【完成】按钮，如下图所示。

**步骤07** 系统将自动新建一张名为【Sheet1】的工作表，并根据【4月】【5月】【6月】工作表中的数据列表创建数据透视表，此时值字段以计数方式进行汇总，如下图所示。

**步骤08** ❶在【数据透视表字段】窗格中的【值】区域中，单击【计数项：值】字段；❷在弹出的下拉列表中选择【值字段设置】选项，如下图所示。

**步骤09** ❶弹出【值字段设置】对话框，在【值汇总方式】选项卡的【计算类型】列表框中选择【求和】选项；❷单击【确定】按钮，如下图所示。

**步骤10** ❶单击【列标签】右侧的下拉按钮；❷在

弹出的下拉列表中设置要进行汇总的项目；❸单击【确定】按钮，如下图所示。

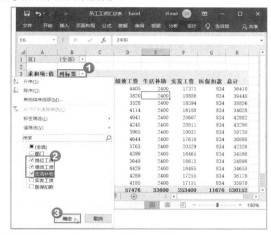

**步骤11** 对数据透视表进行筛选后的效果如下图所示。

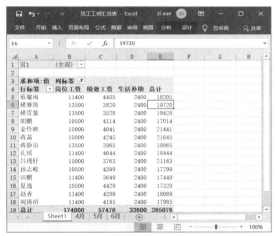

336：更新数据透视表中的数据

| 适用版本 | 实用指数 |
| --- | --- |
| 2010、2013、2016、2019 | ★★★★☆ |

**使用说明**

　　默认情况下，创建数据透视表后，若对数据源中的数据进行了修改，数据透视表中的数据不会自动更新，此时就需要手动更新。

**解决方法**

　　例如，在工作表中对数据源中的数据进行修改，然后更新数据透视表中的数据，具体操作方法如下。

**步骤01** 打开素材文件（位置：素材文件\第15章\销售业绩表 1.xlsx），❶对一季度的销售量进行修改，然后选中数据透视表中的任意单元格；❷在【数据透视表工具 / 分析】选项卡【数据】组中单击【刷新】下拉按钮 ﹀ ；❸在弹出的下拉列表中选择【全部刷新】选项，如下图所示。

**温馨提示**

【刷新】下拉列表中有【刷新】和【全部刷新】两个选项，其中【刷新】选项只是对当前数据透视表的数据进行更新；【全部刷新】选项则是对工作簿中所有数据透视表的数据进行更新。

**步骤02** 数据透视表中的数据即可实现更新，如下图所示。

**知识拓展**

在数据透视表中，右击任意一个单元格，在弹出的快捷菜单中选择【刷新】选项，也可以实现更新操作。

---

**337：在数据透视表中显示各数据占总和的百分比**

| 适用版本 | 实用指数 |
| --- | --- |
| 2010、2013、2016、2019 | ★★★★★ |

**使用说明**

在数据透视表中，如果希望显示各数据占总和的百分比，则需要更改变数据透视表的值显示方式。

**解决方法**

例如，在数据透视表中显示出各数据占总和的百分比，具体操作方法如下。

**步骤01** 打开素材文件（位置：素材文件\第15章\销售业绩表2.xlsx），选中【销售总量】列中的任意单元格，右击，在弹出的快捷菜单中选择【值字段设置】选项，如下图所示。

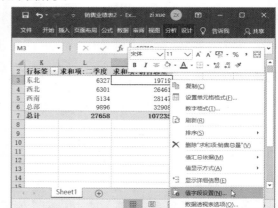

**温馨提示**

在右击所选单元格弹出的快捷菜单中选择【值显示方式】选项，在弹出的扩展菜单中将显示提供的值显示方式，选择需要的值显示方式即可。

**步骤02** ❶在弹出的【值字段设置】对话框【值显示方式】选项卡的【值显示方式】下拉列表中选择需要的百分比方式，如【总计的百分比】；❷单击【确定】按钮，如下图所示。

**步骤03** 返回数据透视表，即可看到该列中各数据占总和百分比的结果，如下图所示。

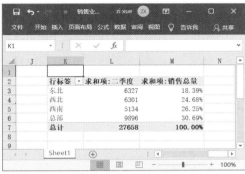

338：将二维表格转换为数据列表

| 适用版本 | 实用指数 |
|---|---|
| 2010、2013、2016、2019 | ★★★☆☆ |

**使用说明**

在 Excel 的应用中，通过【数据透视表和数据透视图向导】对话框，还可以将二维表格转换为数据列表（一维表格），以便更好地查看、分析数据。

**解决方法**

例如，"奶粉销量统计表 .xlsx"是某母婴店的奶粉销售情况，如下图所示。

现在要通过【数据透视表和数据透视图向导】对话框，将表格转换成数据列表，具体操作方法如下。

**步骤01** 打开素材文件（位置：素材文件\第15章\奶粉销量统计表 .xlsx），❶按【Alt+D+P】组合键，弹出【数据透视表和数据透视图向导 -- 步骤1（共3步）】对话框，选中【多重合并计算数据区域】和【数据透视表】单选按钮；❷单击【下一步】按钮，如下图所示。

**步骤02** ❶弹出【数据透视表和数据透视图向导 -- 步骤 2a（共 3 步）】对话框，选中【自定义页字段】单选按钮；❷单击【下一步】按钮，如下图所示。

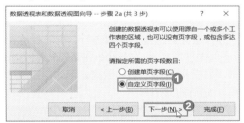

**步骤03** ❶弹出【数据透视表和数据透视图向导 - 第 2b 步，共 3 步】对话框，将数据源中的数据区域添加到【所有区域】列表框中；❷选中【0】单选按钮，表示指定要建立的页字段数目为【0】；❸单击【下一步】按钮，如下图所示。

**步骤04** ❶弹出【数据透视表和数据透视图向导 ── 步骤3（共3步）】对话框，选中【新工作表】单选按钮；❷单击【完成】按钮，如下图所示。

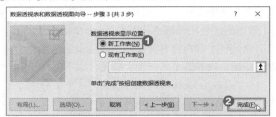

**步骤05** 返回工作表，即可看到新建的【Sheet2】工作表中创建了一个不含页字段的数据透视表，如下图所示。

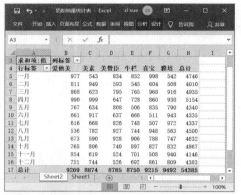

**步骤06** 在数据透视表中双击行、列总计的交叉单元格，本例为H17单元格，Excel将新建一张【Sheet3】工作表，并在其中显示明细数据。至此，完成了表格的转换，如下图所示。

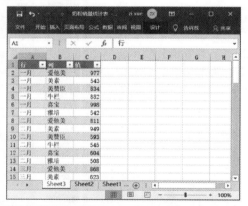

339：插入切片器筛选数据

| 适用版本 | 实用指数 |
|---|---|
| 2010、2013、2016、2019 | ★★★★★ |

**解决方法**

例如，在数据透视表中插入切片器筛选数据，具体操作方法如下。

**步骤01** ❶打开素材文件（位置：素材文件\第15章\家电销售情况1.xlsx），选中数据透视表中的任意单元格；❷在【数据透视表工具/分析】选项卡【筛选】组中单击【插入切片器】按钮，如下图所示。

**步骤02** ❶弹出【插入切片器】对话框，在列表框中选择需要的关键字，本例中选中【销售日期】和【品牌】复选框；❷单击【确定】按钮，如下图所示。

**步骤03** 返回工作表，即可查看到切片器已经插入，如下图所示。

**步骤04** 在【销售日期】切片器中选中需要查看的字段选项，本例选择【2020/6/4】和【2020/6/5】即可（先选择【2020/6/4】选项，再按住【Ctrl】键不放，单击【2020/6/5】），如下图所示。

**步骤05** 在【品牌】切片器中单击选中需要查看的字段选项，本例选择【海尔】，选择完成后即可筛选出 2020 年 6 月 4 日和 2020 年 6 月 5 日海尔电器的销售情况，如下图所示。

💡 **知识拓展**

在切片器中设置筛选条件后，右上角的【清除筛选器】按钮 🍸 便会显示可用状态，单击它，可以清除当前切片器中设置的筛选条件。

---

340：插入日程表按段分析数据

| 适用版本 | 实用指数 |
|---|---|
| 2013、2016、2019 | ★★★★☆ |

**使用说明**

日程表与切片器的功能相似，常用于对数据透视表中的日期数据进行筛选，使数据按照日期数据显示。

**解决方法**

例如，插入日程表对数据透视表中的数据进行筛选，具体操作方法如下。

**步骤01** ❶打开素材文件（位置：素材文件\第 15 章\产品订购单 .xlsx），在任意数据透视表中选中任意单元格；❷在【数据透视表工具 / 分析】选项卡【筛选】组中单击【插入日程表】按钮，如下图所示。

**步骤02** ❶弹出【插入日程表】对话框，选中要创建日程表的字段名复选框，如选中【订购时间】复选框；❷单击【确定】按钮，如下图所示。

**步骤03** 返回工作表，将查看到插入的日程表，并以月为单位进行显示，如果要查看某月的数据，则可以单击该月对应的进度条，如单击【2 月】下的进度条，如下图所示。

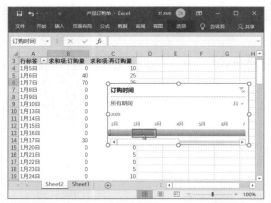

**步骤04** 即可筛选出数据透视表中订购时间为2月份的数据，单击日程表中的【月】，在弹出的下拉列表中还可以其他日期单位进行查看，如选择【季度】选项，如下图所示。

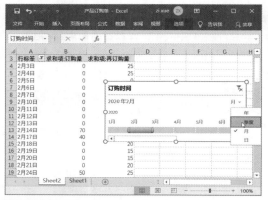

**步骤05** 在日程表中将以【季度】进行显示，如要

查看第2季度的数据，则可单击【第2季度】对应的进度条，如下图所示。

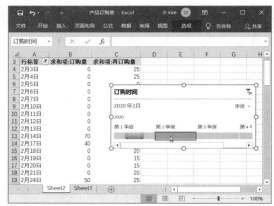

**步骤06** 在数据透视表中将显示第2季度的相关数据，如下图所示。

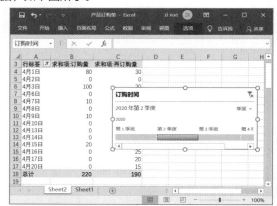

## 15.2 数据透视图的应用

数据透视图是数据透视表更深层次的应用，它以图表的形式将数据表达出来，从而可以非常直观地查看和分析数据。下面将介绍数据透视图的相关应用技巧。

| 341：创建数据透视图 |
| --- |

| 适用版本 | 实用指数 | |
| --- | --- | --- |
| 2013、2016、2019 | ★★★★★ | |

**使用说明**

要使用数据透视图分析数据，首先要创建一个数据透视图，下面就来介绍其创建方法。

**解决方法**

如果要在工作表中创建数据透视图，具体操作方法如下。

**步骤01** 打开素材文件（位置：素材文件\第15章\销售业绩表.xlsx），❶选中A2:G17单元格区域；❷在【插入】选项卡【图表】组中单击【数据透视图】按钮，如下图所示。

**步骤02** ❶弹出【创建数据透视图】对话框，此时选中的单元格区域将自动引用到【表/区域】参数框。在【选择放置数据透视图的位置】栏中设置数据透视图的放置位置，本例中选中【现有工作表】单选按钮，然后在【位置】参数框中设置放置数据透视图的起始单元格；❷单击【确定】按钮，如下图所示。

**步骤03** 返回工作表，即可看到工作表中创建了一个空白数据透视表和数据透视图，如下图所示。

**步骤04** 在【数据透视图字段】窗格中选中想要显示的字段，即可在创建数据透视表的同时创建好数据透视图，如下图所示。

**342：利用现有数据透视表创建数据透视图**

| 适用版本 | 实用指数 | |
| --- | --- | --- |
| 2013、2016、2019 | ★★★★★ |  |

**使用说明**

创建数据透视图时，还可以利用现有数据透视表进行创建。

**解决方法**

如果要根据现有数据透视表创建数据透视图，具体操作方法如下。

**步骤01** 打开素材文件（位置：素材文件\第15章\家电销售情况2.xlsx），❶选中数据透视表中的任意单元格；❷单击【数据透视表工具/分析】选项卡【工具】组中的【数据透视图】按钮，如下图所示。

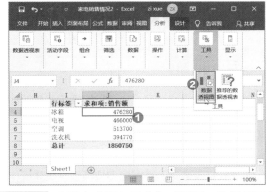

**步骤02** ❶弹出【插入图表】对话框，选择需要的图表样式；❷单击【确定】按钮，如下图所示。

**步骤03** 返回工作表，即可根据数据透视表创建一个包含数据的数据透视图，如下图所示。

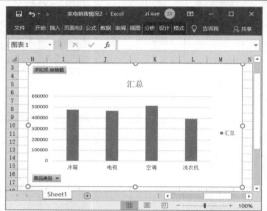

343：更改数据透视图的图表类型

| 适用版本 | 实用指数 |
|---|---|
| 2010、2013、2016、2019 | ★★★★☆ |

**使用说明**

创建好数据透视图后，还可以根据需要更改图表类型。

**解决方法**

如果要更改数据透视图的图表类型，具体操作方法如下。

**步骤01** 打开素材文件（位置：素材文件\第15章\家电销售情况3.xlsx），❶选中数据透视图；❷单击【数据透视图工具/设计】选项卡【类型】组中的【更改图表类型】按钮，如下图所示。

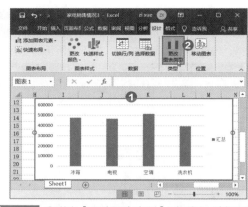

**步骤02** ❶弹出【更改图表类型】对话框，选择需要的图表类型及样式；❷单击【确定】按钮即可，如下图所示。

**步骤03** 返回工作表，即可看到数据透视图类型已经被更改，如下图所示。

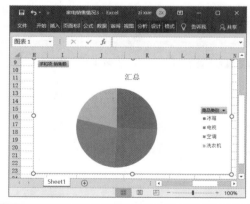

344：将数据标签显示出来

| 适用版本 | 实用指数 |
|---|---|
| 2010、2013、2016、2019 | ★★★★☆ |

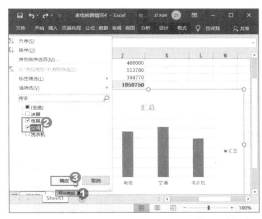

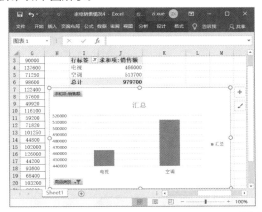

创建好数据透视图后，可以像编辑普通图表一样对其进行设置标题、显示/隐藏图表元素、设置纵坐标的刻度值等相关编辑操作。

**解决方法**

例如，要将图表元素数据标签显示出来，具体操作方法如下。

❶在"家电销售情况 3.xlsx"中选中数据透视图，单击【图表元素】按钮➕，打开【图表元素】列表；

❷选中【数据标签】复选框，图表的分类系列上即可显示具体的数值，如下图所示。

**步骤02** 返回数据透视图，即可看到设置筛选后的效果，如下图所示。

---

### 345：在数据透视图中筛选数据

| 适用版本 | 实用指数 | |
|---|---|---|
| 2010、2013、2016、2019 | ★★★★☆ | |

**使用说明**

创建好数据透视图后，可以通过筛选功能，筛选出需要查看的数据。

**解决方法**

如果要在数据透视图中通过筛选功能筛选出需要查看的数据，具体操作方法如下。

**步骤01** ❶打开素材文件（位置：素材文件\第 15章\家电销售情况 4.xlsx），在数据透视图中单击字段按钮，本例单击【商品类别】；❷在弹出的下拉列表中设置筛选条件，如在列表框中只选中【电视】和【空调】复选框；❸单击【确定】按钮，如下图所示。

---

### 346：在数据透视图中隐藏字段按钮

| 适用版本 | 实用指数 | |
|---|---|---|
| 2010、2013、2016、2019 | ★★★★★ | |

**使用说明**

创建数据透视图并为其添加字段后，数据透视图中会显示字段按钮。如果觉得字段按钮会影响数据透视图的美观，则可以将其隐藏。

**解决方法**

如果要隐藏数据透视图中的字段按钮，具体操作方法如下。

**步骤01** 打开素材文件（位置：素材文件\第 15 章\销售业绩表 3.xlsx），在数据透视图中，右击任意一个字段按钮，在弹出的快捷菜单中选择【隐藏图表上的所有字段按钮】选项，如下图所示。

**步骤02** 即可隐藏数据透视图中的所有字段，如下图所示。

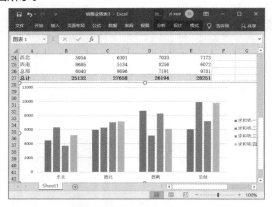

347：将数据透视图转换为静态图表

| 适用版本 | 实用指数 | |
|---|---|---|
| 2010、2013、2016、2019 | ★★★★☆ |  |

**使用说明**

数据透视图是一种基于数据透视表创建的动态图表，与其相关联的数据透视表发生改变时，数据透视图将同步发生变化。如果用户需要获得一张静态的、不受数据透视表变动影响的数据透视图，则可以将数据透视图转换为静态图表，断开其与数据透视表的连接。

**解决方法**

如果要将数据透视图转换为静态图表，具体操作方法如下。

**步骤01** 打开素材文件（位置：素材文件\第 15 章\销售业绩表 3.xlsx），选中数据透视图，单击【开始】选项卡【剪贴板】组中的【复制】按钮进行复制，如下图所示。

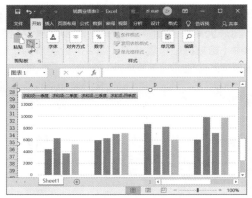

**步骤02** ❶新建【Sheet2】工作表，并切换到该工作表；❷在【开始】选项卡【剪贴板】组中单击【粘贴】下拉按钮 ；❸在弹出的下拉列表中选择【图片】选项即可，如下图所示。

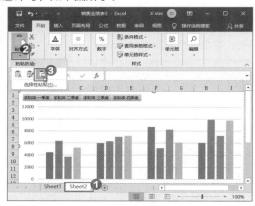

# 第 16 章
# 宏与 VBA 的应用技巧

VBA 是微软公司开发的一种可以在应用程序中共享的自动化语言，能够实现 Office 的自动化，通过 VBA 编程语言，使重复的任务自动化，从而极大地提高工作效率。本章将简单介绍宏与 VBA 的应用技巧。

下面先来看看以下一些日常办公中的常见问题，你是否会处理或已掌握。

【√】在录入数据时，遇到有许多重复的操作时，你知道怎样将这些重复的操作录制成宏，并且实现自动操作吗？

【√】录制成宏之后，如果想要快速运行宏，你知道怎样为宏指定按钮或图片吗？

【√】当工作表制作完成后，已经不再需要录制的宏，你知道怎样删除宏吗？

【√】想要为公司的产品制作条形码，你知道怎样在 Excel 中制作吗？

【√】创建数据透视表的方法有很多种，你知道怎样使用 VBA 创建数据透视表吗？

【√】隐藏的工作表，其他人很容易就能通过显示工作表的操作将其显示出来，你知道怎样使用 VBA 隐藏工作表吗？

希望通过本章内容的学习，能帮助你解决以上问题，并学会 Excel 宏与 VBA 的更多应用技巧。

## 16.1 宏的应用技巧

所谓宏，就是将一些命令组织在一起，作为一个单独命令完成一个特定任务，可以快速处理工作表中的数据。本节将介绍宏的应用技巧。

### 348 录制宏

| 适用版本 | 实用指数 |
| --- | --- |
| 2010、2013、2016、2019 | ★★★★★ |

#### 使用说明

如果需要在工作表中重复执行一组操作，录制宏无疑是最快的方法。

#### 解决方法

要在工作表中录制宏，具体操作方法如下。

**步骤01** ❶打开素材文件（位置：素材文件\第16章\员工工资表.xlsx），打开【Excel 选项】对话框，切换到【自定义功能区】选项卡；❷在【自定义功能区】下拉列表中选择【主选项卡】选项；❸在其下方的列表框中选中【开发工具】复选框；❹单击【确定】按钮即可，如下图所示。

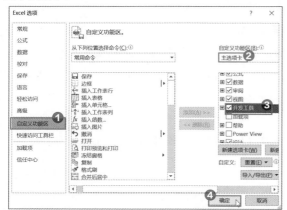

**步骤02** ❶选择 A1 单元格；❷在【开发工具】选项卡【代码】组中单击【录制宏】按钮，如下图所示。

**步骤03** ❶打开【录制宏】对话框，在【宏名】文本框中输入宏名称；❷单击【确定】按钮，如下图所示。

**步骤04** ❶在【开发工具】选项卡【代码】组中单击【使用相对引用】按钮；❷选中 A1:I2 单元格区域，并右击选中区域；❸在弹出的快捷菜单中选择【复制】选项，如下图所示。

**步骤05** ❶选中第 4 行并右击；❷在弹出的快捷菜单中选择【插入复制的单元格】选项，如下图所示。

**步骤06** ❶打开【插入粘贴】对话框，选中【活动单元格下移】单选按钮；❷单击【确定】按钮，如下图所示。

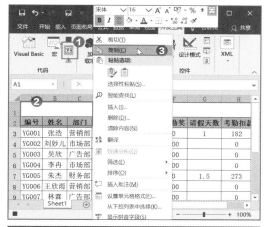

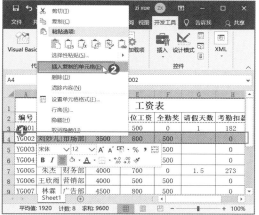

**步骤07** ❶选中第 4 行并右击；❷在弹出的快捷菜单中选择【插入】选项，如下图所示。

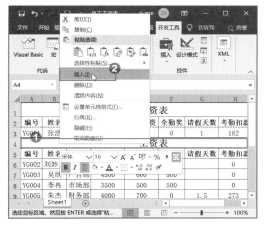

**步骤08** ❶选择 A5 单元格；❷在【开发工具】选项的【代码】组中单击【停止录制】按钮，如下图所示。

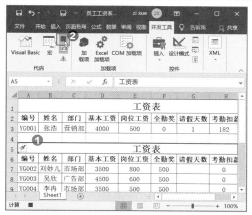

**步骤09** 在【开发工具】选项卡【代码】组中单击【宏】按钮，如下图所示。

**步骤10** ❶打开【宏】对话框，选择要执行的宏名；❷单击【执行】按钮，如下图所示。

**步骤11** 在工作表中将执行录制的相关操作，结果如下图所示。

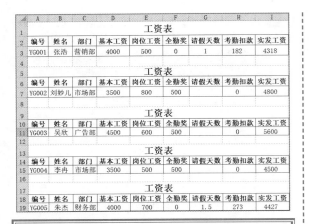

| | A | B | C | D | E | F | G | H | I |
|---|---|---|---|---|---|---|---|---|---|
| 1 | | | | 工资表 | | | | | |
| 2 | 编号 | 姓名 | 部门 | 基本工资 | 岗位工资 | 全勤奖 | 请假天数 | 考勤扣款 | 实发工资 |
| 3 | YG001 | 张浩 | 营销部 | 4000 | 500 | 0 | 1 | 182 | 4318 |
| 4 | | | | | | | | | |
| 5 | | | | 工资表 | | | | | |
| 6 | 编号 | 姓名 | 部门 | 基本工资 | 岗位工资 | 全勤奖 | 请假天数 | 考勤扣款 | 实发工资 |
| 7 | YG002 | 刘妙儿 | 市场部 | 3500 | 800 | 500 | | 0 | 4800 |
| 8 | | | | | | | | | |
| 9 | | | | 工资表 | | | | | |
| 10 | 编号 | 姓名 | 部门 | 基本工资 | 岗位工资 | 全勤奖 | 请假天数 | 考勤扣款 | 实发工资 |
| 11 | YG003 | 吴欣 | 广告部 | 4500 | 600 | 500 | | 0 | 5600 |
| 12 | | | | | | | | | |
| 13 | | | | 工资表 | | | | | |
| 14 | 编号 | 姓名 | 部门 | 基本工资 | 岗位工资 | 全勤奖 | 请假天数 | 考勤扣款 | 实发工资 |
| 15 | YG004 | 李冉 | 市场部 | 3500 | 500 | 500 | | 0 | 4500 |
| 16 | | | | | | | | | |
| 17 | | | | 工资表 | | | | | |
| 18 | 编号 | 姓名 | 部门 | 基本工资 | 岗位工资 | 全勤奖 | 请假天数 | 考勤扣款 | 实发工资 |
| 19 | YG005 | 朱杰 | 财务部 | 4000 | 700 | 0 | 1.5 | 273 | 4427 |

## 349　插入控件按钮并指定宏

| 适用版本 | 实用指数 |
|---|---|
| 2010、2013、2016、2019 | ★★★★☆ |

### 使用说明

　　录制宏后，可以为宏指定控件按钮，指定按钮后，单击按钮即可执行宏。

### 解决方法

　　如果想要插入表单控件指定宏，具体方法如下。

**步骤01** 打开素材文件（位置：素材文件\第16章\员工工资表 1.xlsx），❶单击【开发工具】选项卡【控件】组中的【插入】按钮；❷在弹出的下拉菜单中单击【按钮（窗体控件）】按钮 □，如下图所示。

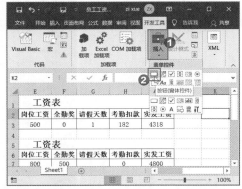

**步骤02** 按住鼠标左键不放，在想要绘制按钮的位置拖动鼠标调整按钮到合适的大小，如下图所示。

**步骤03** ❶在按钮上右击，在弹出的快捷菜单中选择【指定宏】选项，打开【指定宏】对话框，在【宏名】列表框中选择要指定的宏；❷单击【确定】按钮，

如下图所示。

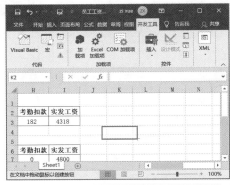

**步骤04** ❶返回工作表，在按钮上右击；❷在弹出的快捷菜单中选择【编辑文字】选项，如下图所示。

**步骤05** 按钮中的文字呈编辑状态，直接输入文本，如下图所示。

**步骤06** ❶再次在按钮上右击；❷在弹出的快捷菜单中选择【设置控件格式】选项，如下图所示。

**步骤07** ❶打开【设置控件格式】对话框，在【字体】选项卡中设置字体样式；❷单击【确定】按钮，如下图所示。

**步骤08** ❶返回工作表，选中要运行宏的单元格；❷单击【工资条】按钮即可制作工资条，如下图所示。

350 为宏指定图片

| 适用版本 | 实用指数 |
| --- | --- |
| 2010、2013、2016、2019 | ★★★☆☆ |

**使用说明**

录制宏后，可以为宏指定图片，指定图片后，单击图片即可执行宏。

**解决方法**

如果想为宏指定图片，具体操作方法如下。

**步骤01** 打开素材文件（位置：素材文件\第16章\员工工资表 1.xlsx），单击【插入】选项卡【插图】组中的【联机图片】按钮，如下图所示。

**步骤02** 打开【联机图片】对话框，在搜索框中输入【按钮】，按【Enter】键，如下图所示。

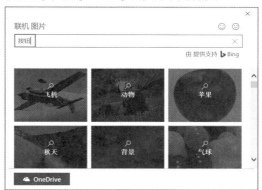

**步骤03** ❶在搜索结果中选择想要的图片；❷单击【插入】按钮，如下图所示。

**步骤04** ❶返回工作表，调整图片的大小，然后在图片上右击；❷在弹出的快捷菜单中选择【指定宏】选项，如下图所示。

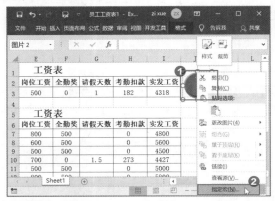

**步骤05** ❶打开【指定宏】对话框，在【宏名】列表框中选择要指定的宏；❷单击【确定】按钮，如下图所示。

**步骤06** ❶返回工作表，选中要运行宏的单元格；❷单击图片即可制作工资条，如下图所示。

**温馨提示**

还可以使用相同的方法为宏指定形状。

---

## 351 为宏指定快捷键

| 适用版本 | 实用指数 |
| --- | --- |
| 2010、2013、2016、2019 | ★★★★★ |

**使用说明**

在录制宏后，如果想要快速运行宏，可以为宏指定快捷键。

**解决方法**

如果想为宏指定快捷键，具体操作方法如下。

**步骤01** 打开素材文件（位置：素材文件\第16章\员工工资表1.xlsx），单击【开发工具】选项卡【代码】组中的【宏】按钮，如下图所示。

**步骤02** 打开【宏】对话框，单击【选项】按钮，如下图所示。

**步骤03** ❶打开【宏选项】对话框，在【快捷键】下方的文本框中输入合适的字母；❷单击【确定】按钮即可，如下图所示。

**步骤04** 返回工作表后，选定插入宏的单元格，按下设定的快捷键即可执行宏。

## 352 保存录制宏的工作簿

| 适用版本 | 实用指数 |
|---|---|
| 2010、2013、2016、2019 | ★★★★☆ |

### 使用说明

在没有启用宏的工作簿中录制宏之后，不能直接保存工作簿，而是需要将工作簿另存为启动宏的工作簿文件格式。

### 解决方法

如果要保存录制宏的工作簿，具体操作方法如下。

**步骤01** 宏录制完成后单击【保存】按钮，会弹出提示对话框，如果需要保存录制的宏，则单击【否】按钮，如下图所示。

**步骤02** ❶打开【另存为】对话框，设置文件名和保存路径；❷在【保存类型】下拉列表中选择【Excel启用宏的工作簿】选项；❸单击【保存】按钮即可，如下图所示。

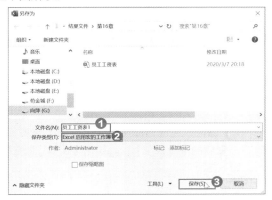

## 353 设置宏的安全性

| 适用版本 | 实用指数 |
|---|---|
| 2010、2013、2016、2019 | ★★★★☆ |

### 使用说明

宏在运行中存在潜在的安全风险，合理地进行宏安全设置，可以帮助用户降低使用宏的安全风险。

### 解决方法

如果要设置宏的安全性，具体操作方法如下。

**步骤01** 单击【开发工具】选项卡【代码】组中的【宏安全性】按钮 ▲ ，如下图所示。

**步骤02** 打开【信任中心】对话框，在【宏设置】选项卡的【宏设置】栏中选中【禁用所有宏，并发出通知】单选按钮，如下图所示。

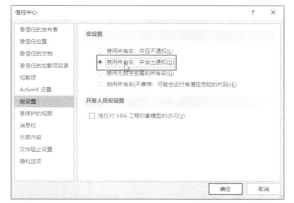

**步骤03** ❶切换到【受信任的文档】选项卡；❷选中【禁用受信任的文档】复选框；❸单击【确定】按钮，如下图所示。

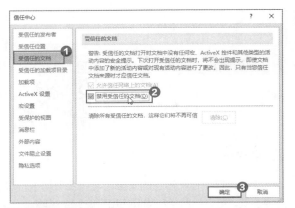

**步骤04** 设置完成后，每次打开包含代码的工作簿时，在 Excel 功能区下方将显示安全警告信息栏，告知工作簿中的宏已经被禁用，如果要启动宏，单击【启用内容】按钮即可，如下图所示。

---

**354　将宏模块复制到另一个工作簿**

| 适用版本 | 实用指数 |
|---|---|
| 2010、2013、2016、2019 | ★★★☆☆ |

　使用说明

在工作表中录制了宏之后，可以将宏模块复制到其他工作簿中使用。

　解决方法

如果要复制宏模块，具体操作方法如下。

**步骤01** 打开素材文件（位置：素材文件\第16章\员工工资表 .xlsx 和员工工资表 2.xlsm），单击【开发工具】选项卡【代码】组中的【Visual Basic】按钮，如下图所示。

**步骤02** ❶打开 VBA 编辑器，单击【视图】菜单；

❷在弹出的下拉菜单中选择【工程资源管理器】选项，如下图所示。

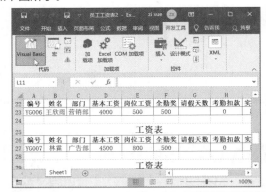

**步骤03** 在【工程】窗格中展开【员工工资表 2】工作簿，选择【模块】下的【模块 1】，按住鼠标左键不放将【模块 1】拖到【员工工资表】工作簿下方，如下图所示。

💡 **知识拓展**

在 Excel 中按【Ctrl+F11】组合键，或者在工作表标签上右击，在弹出的快捷菜单中选择【查看代码】选项，也可以打开 VBA 编辑器。

**步骤04** ❶拖动完成后即可看到【员工工资表】工作簿下方复制的【模块 1】；❷单击【保存】按钮🖫即可，如下图所示。

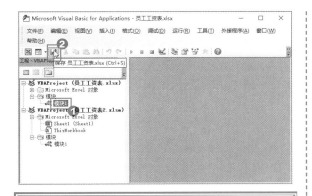

---

355　删除工作簿中不需要的宏

| 适用版本 | 实用指数 |
|---|---|
| 2010、2013、2016、2019 | ★★★☆☆ |

**使用说明**

如果录制的宏不需要再使用，可以将不需要的宏删除。

**解决方法**

如果删除不需要的宏，具体操作方法如下。

**步骤01** 打开素材文件（位置：素材文件 \ 第 16 章 \ 员工工资表 2.xlsm），打开【宏】对话框，单击【删除】按钮，如下图所示。

**步骤02** 在弹出的提示对话框中单击【是】按钮即可删除宏，如下图所示。

---

## 16.2　VBA 的应用技巧

VBA 的全称是 Visual Basic for Applications，是微软公司开发的一种可以在应用程序中共享的自动化语言。在 Excel 中，可以通过 VBA 代码实现程序的自动化，能够极大地提高工作效率。本节将介绍使用 VBA 的应用技巧。

356　在 Excel 中添加视频控件

| 适用版本 | 实用指数 |
|---|---|
| 2010、2013、2016、2019 | ★★★☆☆ |

**使用说明**

在 Excel 中，利用系统提供的 Windows Media Player 控件，可以在工作表中链接并播放视频文件。

**解决方法**

在 Excel 中添加视频控件的具体操作方法如下。

**步骤01** 新建一个空白工作簿，❶单击【开发工具】选项卡【控件】组中的【插入】按钮；❷在弹出的下拉菜单中单击【其他控件】按钮，如下图所示。

**步骤02** ❶打开【其他控件】对话框，在列表框中选择【Windows Media Player】选项；❷单击【确定】按钮，如下图所示。

**步骤03** 按住鼠标左键不放，在想要绘制播放窗口的位置拖动鼠标到合适的大小，如下图所示。

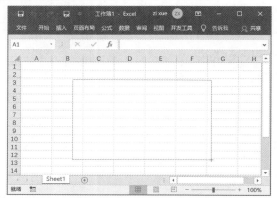

**步骤04** 释放鼠标左键，即可插入播放控件，右击播放视频控件，在弹出的快捷菜单中选择【属性】选项，如下图所示。

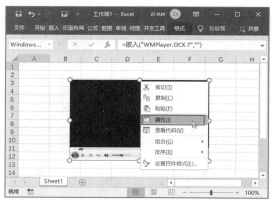

**步骤05** ❶打开【属性】对话框，在【URL】右侧的文本框中填写完整的视频路径；❷单击【关闭】按钮 ，如下图所示。

**步骤06** 单击【开发工具】选项卡【控件】组中的【设计模式】按钮，退出编辑模式，即可插入链接中的视频，如下图所示。

**温馨提示**

当表格中插入的视频保存位置发生变化时，一定要注意修改【URL】中的视频地址，必须与视频的保存位置完全一致，才能正常播放。

### 357 在 Excel 中制作条形码

| 适用版本 | 实用指数 |
|---|---|
| 2010、2013、2016、2019 | ★★★★☆ |

**使用说明**

条形码是将宽度不等的多个黑条和空白，按照一定的编码规则进行排列，用以表达一组信息的图形标识符。使用 BarCode 控件，可以方便地设计与制作条形码。

**解决方法**

如果要在 Excel 中制作条形码，具体操作方法如下。

**步骤01** ❶在工作表的任意单元格输入制作条形码的数据，通常为 13 位数，本例在 A4 单元格中输入；

❷单击【开发工具】选项卡【控件】组中的【插入】按钮；
❸在弹出的下拉菜单中单击【其他控件】按钮，如
下图所示。

**步骤02** ❶打开【其他控件】对话框，在列表框
中选择【Microsoft BarCode Control 16.0】选项；
❷单击【确定】按钮，如下图所示。

**步骤03** 按住鼠标左键，在工作表中绘制一个条形
码控件。选中条形码控件，右击，在弹出的快捷菜单
中选择【属性】选项，如下图所示。

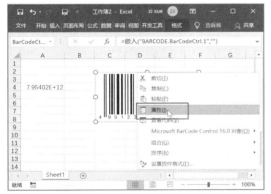

**步骤04** ❶打开【属性】对话框，设置【LinkedCell】
属性为【A4】；❷单击【关闭】按钮，如下图所示。

**步骤05** ❶返回工作表，右击条形码控件，在弹出
的快捷菜单中选择【Microsoft BarCode Control
16.0 对象】选项；❷在弹出的扩展菜单中选择【属性】
选项，如下图所示。

**步骤06** ❶打开【Microsoft BarCode Control 16.0
属性】对话框，在【常规】选项卡中设置【样式】为
【2-EAN-13】；❷单击【确定】按钮，如下图所示。

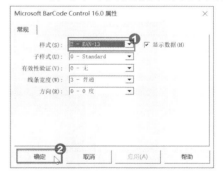

**步骤07** 返回工作表，单击【开发工具】选项卡【控件】
组中的【设计模式】按钮，退出编辑模式，如下图所示。

**步骤08** 在【视图】选项卡的【显示】组中取消选中【网格线】复选框，制作完成后的效果如下图所示。

**温馨提示**

在制作条形码时，可以提前输入条形码数据，也可以在【属性】对话框中设置了【LinkedCell】属性之后再在设置的单元格中输入数据。

### 358　插入用户窗体

| 适用版本 | 实用指数 |
| --- | --- |
| 2010、2013、2016、2019 | ★★★★☆ |

**使用说明**

用户窗体是 Excel 中的 UserForm 对象，用户可以在工作表中插入用户窗体并添加 ActiveX 控件。

**解决方法**

如果要插入用户窗体，具体操作方法如下。

**步骤01** ①将新工作簿命名为"插入用户窗体"，打开 VBA 编辑器，单击【插入】菜单；②在弹出的下拉菜单中选择【用户窗体】选项，如下图所示。

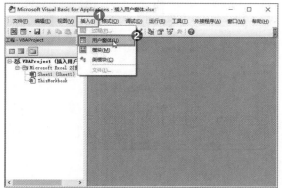

**步骤02** 自动创建名为 UserForm1 的窗体，同时自动打开【工具箱】，选中窗体，单击【属性窗口】按钮，如下图所示。

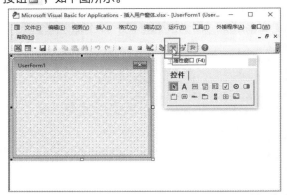

**步骤03** 打开【属性】窗格，设置【Caption】属性为【成绩查询】，如下图所示。

**步骤04** 在【工具箱】中单击【标签】按钮 A，如下图所示。

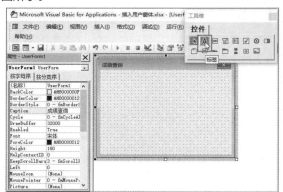

**步骤05** ①在窗体中绘制标签，并在标签中输入文本内容；②单击【属性】窗格【Font】栏右侧的展开按钮，如下图所示。

**步骤06** ①打开【字体】对话框，设置字体样式；②单击【确定】按钮，如下图所示。

**步骤07** ①在【工具箱】中单击【文本框】按钮；②在窗体中绘制文本框，如下图所示。

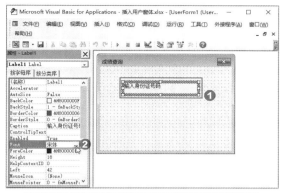

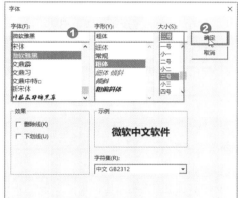

**步骤08** 在【工具箱】中单击【命令按钮】按钮 ,
如下图所示。

**步骤09** ❶在窗体中绘制命令按钮;❷在【属性】
窗格中更改【Caption】属性为【取消】,如下图所示。

**步骤10** 使用相同的方法,再次制作一个文字为【确
定】的命令按钮,如下图所示。

**步骤11** 制作完成后,最终效果如下图所示。

**温馨提示**

为用户窗体添加的控件,如果没有添加相关
的事件代码,单击控制按钮会没有任何反应。

### 359 为窗体更改背景

| 适用版本 | 实用指数 | |
|---|---|---|
| 2010、2013、2016、2019 | ★★★☆☆ |  |

## 使用说明

在 VBA 编辑器中插入新的窗体后，为了使窗体更加美观，可以更改窗体的背景。

## 解决方法

如果要更改窗体背景，具体操作方法如下。

**步骤01** ❶继续上个技巧操作，选中窗体，打开【属性】窗格，选择【Picture】属性；❷在右侧单击展开按钮 ...，如下图所示。

**步骤02** ❶打开【加载图片】对话框，选择要加载的图片；❷单击【打开】按钮，如下图所示。

**步骤03** 返回窗体后，即可看到所选图片已经作为窗体的背景，如下图所示。

360 使用 VBA 创建数据透视表

| 适用版本 | 实用指数 |
| --- | --- |
| 2010、2013、2016、2019 | ★★★☆☆ |

## 使用说明

了解了 Excel VBA 的基本语法、Excel 中及其数据透视表中常用的 VBA 对象之后，就可以将 VBA 应用到数据透视表中，实现数据透视表的自动化管理。

## 解决方法

如果要使用 VBA 创建数据透视表，具体操作方法如下。

**步骤01** 打开素材文件（位置：素材文件\第16章\销量统计 .xlsm），单击【开发工具】选择卡【代码】组中的【Visual Basic】按钮，如下图所示。

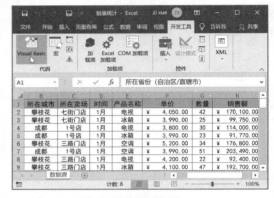

### 温馨提示

在 Excel 中要使用 VBA 代码创建或管理数据透视表，首先要将数据源保存在一个启用宏的工作簿中。因为 Excel 严格区分了普通工作簿和启用宏的工作簿。

**步骤02** ❶打开VBA编辑器窗口，选择【插入】菜单；❷在弹出的下拉菜单中选择【模块】选项，如下图所示。

**步骤03** ❶在打开的【模块】窗格中输入以下代码。

```
Sub 创建基本数据透视表 ()
    Dim pvc As PivotCache
    Dim pvt As PivotTable
    Dim wks As Worksheet
    Dim oldrng As Range, newrng As Range
```

```
Set oldrng = Worksheets(" 数据源 ").Range("A1").CurrentRegion
Set wks = Worksheets.Add
Set newrng = wks.Range("A1")
Set pvc=ActiveWorkbook. PivotCaches.Create
(xlDatabase,oldrng)
Set pvt = pvc.CreatePivotTable(newrng)
End Sub
```

❷单击【 关闭 】按钮关闭 VBE 编辑器，操作如下图所示。

**步骤04** ❶返回工作表，打开【 宏 】对话框，选中宏命令；❷单击【 执行 】按钮，如下图所示。

**步骤05** 返回工作表，即可得到如下图所示的空白的数据透视表。

### 361  对数据透视表进行字段布局

| 适用版本 | 实用指数 |
|---|---|
| 2010、2013、2016、2019 | ★★★☆☆ |

**使用说明**

在创建了一个空白的 Excel 数据透视表之后，用户需要对字段进行布局。

**解决方法**

例如，需要将"所在省份（自治区 / 直辖市 ）"字段放置到报表筛选区域，将"所在城市"和"产品名称"字段放置到行字段区域，将"数量"和"销售额"字段放置到值字段区域，具体操作方法如下。

**步骤01** 打开素材文件( 位置: 素材文件\第 16 章\销量统计 1.xlsm ），启用宏，❶按【 Alt+F11 】组合键，打开 VBA 编辑器窗口，选择【 插入 】菜单；❷在弹出的下拉菜单中选择【 模块 】选项，如下图所示。

**步骤02** ❶在打开的【 模块 】窗格中输入以下代码。

```
Sub 对字段进行布局 ()
    Dim pvt As PivotTable
    Set pvt = Worksheets("Sheet1").PivotTables(1)
    With pvt
        With .PivotFields(" 所在省份（自治区 / 直辖市）")
            .Orientation = xlPageField
        End With
        With .PivotFields(" 所在城市 ")
            .Orientation = xlRowField
            .Position = 1
        End With
        With .PivotFields(" 产品名称 ")
            .Orientation = xlRowField
```

```
        .Position = 2
    End With
        .AddDataField .PivotFields(" 数量 ")
        .AddDataField .PivotFields(" 销售额 ")
    End With
End sub
```

❷单击【关闭】按钮关闭 VBA 编辑器，操作如下图所示。

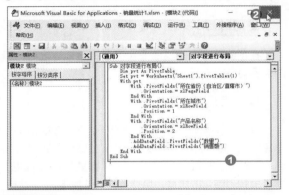

**步骤03** ❶返回工作表，打开【宏】对话框，选中宏命令；❷单击【执行】按钮，如下图所示。

**步骤04** 返回工作表，得到数据透视表字段分布后的最终效果，如下图所示。

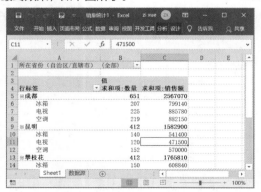

---

## 362　合并单元格时保留所有数据

| | 适用版本 | 实用指数 |
|---|---|---|
| | 2010、2013、2016、2019 | ★★★☆☆ |

### 使用说明

合并多个单元格时，若每个单元格中都包含了数据，则执行合并操作时会弹出提示框提示只能保留左上角单元格的值，如下图所示。

在提示框中单击【确定】按钮，便可以完成合并，单元格中将只保留左上角的数据，而其他的数据全部丢失。

如果希望将多个单元格中的数据合并到一个单元格内，可以通过 VBA 代码实现。

### 解决方法

例如，要在工作表中合并多个单元格，并保留所有数据，具体操作方法如下。

**步骤01** 打开素材文件（ 位置：素材文件\第16章\商品名称 .xlsx），❶切换到【开发工具】选项卡；❷在【代码】组中单击【 Visual Basic 】按钮，如下图所示。

**步骤02** ❶打开 VBA 编辑器，在标题栏中选择【插入】菜单；❷在弹出的下拉菜单中选择【模块】选项，如下图所示。

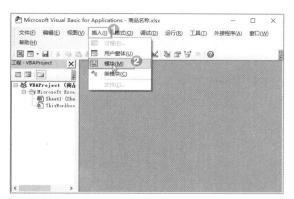

**步骤03** ❶在打开的【模块】窗格中输入以下代码。

```
Sub 合并单元格内容 ()
Dim c As Range
Dim MyStr As String
On Error Resume Next' 关闭错误开关
For Each c In Selection' 循环选定的单元格区域
MyStr = MyStr & c.Value' 连接文本
Next
With Selection
.Value = Empty' 内容置空
.Merge' 合并单元格
.Value = MyStr' 赋值
End With
End Sub
```

❷单击【关闭】按钮关闭VBA编辑器，操作如下图所示。

**步骤04** ❶返回工作表，选择需要合并的连续单元格区域，如 B3:D3；❷单击【开发工具】选项卡【代码】组中的【宏】按钮，如下图所示。

**步骤05** ❶弹出【宏】对话框，在列表框中选择需要执行的宏，本例中选择【合并单元格内容】；❷单击【执行】按钮，如下图所示。

**步骤06** 返回工作表，即可查看合并后的效果，如下图所示。

---

## 363 通过设置 Visible 属性隐藏工作表

| 适用版本 | 实用指数 | |
| --- | --- | --- |
| 2010、2013、2016、2019 | ★★★★☆ |  |

**使用说明**

在VBA窗口中，设置 Visible 属性可以隐藏工作表。

**解决方法**

如果想通过设置 Visible 属性隐藏工作表，具体操作方法如下。

**步骤01** 打开素材文件( 位置: 素材文件\第16章\销量统计 2.xlsm )，启用宏，❶按【Alt+F11】组合键，打开VBA编辑器窗口，在【工程】窗格中选择【数据源】工作表；❷单击【属性窗口】按钮，打开【属性】窗格，如下图所示。

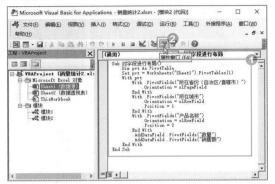

**步骤02** ❶单击【Visible】下拉按钮，设置属性值为【2-xlSheetVeryHidden】；❷单击【关闭】按钮×，如下图所示。

**步骤03** 返回工作表，即可看到【数据源】工作表已经被隐藏，如下图所示。

# 第 17 章
# Excel 页面设置与打印输出技巧

　　工作表制作完成后，可以为其添加页眉和页脚，如果要将工作表打印出来，可以通过打印设置满足用户的需要。本章将介绍页面设置与打印输出技巧，帮助用户更好地完成工作表的最后一步。

　　下面先来看看以下一些页面设置与打印输出中的常见问题，你是否会处理或已掌握。

【√】工作表制作完成后，为了让工作表的内容更加饱满，可以添加页眉和页脚，你知道如何添加吗?

【√】如何对打印的页边距进行设置?

【√】默认打印出来的表格没有网格线，怎样设置可以将表格网格线打印出来?

【√】工作簿中有多张工作表时，如果想要打印多张工作表，应该如何操作?

【√】如果只希望打印工作表中的某一部分单元格区域，应该如何操作?

　　希望通过本章内容的学习，能帮助你解决以上问题，并学会更多 Excel 页面设置与打印输出的技巧。

## 17.1 工作表页面设置

工作表编辑完成后，为了使打印效果更加出彩，可以根据需要对工作表页面进行设置。

---

**364：设置打印区域**

| 适用版本 | 实用指数 |
|---|---|
| 2010、2013、2016、2019 | ★★★★☆ |

**使用说明**

在打印工作表时，如果只需打印工作表中的部分内容，那么可以通过设置打印区域来实现。

**解决方法**

例如，对工作表中需要打印的区域进行打印设置，具体操作方法如下。

**步骤01** 打开素材文件（位置：素材文件\第17章\产品订购单.xlsx），❶选择需要打印的A1:I22单元格区域；❷单击【页面布局】选项卡【页面设置】组中的【打印区域】按钮；❸在弹出的下拉列表中选择【设置打印区域】选项，如下图所示。

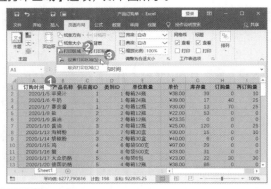

**步骤02** 即可将所选区域设置为打印区域，在【打印】选项卡右侧将显示要打印的内容，如下图所示。

---

**温馨提示**

如果要取消设置的打印区域，在【打印区域】下拉列表中选择【取消打印区域】选项即可。

---

**365：设置纸张方向**

| 适用版本 | 实用指数 |
|---|---|
| 2010、2013、2016、2019 | ★★★★☆ |

**使用说明**

在Excel中，纸张方向有横向和纵向两种，如果打印的表格内容列数较多，要保证打印输出时同一记录的内容能够显示完整，可以选择打印纸张的方向为横向；如果文档内容的高度很高时，一般都设置成纵向。

**解决方法**

例如，将纸张方向设置为横向，具体操作方法如下。

**步骤01** 打开素材文件（位置：素材文件\第17章\产品订购单.xlsx），❶单击【页面布局】选项卡【页面设置】组中的【纸张方向】按钮；❷在弹出的下拉列表中选择【横向】选项，如下图所示。

**步骤02** 即可将纸张设置为横向，在【打印】选项卡右侧可以预览打印效果，如下图所示。

## 366：设置打印页边距

| 适用版本 | 实用指数 |
| --- | --- |
| 2010、2013、2016、2019 | ★★☆☆☆ |

### 使用说明

页边距是指打印在纸张上的内容距离纸张上、下、左、右边界的距离。打印工作表时，应该根据要打印表格的行数、列数，以及纸张大小来设置页边距。

### 解决方法

为工作表设置上、下为 2.5 厘米，左、右为 1.8 厘米的页边距，具体操作方法如下。

**步骤01** 打开素材文件（位置：素材文件\第 17 章\产品订购单 .xlsx），❶单击【页面布局】选项卡【页面设置】组中的【打印区域】按钮；❷在弹出的下拉列表中选择【自定义页边距】选项，如下图所示。

### 温馨提示

在【页边距】下拉列表中也可以直接选择【宽】或【窄】页边距样式。

**步骤02** ❶打开【页面设置】对话框，默认选择【页边距】选项卡，在【上】【下】【左】【右】数值框中分别输入相应的页边距大小；❷单击【确定】按钮，如下图所示。

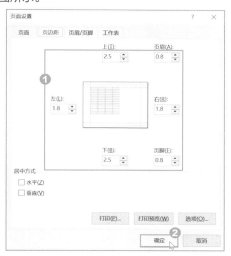

### 知识拓展

在【页面设置】对话框【页边距】选项卡中单击【打印】按钮，可以直接打印；单击【打印预览】按钮，可以切换到【打印】页面对打印效果进行预览。

## 367：插入分页符对表格进行分页

| 适用版本 | 实用指数 |
| --- | --- |
| 2010、2013、2016、2019 | ★★★★★ |

### 使用说明

在打印工作表时，有时需要将本可以打印在一页上的内容分两页甚至多页来打印，这就需要在工作表中插入分页符对表格进行分页。

### 解决方法

如果要对工作表进行分页设置,具体操作方法如下。

**步骤01** 打开素材文件(位置: 素材文件\第 17 章\产品订购单 .xlsx )，❶选择要进行分页的单元格，本例将把 1 月的订购日期打印到一页，所以选择 J23 单元格；❷单击【页面布局】选项卡【页面设置】组中的【分隔符】按钮；❸在弹出的下拉列表中选择【插入分页符】选项，如下图所示。

**步骤02** 即可在单元格前面和上方添加两条灰色的分隔线，单击【分页预览】按钮，如下图所示。

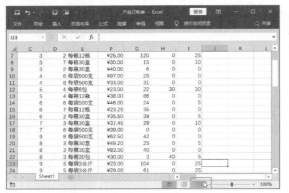

**步骤03** 进入分页预览视图，即可查看分页后的效果，如下图所示。

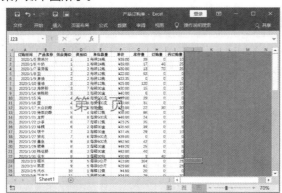

368：添加页眉和页脚

| 适用版本 | 实用指数 |
| --- | --- |
| 2010、2013、2016、2019 | ★★★★★ |

使用说明

在 Excel 电子表格中也可以添加页眉和页脚，页眉的作用在于显示每一页顶部的信息，通常包括表格名称等内容，而页脚则用来显示每一页底部的信息，通常包括页数、打印日期和时间等。

解决方法

例如，要在页眉位置添加公司名称，在页脚位置添加制表日期信息，具体操作方法如下。

**步骤01** 打开素材文件（位置：素材文件\第17章\产品订购单.xlsx），单击【插入】选项卡【文本】组中的【页眉和页脚】按钮，如下图所示。

**步骤02** ❶进入页眉和页脚编辑状态，同时功能区中会出现【页眉和页脚工具/设计】选项卡，在页眉框中输入页眉内容；❷单击【设计】选项卡【导航】组中的【转至页脚】按钮，如下图所示。

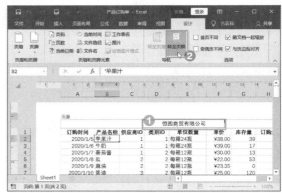

**步骤03** ❶切换到页脚编辑区，单击【页眉和页脚工具/设计】选项卡【页眉和页脚】组中的【页脚】按钮；❷在弹出的下拉菜单中选择一种页脚样式，如下图所示。

**步骤04** 即可查看添加的页眉和页脚信息，如下图所示。

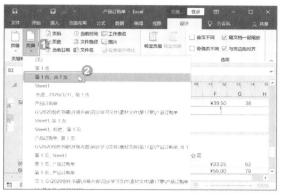

## 369：为奇偶页设置不同的页眉、页脚

| 适用版本 | 实用指数 |
|---|---|
| 2010、2013、2016、2019 | ★★★☆☆ |

**使用说明**

在设置页眉、页脚信息时，还可以分别为奇偶页设置不同的页眉、页脚。

**解决方法**

例如，要对奇偶页设置不同的页眉信息，具体操作方法如下。

**步骤01** 打开素材文件(位置: 素材文件\第17章\产品订购单.xlsx)，单击【页面布局】选项卡【页面设置】组中的对话框启动器 ⌐，如下图所示。

**步骤02** ❶打开【页面设置】对话框，选择【页眉/页脚】选项卡；❷选中【奇偶页不同】复选框；❸单击【自定义页眉】按钮，如下图所示。

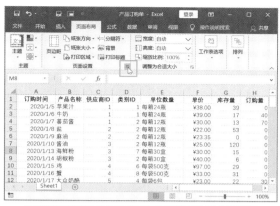

**步骤03** ❶弹出【页眉】对话框，在【奇数页页眉】选项卡中设置奇数页的页眉信息，如在【左部】文本框中输入公司名称；❷选择【偶数页页眉】选项卡，如下图所示。

**步骤04** ❶设置偶数页的页眉信息；❷完成设置后，单击【确定】按钮，如下图所示。

**步骤05** 返回页面设置对话框，单击【自定义页脚】按钮，如下图所示。

**步骤06** ❶使用相同的方法设置页脚后，返回【页面设置】对话框预览最终效果；❷单击【确定】按钮即可，如下图所示。

**步骤07** 返回工作表，单击【页面布局】按钮 ▦，进入页面布局视图，在其中可以查看添加的页眉和页脚，如下图所示。

## 17.2 正确打印工作表

表格制作完成后，可以通过打印设置将工作表内容打印出来，本节将给读者介绍工作表的相关打印输出技巧。

### 370：打印行号和列标

| 适用版本 | 实用指数 |
|---|---|
| 2010、2013、2016、2019 | ★★★★☆ |

**使用说明**

默认情况下，Excel 打印工作表时不会打印行号和列标。如果需要打印行号和列标，就需要在打印工作表前进行简单的设置。

**解决方法**

如果要打印工作表中行号和列标，具体操作方法如下。

**步骤01** 打开素材文件（位置：素材文件\第17章\产

品订购单 .xlsx），❶打开【页面设置】对话框，在【工作表】选项卡的【打印】栏中选中【行和列标题】复选框；❷单击【打印预览】按钮，如下图所示。

**步骤02** 即可进入【打印】选项卡，在其右侧可以查看打印行号和列标的效果，如下图所示。

### 371：打印表格网格线

| 适用版本 | 实用指数 |
|---|---|
| 2010、2013、2016、2019 | ★★★★☆ |

#### 使用说明

默认情况下，若工作表中没有设置边框样式，其网格线是不会打印出来的。如果要打印工作表中的网格线，就需要进行设置。

#### 解决方法

如果要打印工作表中的网格线，具体操作方法如下。

**步骤01** 打开素材文件（位置：素材文件\第17章\产品订购单.xlsx），在【页面布局】选项卡【工作表选项】组中选中【网格线】栏中的【打印】复选框，如下图所示。

#### 温馨提示

打开【页面设置】对话框，切换到【工作表】选项卡，在【打印】栏中选中【网格线】复选框，单击【确定】按钮，也可以打印出表格网格线。

---

**步骤02** 即可打印工作表网格线，在【打印】选项卡右侧可预览打印效果，如下图所示。

### 372：打印表格背景图

| 适用版本 | 实用指数 |
|---|---|
| 2010、2013、2016、2019 | ★★★☆☆ |

#### 使用说明

在 Excel 中，为工作表添加的背景图只能查看，并不会打印出来。如果需要将背景图和单元格内容一起打印，则需要将打印区域（包括背景图）链接为图片，再进行打印。

#### 解决方法

例如，在 Excel 中要打印背景图，具体操作方法如下。

**步骤01** 打开素材文件（位置：素材文件\第17章\员工信息登记表.xlsx），❶选择要打印的区域，这里选择 A1:F17 单元格区域，按【Ctrl+C】组合键复制选中的单元格；❷单击【新工作表】按钮 ⊕，如下图所示。

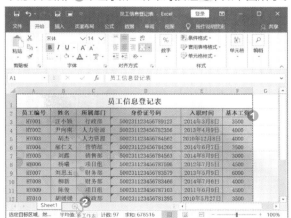

**步骤02** ❶单击【开始】选项卡【剪贴板】组中的【粘贴】下拉按钮▼；❷在弹出的下拉列表中单击【其他粘贴选项】栏中的【链接的图片】按钮🔗，即可将复制的区域以图片的形式粘贴到新建的工作表中，如下图所示。

💡 **知识拓展**

以链接的图片方式粘贴的单元格区域虽然是一张图片，但却是以公式形式进行显示的。当对【Sheet1】工作表 A1:F17 单元格区域中的数据进行修改后，链接图片中的数据也会同步更新。

**步骤03** 在【打印】选项卡右侧可以查看表格的打印预览效果，此时便能打印出背景图，如下图所示。

---

**373：用缩放打印功能将表格打印到一张纸上**

| 适用版本 | 实用指数 | |
|---|---|---|
| 2010、2013、2016、2019 | ★★★★★ |  |

🔆 **使用说明**

在打印工作表时，经常会遇到这样的情况，工作

---

表占两页，但第2页只有几行，如下图所示。这样打印既不好看，也浪费纸张。这时，可以设置缩放打印，将所有内容打印到一张纸上。

**解决方法**

设置缩放打印的具体操作方法如下。

**步骤01** 打开素材文件（位置：素材文件\第17章\家电销售情况.xlsx），❶在【打印】选项卡的中间单击【无缩放】下拉列表框；❷在弹出的下拉列表中选择缩放选项，如选择【将工作表调整为一页】选项，如下图所示。

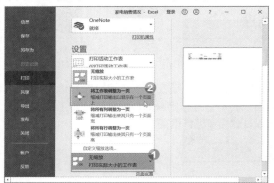

📣 **温馨提示**

在【无缩放】下拉列表中选择【自定义缩放选项】选项，打开【页面设置】对话框，在【页面】选项卡的【缩放】栏中对缩放比例进行调整，也可以缩放打印工作表。

**步骤02** 可以将所有内容缩放到一页上进行打印，效果如下图所示。

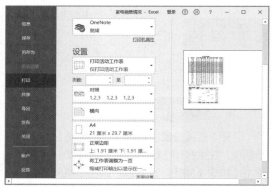

## 374：一次性打印多张工作表

| 适用版本 | 实用指数 | |
|---|---|---|
| 2010、2013、2016、2019 | ★★★★★ |  |

### 使用说明

当工作簿中含有多张工作表时，若依次打印会非常浪费时间，为了提高工作效率，可以一次性打印多张工作表。

### 解决方法

在 Excel 中一次性打印多张工作表的具体操作方法如下。

❶在工作簿中选择要打印的多张工作表，切换到【文件】选项卡，在其左侧窗格中选择【打印】选项；❷在中间窗格单击【打印】按钮即可，如下图所示。

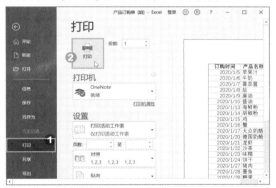

## 375：重复打印标题行

| 适用版本 | 实用指数 | |
|---|---|---|
| 2007、2010、2013、2016 | ★★★★☆ |  |

### 使用说明

在打印大型表格时，为了使每一页都有表格的标题行，就需要设置重复打印标题。

### 解决方法

如果要设置重复打印标题，具体操作方法如下。

**步骤01** 打开素材文件（位置：素材文件\第17章\产品订购单.xlsx），单击【页面布局】选项卡【页面设置】组中的【打印标题】按钮，如下图所示。

**步骤02** ❶弹出【页面设置】对话框，将光标插入点定位到【顶端标题行】文本框内，在工作表中单击标题行的行号，【顶端标题行】文本框中将自动显示标题行的信息；❷单击【确定】按钮，如下图所示。

### 💡 知识拓展

对于设置了列标题的大型表格，还需要设置标题列，方法为将光标插入点定位到【左端标题列】文本框内，然后在工作表中单击标题列的列标即可。

## 376：只打印工作表中的部分数据

| 适用版本 | 实用指数 | |
|---|---|---|
| 2010、2013、2016、2019 | ★★★★☆ |  |

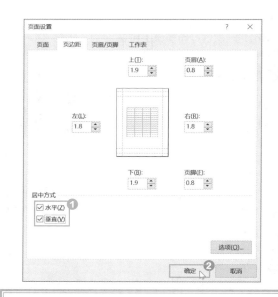

**使用说明**

对工作表进行打印时，如果不需要全部打印，则可以选择需要的数据进行打印。

**解决方法**

打印工作表中的部分数据的具体操作方法如下。❶在工作表中选择需要打印的数据区域（可以是一个区域，也可以是多个区域），切换到【文件】选项卡，在其左侧窗格中选择【打印】选项；❷在其中间窗格的【设置】栏下方的下拉列表中选择【打印选定区域】选项；❸单击【打印】按钮即可，如下图所示。

---

## 377：居中打印表格数据

| 适用版本 | 实用指数 | |
| --- | --- | --- |
| 2010、2013、2016、2019 | ★★☆☆☆ | |

**使用说明**

工作表的内容较少，打印时无法占满一页，为了不影响打印美观，可以通过设置居中方式，将表格打印在纸张的正中间。

**解决方法**

如果要居中打印表格数据，具体操作方法如下。❶打开【页面设置】对话框，在【页边距】选项卡的【居中方式】栏中选中【水平】和【垂直】复选框；❷单击【确定】按钮即可，如下图所示。

---

## 378：打印指定的页数范围

| 适用版本 | 实用指数 |
| --- | --- |
| 2010、2013、2016、2019 | ★★★★☆ |

**使用说明**

对于有很多页的工作表，在打印时，如果只需打印其中的几页数据，则可以设置打印指定的页数。

**解决方法**

如果要设置打印指定的页数，具体操作方法如下。❶在要打印的工作表中，切换到【文件】选项卡，在其左侧窗格中选择【打印】选项；❷在其中间窗格的【设置】栏中，在【页数】微调框中设置打印的起始页和结尾页；❸单击【打印】按钮进行打印，如下图所示。

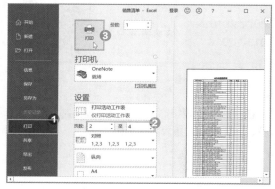

## 379：只打印工作表中的图表

| 适用版本 | 实用指数 |
|---|---|
| 2010、2013、2016、2019 | ★★★★☆☆ |

### 使用说明

如果一张工作中既有数据信息，又有图表，而打印时又只需打印图表，操作方法也很简单。

### 解决方法

如果只打印工作表中的图表，具体操作方法如下。

打开素材文件（位置：素材文件\第 17 章\上半年销售情况 .xlsx），❶在工作表中选中需要打印的图表，切换到【文件】选项卡，在其左侧窗格中选择【打印】选项，在其中间窗格的【设置】栏下方的下拉列表中，默认选择【打印选定图表】选项，无须再进行选择；❷直接单击【打印】按钮，如下图所示。

## 380：打印表格中的批注

| 适用版本 | 实用指数 |
|---|---|
| 2010、2013、2016、2019 | ★★★☆☆ |

### 使用说明

在编辑工作表时，若插入了批注，默认情况下并不会打印，如果要打印批注，则需要进行设置。

### 解决方法

如果要打印批注，具体操作方法如下。

**步骤01** ❶打开【Excel 选项】对话框，在【高级】选项卡的【显示】栏中选中【批注和标识符】单选按钮；❷单击【确定】按钮，如下图所示。

**步骤02** ❶返回工作表，打开【页面设置】对话框，在【工作表】选项卡【打印】栏的【注释】下拉列表中选择【如同工作表中的显示】选项；❷单击【确定】按钮即可，如下图所示。

### 知识拓展

在设置带有批注的工作表中，打开【Excel 选项】对话框，切换到【高级】选项卡，在【显示】栏中选中【批注和标识符】单选按钮，单击【确定】按钮，也可以将批注全部显示出来。